LINDER BIOLOGIE

Sachsen

7

herausgegeben von
Wolfgang Jungbauer
und
Hans-Peter Konopka

Schroedel

Linder Biologie 7 Sachsen

Herausgeber
Dr. Wolfgang Jungbauer, Gunzenhausen
Hans-Peter Konopka, Recklinghausen

Autoren
Hans-Peter Konopka, Recklinghausen
Dr. Gabriele Wolff, Dortmund
Kai Wolff, Dortmund

In Teilen ist dieses Werk eine Bearbeitung von
978-3-507-86540-2
978-3-507-86582-2
978-3-507-86586-0
978-3-507-86600-3
978-3-507-86606-5
978-3-507-86608-9

Beratend beteiligt
Volker Suchantke, Dresden

Druck A[1] / Jahr 2012
Alle Drucke der Serie A sind im Unterricht parallel verwendbar.

Redaktion
Marcel Tiffert, Beatrix Weber
Illustrationen
Brigitte Karnath, Liselotte Lüddecke, Karin Mall, Tom Menzel
Einbandgestaltung
Janssen Kahlert Design & Kommunikation GmbH
Typografie
Farnschläder & Mahlstedt, Hamburg
Druck und Bindung
westermann druck GmbH, Braunschweig

ISBN 978-3-507-**86904-2**

Inhalt

Die Zelle – Grundbaustein aller Lebewesen 6

1 **Mikroskope eröffnen den Weg in die Zellbiologie** 8

2 **Mikroskopieren** 10
2.1 Bau und Funktion des Lichtmikroskops 10
2.2 Vergrößerung durch Linsen 11

3 **Zellen bei Pflanzen und Tieren** 12
3.1 Pflanzenzellen 12
3.2 Pflanzen welken bei Wassermangel 14
3.3 Zellen von Menschen und Tieren 15
3.4 Von der Zelle zum Organismus 16
3.5 Pflanzliche und tierische Zellen ernähren sich unterschiedlich 17
3.6 Das Wachstum mehrzelliger Lebewesen beruht auf Zellteilung 18
Aufgaben und Versuche Pflanzliche und tierische Zellen 20

Zusammenfassung Die Zelle – Grundbaustein aller Lebewesen 22
Wissen vernetzt Die Zelle – Grundbaustein aller Lebewesen 23

Bakterien und Viren 24

1 **Bakterien – Lebewesen ohne abgegrenzten Zellkern** 26
1.1 Bakterien sind allgegenwärtig 26
1.2 Bakterien – kleinste einzellige Lebewesen 27
1.3 Bakterien spielen eine wichtige Rolle in Lebensräumen 28
Methode Ein Interview führen 29
1.4 Menschen nutzen Bakterien 30
Aufgaben und Versuche Bakterien in Haushalt und Garten 31

2 **Manche Bakterien verursachen Krankheiten** 32
2.1 Bakterielle Infektionskrankheiten 32
2.2 Antibiotika 34
Wissen kompakt Durch Bakterien verursachte Infektionskrankheiten 35

3 **Viren** 36
3.1 Sind Viren Lebewesen? 36
Methode Suchmaschinen erleichtern die Internetrecherche 37
3.2 Viele Infektionskrankheiten werden durch Viren ausgelöst 38
Wissen kompakt Durch Viren verursachte Infektionskrankheiten 40
Methode Ein Referat vorbereiten und vortragen 41
Aufgaben und Versuche Bakterien und Viren 42

Zusammenfassung Bakterien und Viren 43
Wissen vernetzt Bakterien und Viren 44

Blutkreislauf des Menschen und Immunsystem 46

1 **Blut und Blutkreislauf** 48
1.1 Blut – eine besondere Flüssigkeit 48
1.2 Die Blutgruppen 50
Aufgaben und Versuche Blut 51
1.3 Das Blut strömt im Kreislauf 52
1.4 Das Herz pumpt ein Leben lang 54
1.5 Herz- und Kreislauferkrankungen 56
Aufgaben und Versuche Blutkreislauf 58

2 **Wie das Immunsystem unser Leben schützt** 60
2.1 Das Immunsystem – eine hoch spezialisierte Abwehr 60
2.2 Aktive und passive Immunisierung 62
2.3 Allergien – Überreaktionen des Immunsystems 64

Zusammenfassung
Blutkreislauf des Menschen und Immunsystem 66
Wissen vernetzt
Blutkreislauf des Menschen und Immunsystem 67

Ernährung, Verdauung und Ausscheidung 68

1 **Ernährung und Verdauung** 70
1.1 Die drei Nährstoffgruppen 70
Aufgaben und Versuche Nährstoffnachweise 72
1.2 Die Bedeutung der Nährstoffe 74
1.3 Die Nahrung enthält weitere wichtige Stoffe 76
1.4 Gesunde Ernährung 77
Methode Ernährungspläne auswerten 79
1.5 Ernährungsgewohnheiten in anderen Teilen der Welt 80
1.6 Verdauung 81
1.7 Die Leber 84
Aufgaben und Versuche Verdauung 85

2 **Bau und Funktion der Lungen** 86
2.1 Atmung und Gaswechsel 86
Aufgaben und Versuche Atmung 88
2.2 Erkrankungen der Atemwege 90
Methode Ein Gespräch leiten 92
Aufgaben und Versuche Gefahren des Rauchens 93

3 **Ausscheidung** 94
3.1 Bei Dialysepatienten funktionieren die Nieren nicht 94
3.2 Organspenden können Leben retten 97
3.3 Wer kann Organspender werden? 99

4 **Unsere Haut – ein Organ mit vielen Funktionen** 100
4.1 Bau und Aufgaben der Haut 100
4.2 Mit der Haut nehmen wir vielfältige Reize auf 102
Aufgaben und Versuche Sinne der Haut 103
4.3 Das Ausscheidungsorgan Haut muss gepflegt werden 104
Wissen kompakt Hauterkrankungen 105
Aufgaben und Versuche Projekt: Reinigen und Pflege der Haut 106
4.4 Beim Wasserhaushalt arbeiten viele Organe zusammen 108

Zusammenfassung
Ernährung, Verdauung und Ausscheidung 110
Wissen vernetzt
Ernährung, Verdauung und Ausscheidung 111

Stütz- und Bewegungssystem des Menschen 112

1 **Körperbau und Bewegung** 114
1.1 Das Skelett des Menschen 114
1.2 Knochen und Gelenke 116
1.3 Die Wirbelsäule 118
1.4 Haltungsschäden kommen schon bei Kindern vor 119
Aufgaben und Versuche Knochen und Gelenke 120

2 **Muskeln und Bewegung** 122
2.1 Muskeln 122
2.2 Muskeln arbeiten auf Befehl 124

3 **Mit Behinderungen leben** 125
Aufgaben und Versuche Muskeln und Sehnen 126
Methode Arbeiten mit Modellen 127

Zusammenfassung
Stütz- und Bewegungssystem des Menschen 128
Wissen vernetzt
Stütz- und Bewegungssystem des Menschen 129

Wahlpflichtbereiche 130

Wahlpflichtbereich: Ernährung und Persönlichkeit 132
1 Viele Zivilisationskrankheiten kommen schon bei Kinder und Jugendlichen vor 132
Wissen kompakt Ernährungsprobleme 134
2 Magenerkrankungen 135
Wissen kompakt Gesunde Ernährung 136
Aufgaben und Versuche Projekt: Gesundes Frühstück und Pausensnacks 138

Wahlpflichtbereich: Fitness und Gesundheit 140
1 Bewegung fördert die Gesundheit 140
2 Gesunderhaltung des Bewegungssystems 142
Aufgaben und Versuche Haltungsschäden 143
Aufgaben und Versuche Ausdauertraining 144
3 Umgang mit Stress 145
3.1 Stress ist nicht gleich Stress 145
3.2 Reizüberflutung kann auch Stress erzeugen 146
Aufgaben und Versuche Stress und Reizüberflutung 147

Wahlpflichtbereich: Mikroorganismen 148
1 Leben im Wassertropfen 148
2 Vom Einzeller zum Vielzeller 150
Aufgaben und Versuche Einzeller 152
3 Vorsicht, Einzeller! 154
Methode Präsentieren am Computer 156
Methode Projektorientierter Unterricht und Gruppenarbeit 157

Register 158
Bildquellen 160

Die Zelle – Grundbaustein aller Lebewesen

Menschen bestehen aus Zellen

Ein erwachsener Mensch besteht aus der unvorstellbaren Zahl von 100 Billionen Zellen. Sie alle sind durch Zellteilung aus einer einzigen befruchteten Eizelle entstanden. So bilden sich im Lauf der Zeit zwei, vier, acht, 16, 32, ... Tochterzellen, die wachsen und sich dann immer wieder teilen. Nach einer Weile entwickeln sich die Zellen unterschiedlich und folgen dabei einem vorgegebenen Bauplan. Jeder Zelltyp erfüllt eine bestimmte Aufgabe, sodass eine Arbeitsteilung stattfindet. Es gibt Nervenzellen, Sinneszellen, Rote und Weiße Blutzellen, Muskelzellen und viele weitere Zelltypen, insgesamt über 200 verschiedene.

Ordne die genannten Zelltypen den Abbildungen zu und informiere dich über ihre Funktion im Körper.

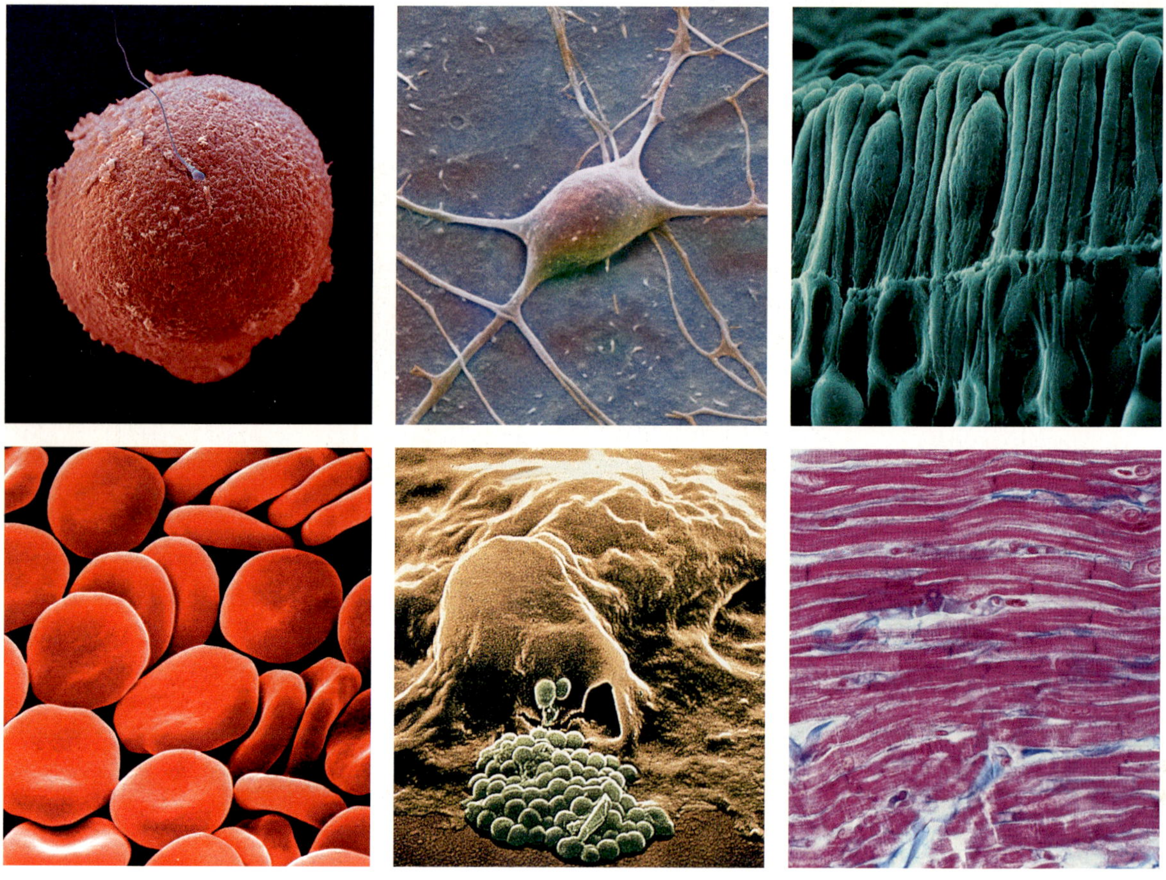

Auch Pflanzenzellen sind Spezialisten

Wie Menschen und Tiere sind auch Pflanzen aus einer Vielzahl von Zellen zusammengesetzt, die alle ihren speziellen Beitrag leisten.

Brennnesseln

Die Brennhaare von Brennnesseln enthalten ätzende Ameisensäure. Bei Berührung bricht das Köpfchen ab und das Haar bohrt sich in die Haut. So dient es dem Fraßschutz.

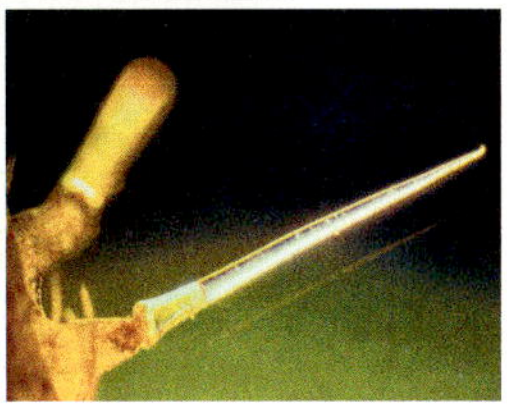

Sonnentau

Der Sonnentau ist eine Fleisch fressende Pflanze, deren Blätter mit Klebedrüsen besetzt sind. Damit fängt die Pflanze Insekten und verbessert so die Nährstoffversorgung.

Olivenbaum

Der Olivenbaum wächst im trockenen Mittelmeerraum. Die Blattunterseiten der ledrigen Blätter sind dicht mit sternförmigen Schuppenhaaren bedeckt, um die Wasserverdunstung zu vermindern.

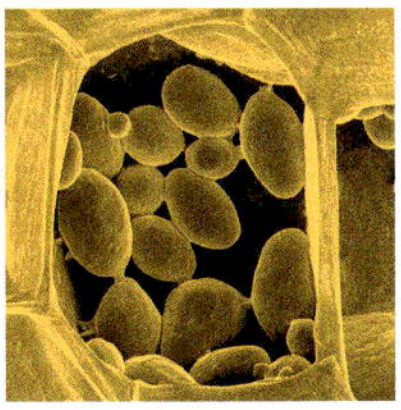

Kartoffeln

Kartoffelknollen enthalten hauptsächlich Speicherzellen, die prall mit Stärkekörnchen gefüllt sind.

Diskutiert in der Gruppe den Zusammenhang zwischen Struktur und Funktion bei den beschriebenen Pflanzenzellen.

1 Mikroskope eröffnen den Weg in die Zellbiologie

Zwei warme Sommertage hatten genügt, um aus dem klaren Wasser eines Sees eine trübe, grünliche Brühe werden zu lassen. Ein völlig alltäglicher Vorgang, aber Antoni van Leeuwenhoek (1632–1732) im niederländischen Städtchen Delft wurde neugierig. Was hatte die Färbung des Wassers verursacht? Er betrachtete einen Tropfen davon durch sein Mikroskop und staunte: Winzige Lebewesen, manche mit grünen Flecken, schoben sich langsam durch ein Gewirr von grünen Kugeln und Fäden. Dazwischen schossen farblose, sich ständig drehende Wesen umher. An den Wurzeln von Wasserlinsen fand er glockenförmige Wesen mit dünnen Stielchen, die ihn an Blumen erinnerten. Leeuwenhoek war begeistert. Er ließ detaillierte Abbildungen anfertigen und verfasste dazu sorgfältige Beschreibungen seiner Funde, die er »animalcules«, Tierchen, nannte. Dann begann er, sie auch woanders zu suchen. Er untersuchte Regen-, Brunnen- und Meerwasser und sogar Schnee und wurde überall fündig. In mehreren Briefen teilte er seine Beobachtungen der angesehenen Royal Society in London mit, die dem Amateur gegenüber zunächst sehr skeptisch war, dann jedoch die Angaben überprüfte, bestätigte und ihn 1680 schließlich durch die Ernennung zum Mitglied ehrte.

Leeuwenhoek war eigentlich Kaufmann und hatte es als Tuchhändler zu einigem Wohlstand gebracht. So konnte er es sich leisten, seinem Hobby nachzugehen, der Mikroskopie. Unzufrieden mit der Qualität der gängigen Mikroskope erlernte er die Kunst der Linsenherstellung und perfektionierte sie. Alle erhaltenen Mikroskope von Leeuwenhoek besitzen nur eine einzige, winzige Linse, es handelt sich also eigentlich um Lupen. Allerdings ermöglichten sie bis zu 270-fache Vergrößerung bei sehr guter Bildqualität, womit sie die ersten mehrlinsigen Mikroskope bei weitem übertrafen. Leeuwenhoeks Interessen waren vielfältig: Neben den Kleinlebewesen im Wasser beschrieb er auch Rote Blutzellen, Spermienzellen und Muskelzellen sowie Bakterien und wurde dadurch zu einem Begründer der Zellbiologie.

Zusammengesetzte Mikroskope mit mehreren Linsen gab es bereits Anfang des 17. Jahrhunderts. Das Glas der Linsen besaß jedoch häufig Einschlüsse und auch ihr Schliff gelang nur unzureichend, sodass die Mikroskope nur eine dürftige Bildqualität lieferten. Trotzdem entdeckte der englische Forscher Robert Hooke mit einem solchen selbstgebauten Mikroskop in der Rinde von Korkeichen luftgefüllte Kammern, die er **Zellen** nannte. 1665 veröffentlichte er ein erstes Buch über Mikroskopie mit vielen hervorragenden Zeichnungen und Beschreibungen von Pflanzen- und Tierzellen.

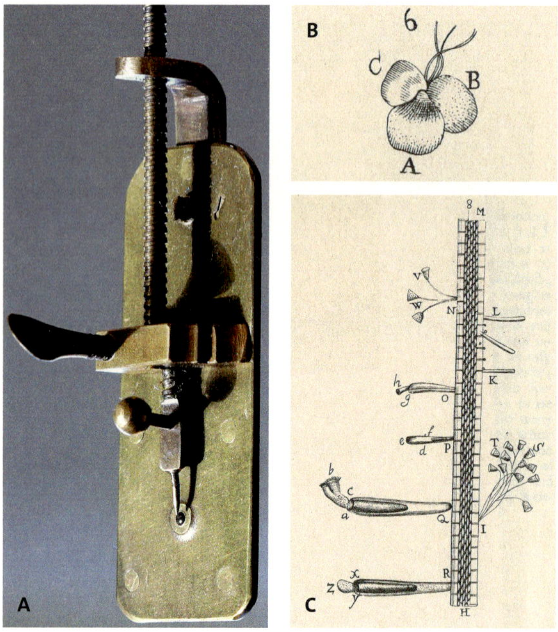

1 Antoni van Leeuwenhoek. A Nachbau eines einfachen Mikroskops; **B** Wasserlinse; **C** Zeichnung von »animalcules« an der Wurzel einer Wasserlinse

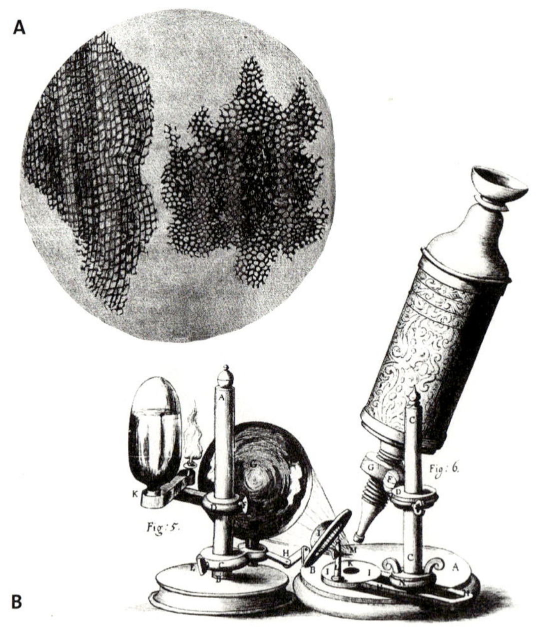

2 Robert Hooke. A Zeichnung von Korkzellen; **B** zusammengesetztes Mikroskop. Hookes Mikroskope erreichten etwa 50-fache Vergrößerung.

Wiederum mit einem einfachen Mikroskop untersuchte der englischen Botaniker Robert BROWN 1833 Pflanzenzellen, beobachtete Plasmaströmungen, benannte den Zellkern als Zellbestandteil und beschrieb die Veränderungen des Zellkerns einer Eizelle nach der Befruchtung. Die deutschen Biologen Matthias SCHLEIDEN und Theodor SCHWANN entwickelten 1839 die Zelltheorie, nach der Zellen die Grundbausteine aller Pflanzen und Tiere sind. Sie beschrieben verschiedene Gewebe aus jeweils gleichartigen Zellen und erkannten, dass sich Zellen untereinander durch Membranen abgrenzen. Robert REMAK, ein deutsch-polnischer Forscher, fand 1844 das Cytoskelett, das das Zellinnere stabilisiert und erklärte das Gewebewachstum durch Zellteilungen, die vom Zellkern ausgehen.

Bis in das 19. Jahrhundert betrafen die meisten Verbesserungen der zusammengesetzten Mikroskope ihre Mechanik und die Beleuchtungsvorrichtungen. Eine Erhöhung der Vergrößerung ging jedoch immer mit einer Verschlechterung der Bildqualität einher, weil man die Abbildungsfehler der verwendeten Linsen lange nicht in den Griff bekam. Ab 1809 verbesserte Joseph von FRAUNHOFER systematisch die Herstellung der benötigten optischen Gläser und Ernst ABBE legte um 1870 die wissenschaftlichen Grundlagen zur Konstruktion von Mikroskopen. Das erste Mikroskop, dessen Optik auf der Basis vorausberechneter Daten und Eigenschaften gefertigt wurde, kam 1872 auf den Markt und übertraf nach fast 200 Jahren LEEUWENHOEKS einfache Mikroskope in Abbildungsleistung und nutzbarer Vergrößerung. ABBES Theorie zeigte jedoch auch die Grenzen der Lichtmikroskopie auf, die bereits Ende des 19. Jahrhunderts erreicht wurden. Heutige konventionelle Lichtmikroskope erzielen bis zu 2000-fache Vergrößerung.

Eine höhere Auflösung ermöglichen erst Elektronenmikroskope, die statt Licht kurzwelligere Elektronenstrahlen und statt Linsen Elektromagnete einsetzen. Ernst RUSKA und Max KNOLL begannen 1928 mit der Entwicklung und bauten 1933 einen Prototyp mit 12 000-facher Vergrößerung. Seitdem sind die Elektronenmikroskope immer weiter verbessert worden. Sie ermöglichen die Untersuchung einzelner Zellbestandteile, ja sogar einzelner Atome.

1 Begründe, die Entwicklung des Mikroskops als eine wesentliche Voraussetzung für die Entwicklung der Zellbiologie.

2 Ordne die »animalcules« in Abbildung 1C den Wimperntierchen in Abbildung 3 und 4 zu.

3 Vergleiche die Darstellungen 1C und 3. Beziehe dabei auch die verschiedenen Mikroskoptypen ein.

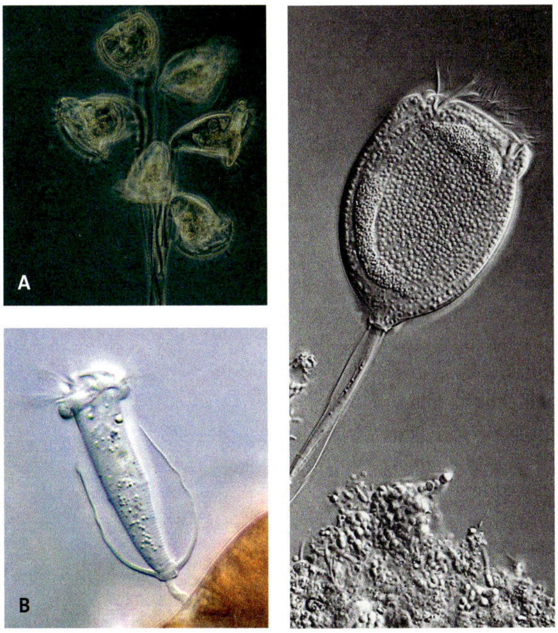

3 Lichtmikroskopische Bilder von Wimperntierchen.
A Glockenbäumchen; **B** Pokaltierchen; **C** Glockentierchen

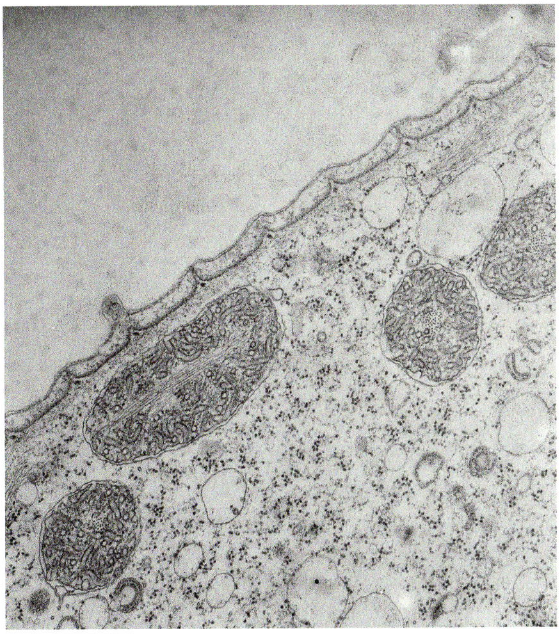

4 Elektronenmikroskopische Aufnahme eines Glockentierchens

2 Mikroskopieren

2.1 Bau und Funktion des Lichtmikroskops

LEEUWENHOEKS einfache Mikroskope waren durch ihre geringe Linsengröße in der Benutzung unhandlich und für die Augen des Betrachters sehr anstrengend. Praktisch ließen sich stärkere Vergrößerungen nur durch die Kombination mehrerer Linsen erreichen. Deshalb haben sich heute zusammengesetzte Lichtmikroskope mit mehreren, exakt geschliffenen und aufeinander abgestimmten Linsen durchgesetzt.

Eine hohe Vergrößerung allein macht noch kein gutes Lichtmikroskop aus. Es darf nicht wackeln und muss das Untersuchungsobjekt sowie das optische System in fester Position zueinander halten, denn jede Bewegung würde mitvergrößert und erschwerte die Einstellung eines scharfen Bildes. Das Objekt wird auf einen dünnen Glasstreifen, den *Objektträger*, gelegt, mit einem Deckglas abgedeckt und auf dem *Objekttisch* festgeklemmt. Durch eine kleine Öffnung darin gelangt das Licht der darunter liegenden *Beleuchtung* durch das Objekt zur ersten Linse. Da diese dem Objekt zugewandt ist, heißt sie *Objektiv*. Der Betrachter schaut durch die andere Linse, das *Okular* (lat. *oculus*, Auge). Damit kein Störlicht von außen in die Linsen fallen kann und zudem deren Abstand exakt eingehalten wird, sitzen sie an den beiden Enden eines Rohres, des *Tubus*. Um ein scharfes Bild zu erhalten, muss man den Abstand zwischen Objekt und Objektiv genau einstellen. Dazu kann man den *Objekttisch* mit dem *Triebrad* heben und senken.

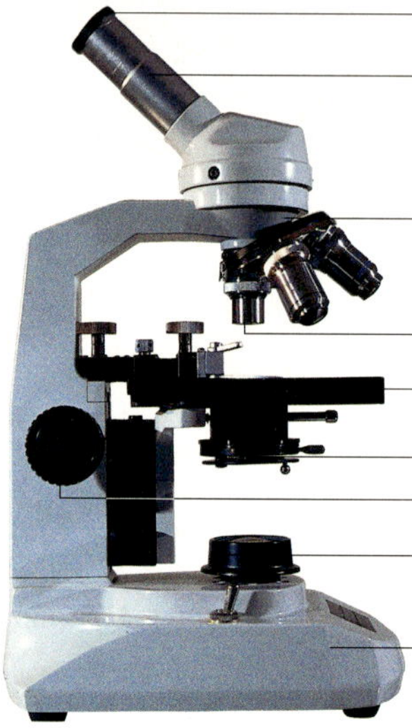

1 Aufbau des Lichtmikroskops

Die gewünschte Vergrößerung erreicht man durch die Kombination von Okular und Objektiv. Die jeweiligen Vergrößerungsfaktoren sind eingraviert, zum Beispiel 5×, 10× und 40×. Durch Multiplikation der Vergrößerungen von Okular und Objektiv erhält man die Gesamtvergrößerung, also etwa 10 × 40 = 400-fach. Viele Mikroskope haben einen Objektivrevolver mit mehreren Objektiven unterschiedlicher Vergrößerung, die man durch Drehen wechseln kann.

1 Berechne die jeweiligen Vergrößerungen, wenn man ein Okular mit 10-facher Vergrößerung mit Objektiven kombiniert, die 3,5×, 10× und 40× vergrößern.

Richtige Bedienung des Mikroskops

1. Beginne mit der geringsten Vergrößerung (kürzestes Objektiv).
2. Fahre den Objekttisch durch Drehen am größeren Triebrad (Grobtrieb) nach unten.
3. Lege den Objektträger mit dem Präparat mitten über die Öffnung im Objekttisch und klammere ihn fest.
4. Fahre den Objekttisch durch Drehen des Grobtriebs vorsichtig nach oben, ohne mit dem Objektträger das Objektiv zu berühren. Kontrolliere von der Seite.
5. Schalte die Beleuchtung ein.
6. Schaue durch das Okular und reguliere mit der Blende die Helligkeit so, dass sie nicht unangenehm ist.
7. Fahre den Objekttisch mit dem Grobtrieb langsam nach unten, bis die ersten Konturen des Präparates sichtbar werden. Stelle das Bild mit dem Feintrieb scharf.
8. Wähle den Bildausschnitt durch vorsichtiges Verschieben des Objektträgers und reguliere mit der Blende die Helligkeit.
9. Bei abgeglichenen Objektiven kannst du durch Drehen des Objektivrevolvers das Objektiv mit der nächsten Vergrößerung wählen. Der vorher betrachtete Objektbereich wird wieder ungefähr in der Mitte liegen und scharf sein.
10. Achte darauf, dass das Objektiv nie an das Objekt stößt. Fasse nie mit den Fingern auf die Linsen. Säubere die Linsen mit einem weichen Tuch.
11. Stelle nach dem Mikroskopieren die kleinste Vergrößerung ein. Nimm das Präparat vom Objekttisch und schalte die Lampe aus.

2 Grundregeln für das Mikroskopieren

2.2 Vergrößerung durch Linsen

Bereits durch einen Wassertropfen kann man Einzelheiten einer darunter liegenden Feder wie durch eine Lupe vergrößert betrachten. Licht fällt auf die Oberfläche der Feder und wird von dort in alle Richtungen gestreut. Etwas von diesem Licht fällt in unser Auge und ruft schließlich im Gehirn den Bildeindruck »Feder« hervor. Auf dem Weg zu unserem Auge muss ein Teil des Lichts den dazwischen liegenden Wassertropfen durchqueren. Trifft ein Lichtstrahl dabei schräg auf die Wasseroberfläche, so verändert er seine Richtung.

Vergleichbar ist das mit dem Weg eines Schlittens, der schräg auf einen rauen Untergrund mit Blättern und Sand trifft. Sobald eine Schlittenkufe allein abgebremst wird, dreht der Schlitten in diese Richtung, bis beide Kufen abgebremst werden. Dann fährt der Schlitten wieder geradeaus. Durch das kurzzeitige, einseitige Abbremsen hat der Weg des Schlittens einen Knick bekommen. Die Ablenkung ist umso stärker, je flacher der Schlitten auf die Bremszone trifft – fährt er im rechten Winkel dort hinein, so wird er nur abgebremst, aber nicht seitlich abgelenkt.

Die Lichtstrahlen, die von der Feder ausgehen, sind in der Luft schneller als im Wasser des Tropfens. Man sagt, Wasser ist das optisch dichtere Medium. Beim Eintritt in den Wassertropfen werden die Lichtstrahlen also abgebremst und seitlich abgelenkt, soweit sie nicht senkrecht auftreffen. Diesen Vorgang nennt man **Lichtbrechung.** Beim rückwärtigen Austritt aus dem Wassertropfen werden die Lichtstrahlen dann ein weiteres Mal gebrochen.

Mit Glaslinsen nutzt man die Lichtbrechung für optische Geräte. In Lupen und Mikroskopen setzt man Sammellinsen ein, die die Lichtstrahlen so brechen, dass ein vergrößertes, auf dem Kopf stehendes Bild entsteht. Um ein scharfes Bild zu erhalten, muss man den Abstand der Linse vom Betrachtungsobjekt einerseits und von der Mattscheibe oder dem Auge des Betrachters andererseits exakt einstellen. Die Lichtstrahlen, die von einem Objektpunkt ausgehen, müssen sich wieder genau in einem Bildpunkt treffen.

1 Erweitere das Schlittenmodell aus Abbildung 1B, um die zweite Lichtbrechung auf der Rückseite des Wassertropfens oder der Linse zu erklären.

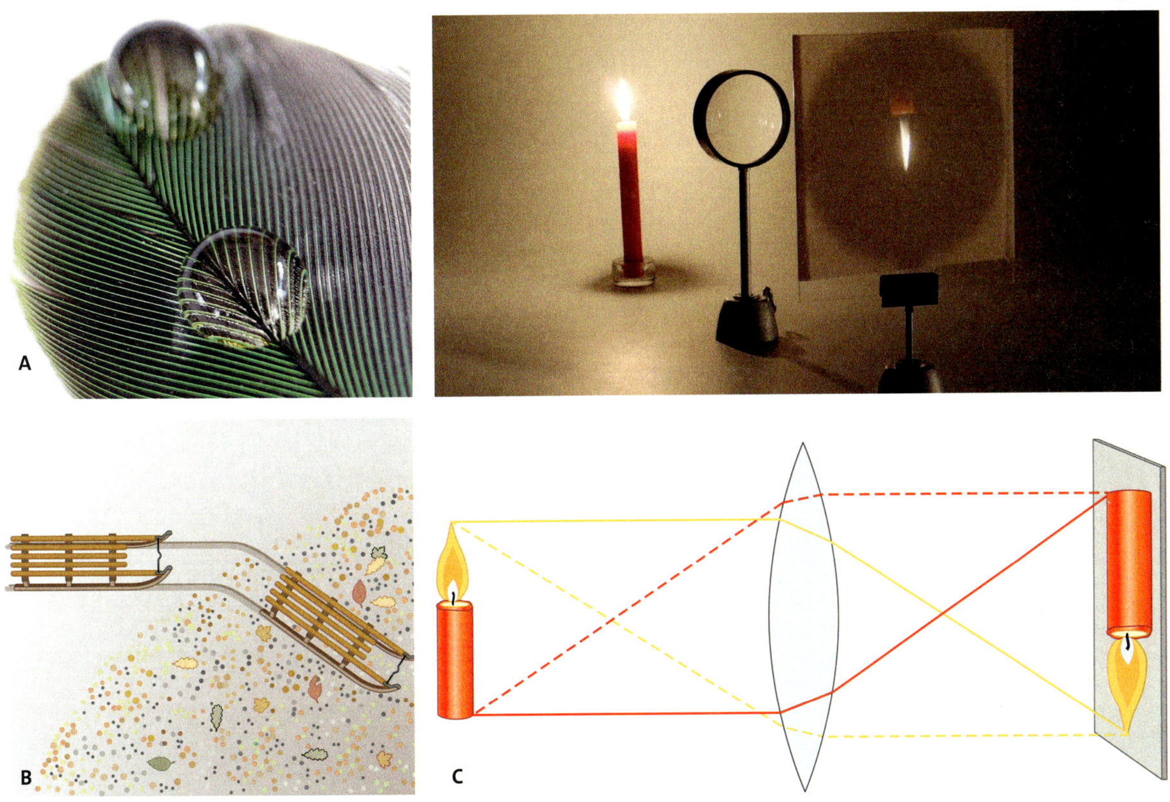

1 Lichtbrechung. **A** Wassertropfen vergrößern wie kleine Lupen; **B** Schlitten als Modell für Lichtbrechung; **C** Wege einiger Lichtstrahlen an einer Sammellinse

3 Zellen bei Pflanzen und Tieren

3.1 Pflanzenzellen

In schattig-feuchten Bereichen des Gartens findet man häufig Moospflänzchen, deren Blättchen sehr klein und zart sind. Wenn man mit der Pinzette einzelne Moosblättchen abzupft, so kann man sie in einem Wassertropfen gut unter dem Mikroskop betrachten.

Die Moosblättchen sind sehr dünn: Sie bestehen aus nur einer Zellschicht und können deshalb gut als Ganzes mit dem Mikroskop untersucht werden. Abhängig von der Art des Mooses ist die Form der Zellen langgestreckt und zugespitzt oder eher quadratisch. Die äußere Zellgestalt wird durch die *Zellwand* der einzelnen Zellen bestimmt, sie grenzen ohne Zwischenräume mit ihren Zellwänden dicht aneinander. Die Zellwand ist typisch für pflanzliche Zellen, sie dient zur Festigung und gibt den Zellen ihre charakteristische Form. Bei vielen Moosen finden sich im Randbereich des Blättchens Zellen, die spitze Fortsätze der verdickten Zellwand ausgebildet haben. So wird der Rand des Blättchens gefestigt. Im zentralen Bereich des Blättchens kann man langgestreckte Zellen erkennen, die an Röhrchen erinnern. Sie sind für den Transport von Wasser und die Stoffleitung zuständig. Schon eine einfache Struktur wie das Moosblättchen zeigt verschiedene Zelltypen mit unterschiedlichen Aufgaben.

Die meisten Zellen des Moosblättchens sind mit grünen, linsenförmigen *Chloroplasten* dicht gefüllt. Der Blattfarbstoff Chlorophyll ist für die intensiv grüne Farbe der Chloroplasten verantwortlich. Mit Hilfe von Sonnenlicht und Chlorophyll können Pflanzen in den Chloroplasten aus Wasser und Kohlenstoffdioxid energiereiche Stoffe wie Traubenzucker herstellen, wobei außerdem noch Sauerstoff gebildet wird. Dieser Vorgang heißt *Fotosynthese.*

Die Chloroplasten befinden sich im *Zellplasma,* das zäh und durchsichtig ist. Gegen die Zellwand ist das Zellplasma durch eine dünne *Zellmembran* abgegrenzt, die im Lichtmikroskop nicht gut zu erkennen ist. Im Zentrum der Zelle liegt die *Vakuole,* die als Speicher für den wässrigen Zellsaft dient. In der Vakuole können Farbstoffe, Abfallprodukte oder auch Giftstoffe gespeichert werden. Gegen das Zellplasma ist die Vakuole durch eine *Membran* abgegrenzt, sodass im Inneren der pflanzlichen Zelle zwei Räume voneinander getrennt sind: Zellplasma und Vakuole. Bei den Moosblättchen ist die Vakuole durchsichtig, deshalb kann man sie nur schwer erkennen.

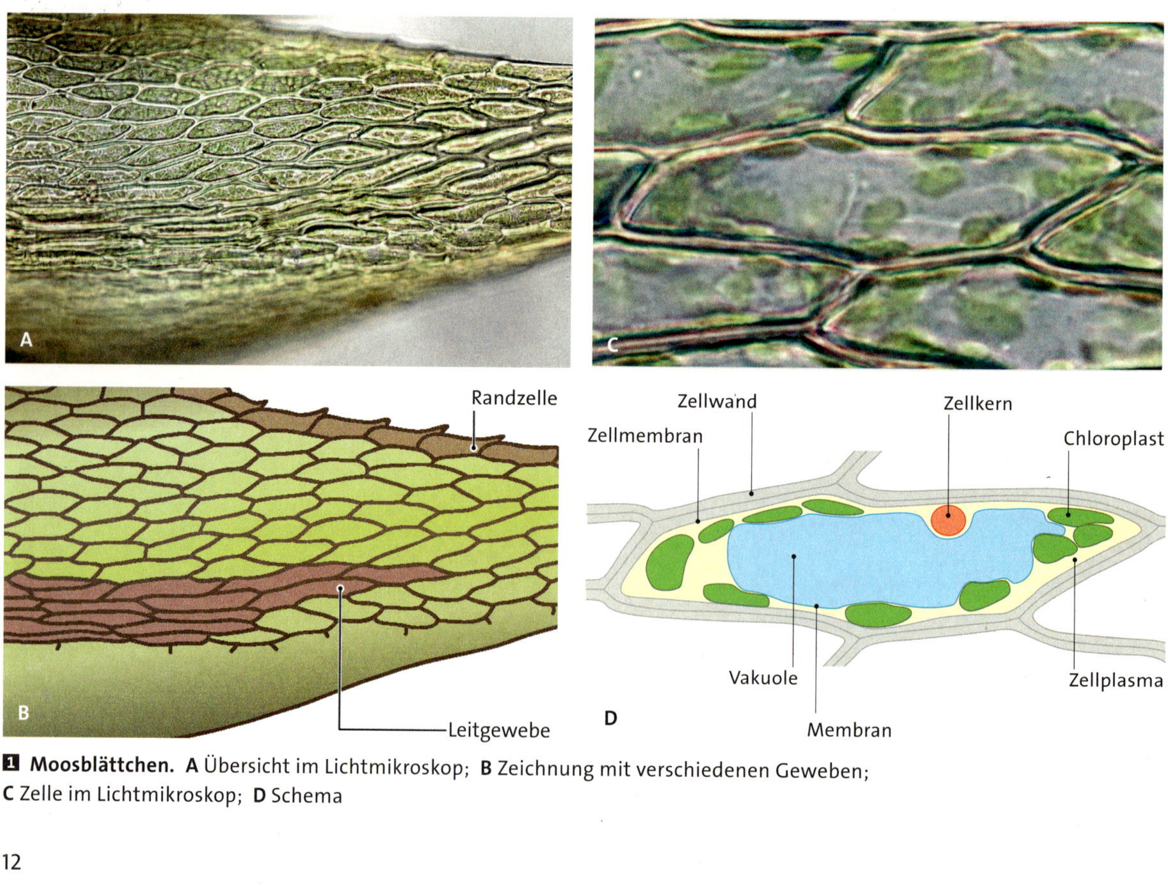

1 Moosblättchen. **A** Übersicht im Lichtmikroskop; **B** Zeichnung mit verschiedenen Geweben; **C** Zelle im Lichtmikroskop; **D** Schema

Bei vielen Moosen kann man eine Bewegung der Chloroplasten beobachten. Das Zellplasma umgibt die zentrale Vakuole, sodass es bei räumlicher Betrachtung Wände, Decke und Boden der Zelle auskleidet. Die Plasmaströmung wird durch die Wärme- und Lichtreize im Präparat ausgelöst. Die im Zellplasma liegenden Chloroplasten werden bei der Bewegung des Zellplasmas einfach mit transportiert und wandern deshalb an den Wänden der Zelle entlang und um die zentrale Vakuole herum.

Mikroskopiert man Präparate der Küchenzwiebel, so kann man das Zellplasma als dünnen, wandständigen und durchsichtigen Belag sehen. Im Zellplasma der Küchenzwiebel sind keine Chloroplasten enthalten, nur einige dunklere körnige Strukturen sind zu erkennen. Deutlich tritt aber der Zellkern als rundliche, dunkel erscheinende Struktur hervor. Er liegt im Zellplasma und ist deshalb wie das Plasma immer wandständig, also an die Zellwand gepresst. Der Zellkern trägt die Erbanlagen in sich und ist die zentrale Steuerungseinheit für die Zelle. Auch bei der Zwiebelzelle ist das Zellplasma gegen die umgebende Zellwand durch die Zellmembran und gegen die Vakuole durch eine weitere Membran abgegrenzt.

Die große, farblos erscheinende Vakuole füllt fast den gesamten Zellinnenraum aus. Sie enthält den Zellsaft und drückt das Zellplasma mit dem Zellkern gegen die Zellwand.

Zellkern, Chloroplasten und Vakuole sind abgegrenzte Strukturen in der Zelle, denen ganz bestimmte Funktionen zugeordnet werden können. Weil sie räumlich durch Membranen voneinander getrennt sind, können sie ganz unterschiedliche Aufgaben wahrnehmen. Darin ähneln sie Lunge und Herz oder anderen Organen in einem Körper, die als abgegrenzte Einheiten ganz bestimmte Aufgaben erfüllen. Deshalb bezeichnet man den Zellkern, die Chloroplasten und die Vakuole als Organellen der Zelle.

1 Beschreibe den Aufbau einer Pflanzenzelle. Verwende dazu Abbildung 1.

2 Stelle für die Zellwand einen Struktur-Funktions-Zusammenhang her.

3 Erkläre das Fehlen von Chloroplasten in den hier betrachteten Zellen der Küchenzwiebel.

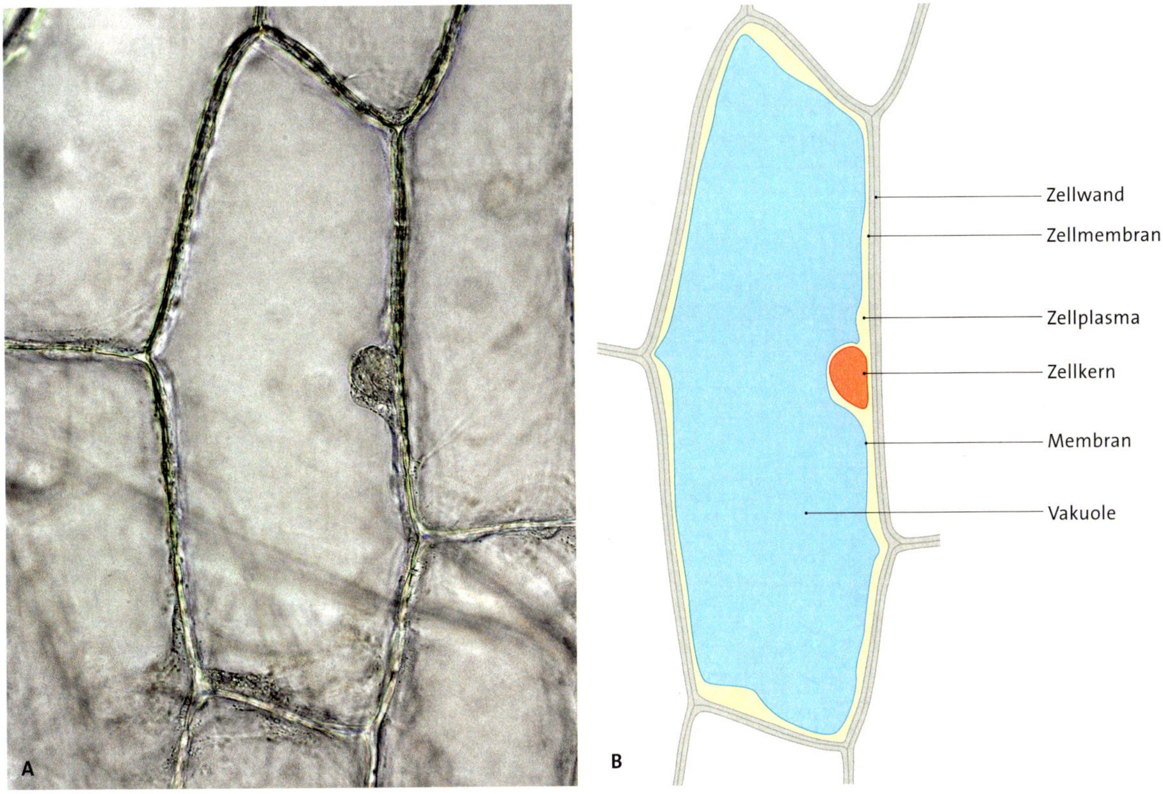

2 Küchenzwiebel. **A** Zwiebelzelle im Lichtmikroskop; **B** Schemazeichnung

3.2 Pflanzen welken bei Wassermangel

Frische und knackige Salatgurken und Blattsalat werden matschig und welk, wenn sie einige Zeit mit einer Salatsoße bedeckt aufbewahrt werden. Die Salatsoße enthält neben Essig und Öl auch gelöste Zucker- und Salzteilchen in höherer Konzentration als im Zellsaft der Pflanzenzellen. Dies führt dazu, dass aus den Pflanzenzellen Wasser an die Umgebung abgegeben wird. Der Salat welkt dann aufgrund des Wasserverlustes.

Unter dem Mikroskop kann man genau beobachten, wie sich Pflanzenzellen bei der Wasserabgabe verändern. Dazu verwendet man die äußerste Zellschicht einer roten Küchenzwiebel. Durch einen Farbstoff sind die Vakuolen der Zellen rot gefärbt und gut zu erkennen. Am Anfang sind die Vakuolen prall mit Zellsaft gefüllt, und das Zellplasma bildet nur einen schmalen hellen Saum zwischen Vakuole und Zellwand. Die Vakuole presst mit ihrem Zellsaftdruck das Zellplasma gegen die Zellwand und sorgt damit für die Stabilität der Pflanze.

Ersetzt man das Wasser des mikroskopischen Präparates durch eine Salzlösung, so kann man beobachten, wie die Vakuole durch die Wasserabgabe an die Umgebung schrumpft. Schließlich löst sich das an ihr haftende Zellplasma von der Zellwand. Die Zellwand selbst bleibt stabil und verändert ihre Form nicht. Da die Vakuole nun keinen Druck mehr gegen die Zellwand ausübt, welkt die Pflanze.

Das Zellplasma ist außen von der Zellmembran umgeben und innen durch eine Membran von der Vakuole abgegrenzt. In den Raum zwischen Zellplasma und Zellwand dringt die Salzlösung ein. Die Membran zwischen Vakuole und Zellplasma und die Zellmembran lassen zwar die Wasserteilchen hindurch, aber die Inhaltsstoffe von Vakuole und Zellplasma werden zurückgehalten. Membranen bilden also wirksame Barrieren, um bestimmte Inhaltsstoffe in den Reaktionsräumen der Zelle zurück zu halten. Dies ist eine typische Eigenschaft von Membranen lebender Pflanzenzellen.

Ersetzt man die Salzlösung wieder durch Wasser, so hat die Umgebung der Pflanzenzelle nun eine geringere Konzentration an gelösten Teilchen als der Zellsaft in der Vakuole. Damit nimmt die Vakuole wieder Wasser aus der Umgebung auf, vergrößert sich und wird prall. Dann presst sie mit dem Zellsaftdruck das Zellplasma gegen die Zellwand und die Pflanze erhält wieder Stabilität. Der Vorgang der Wasserabgabe und Wasseraufnahme ist also an die Eigenschaften der Membranen lebender Zellen gebunden. Ist die Pflanzenzelle durch zu starken Wasserentzug hingegen so geschädigt, dass sie abstirbt, so bekommt die Membran Löcher und wird funktionslos.

1 Reife Kirschen platzen im Regen auf. Erläutere diese Aussage.

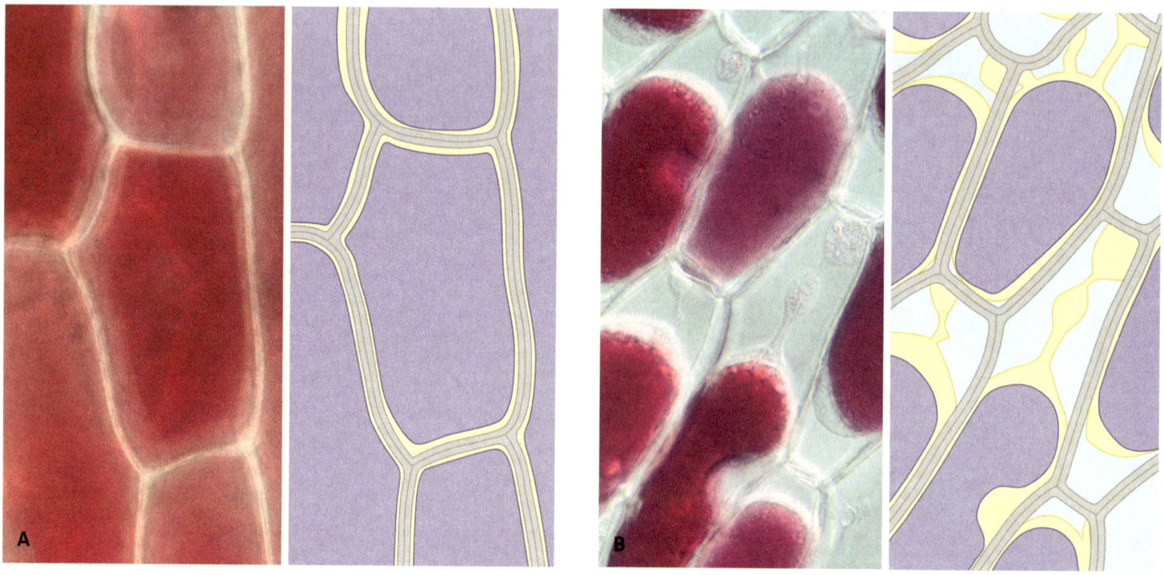

1 Pflanzenzellen aus dem Schuppenblatt der Roten Küchenzwiebel (links Foto; rechts Schema).
A vor dem Welken; **B** nach dem Welken

3.3 Zellen von Menschen und Tieren

Die Zellen der Mundschleimhaut kleiden innen die Mundhöhle aus. Da sie zum Beispiel bei der Nahrungsaufnahme abgetragen werden, müssen sie ständig aus darunter liegenden Schichten neu gebildet werden. Betrachtet man ein Abstrichpräparat menschlicher Mundschleimhautzellen unter dem Mikroskop, so kann man über die unregelmäßige Gestalt hinaus nur wenige Einzelheiten erkennen. Anfärben verbessert die Kontraste soweit, dass der Zellkern deutlich zu erkennen ist. Wie bei den pflanzlichen Zellen trägt der Zellkern die Erbanlagen und ist die Steuerungseinheit der Zelle.

Tierischen und menschlichen Zellen fehlt eine Zellwand. Sie sind von einer elastischen und stabilen Zellmembran umgeben, die die Zellen gegen ihre Umgebung abgrenzt. Das Zellinnere ist vollständig mit Zellplasma gefüllt, in dem viele chemische Reaktionen ablaufen: Der Stoffwechsel der Zellen baut ständig Stoffe ab, wandelt sie in andere Stoffe um und baut neue Stoffe aus Zwischenprodukten auf. Dafür besitzt auch eine tierische Zelle durch Membranen abgetrennte Reaktionsräume in den Organellen.

Die Chloroplasten und Vakuolen der pflanzlichen Zellen kommen bei tierischen Zellen nicht vor. Die übrigen Organellen sind in der Regel so klein, dass sie im gewöhnlichen Lichtmikroskop nur sehr schwer zu sehen sind. Sie werden erst durch spezielle Färbetechniken oder im Elektronenmikroskop erkennbar.

Tierische und menschliche Zellen eines Körpers haben grundsätzlich den gleichen Bauplan. Abhängig von ihrer Funktion können sie sich aber in ihrem Aufbau und ihrer Gestalt unterscheiden. Bei Nervenzellen geht vom Zellkörper in der Regel eine lange Nervenfaser aus, die der Weiterleitung von elektrischen Impulsen dient. An bäumchenartigen Verzweigungen nehmen die Nervenzellen über elektrische Impulse untereinander Kontakt auf. Im Gehirn führt diese komplexe Verschaltung vieler Millionen von Nervenzellen zur Verarbeitung von Informationen. In ihrer Gestalt spiegeln diese Zellen die Angepasstheit an die Aufgaben Weiterleitung und Verarbeitung von Informationen wieder.

Muskelzellen in den Skelettmuskeln zeigen wieder eine andere Gestalt. Ihr spindelförmiger Zellkörper ist langgestreckt und die einzelnen Zellen sind zueinander parallel angeordnet. In ihrem Zellkörper verlaufen in Längsrichtung zahlreiche quergestreifte Eiweißfäden, die sich aktiv verkürzen können. Damit kann der Muskel durch koordinierte Längenänderungen der einzelnen Muskelzellen Bewegungen ausführen.

1 Vergleiche Pflanzen- und Tierzellen in einer Tabelle.
2 Erkläre den Zusammenhang zwischen Struktur und Funktion bei der Zellmembran.

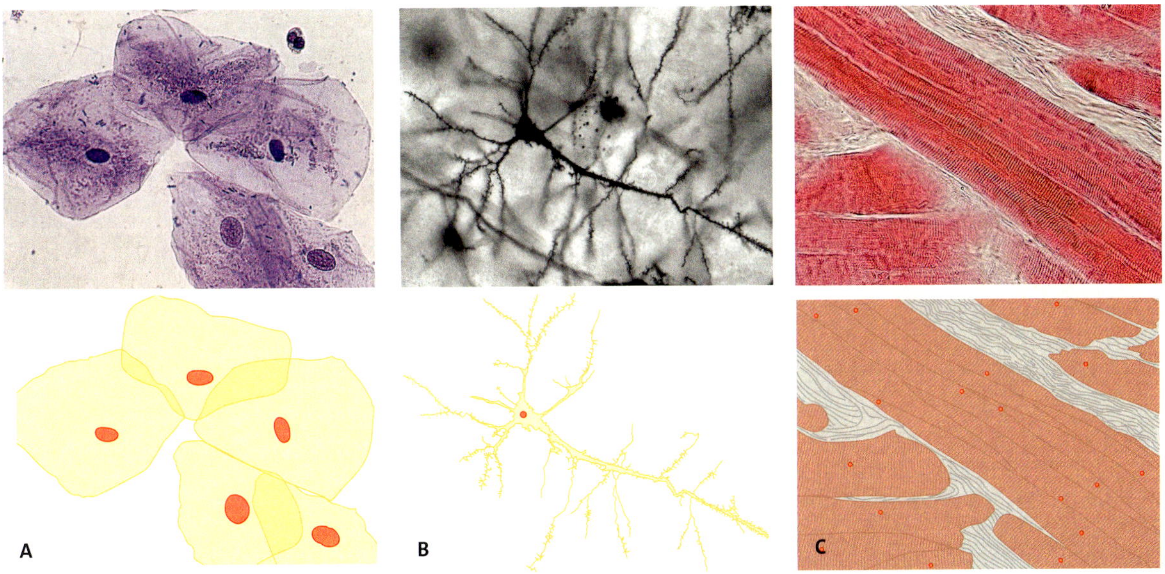

1 Zelldifferenzierungen (oben Foto; unten Schema).
A Mundschleimhautzellen; **B** Nervenzellen; **C** quergestreifte Muskelzellen

3.4 Von der Zelle zum Organismus

Einzelne Zellen im Körper des Menschen sind auf bestimmte Aufgaben spezialisiert und in ihrem Bau an ihre Funktion angepasst. Eine Drüsenzelle der Magenschleimhaut entleert während der Verdauung kleine, flüssigkeitsgefüllte Bläschen mit Wirkstoffen ins Mageninnere. Diese Zellen bilden einen Verband gleichartiger Zellen, ein **Gewebe.** Im Magen arbeitet bei der Verdauung das Drüsengewebe in der Schleimhaut mit Bindegewebe, Muskelgewebe und Blutgefäßen zusammen. Der Magen ist ein **Organ,** also ein Zusammenschluss von unterschiedlichen Geweben zu einer Gesamtstruktur mit einer Hauptfunktion. Neben dem Magen spielen bei der Verdauung im menschlichen Körper aber noch andere Organe eine wichtige Rolle. Auch die Mundhöhle mit den Speicheldrüsen, die Bauchspeicheldrüse, der Dünndarm und der Dickdarm mit dem Enddarm gehören mit ihren besonderen Aufgaben zum gesamten Verdauungssystem des Menschen. Diese Organe bilden ein **Organsystem,** das in seiner Gesamtheit auf die Funktion der einzelnen Organe angewiesen ist. Der menschliche **Organismus** besitzt verschiedene Organsysteme wie das Nervensystem, das Blutkreislaufsystem oder das Ausscheidungssystem.

Komplexe biologische Systeme sind immer aus kleineren, einfacheren Strukturen aufgebaut. Von der Ebene der Zelle gelangt man zum Gewebe, zum Organ, dann zum Organsystem und schließlich zu der komplexen Ebene des Organismus.

1 Nenne Aufgaben von Geweben im menschlichen Körper und ordne sie einzelnen Organen zu.

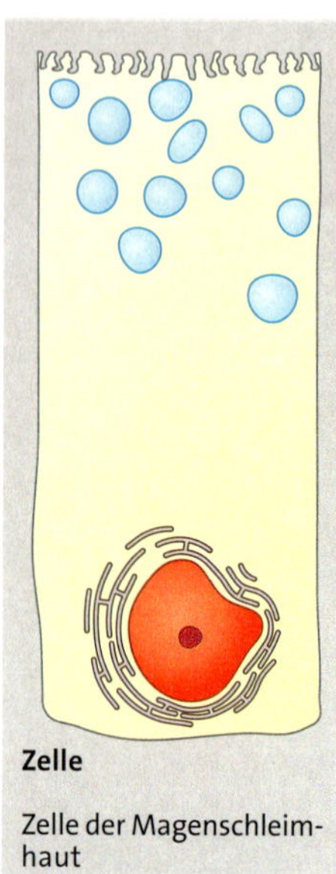

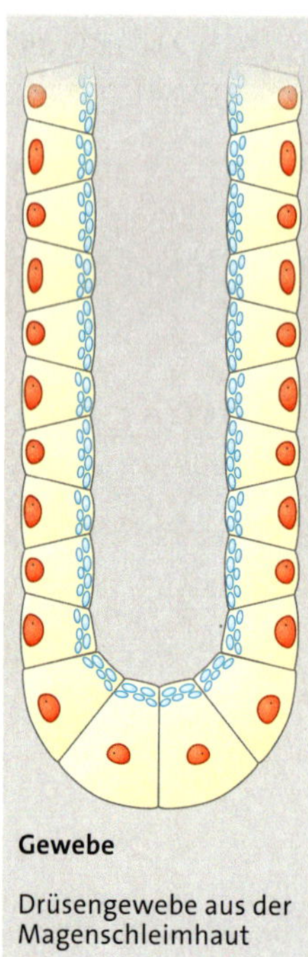

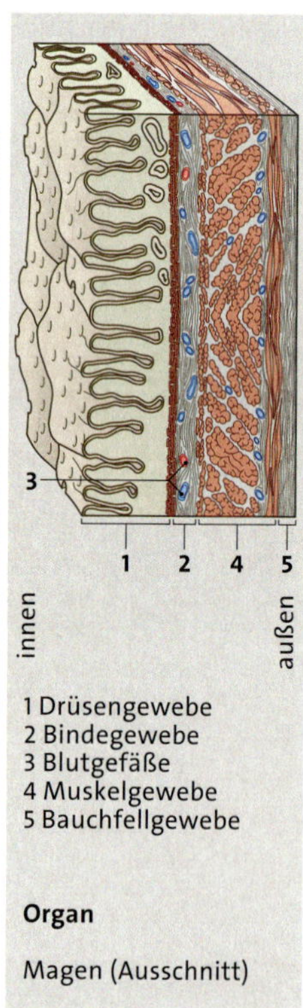

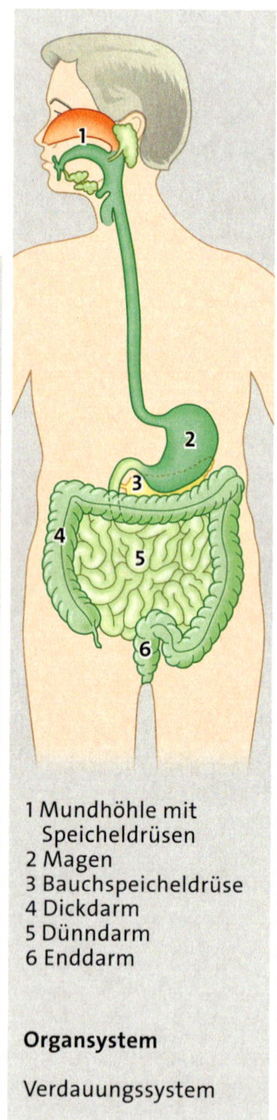

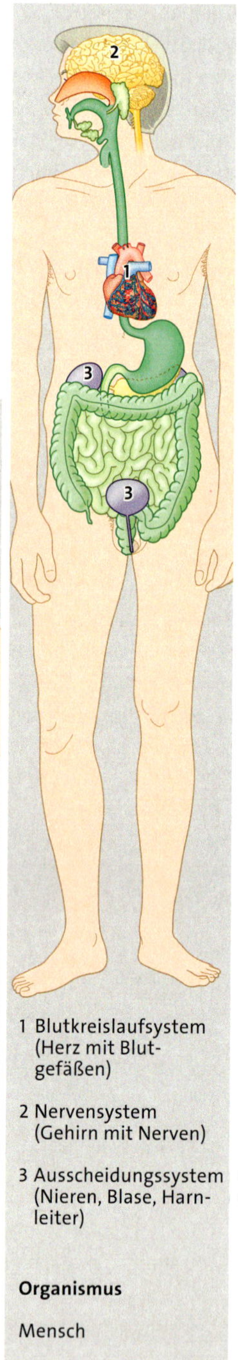

1 Ebenen des Organismus Mensch

3.5 Pflanzliche und tierische Zellen ernähren sich unterschiedlich

Ein Feldhase kann sich zum Beispiel wochenlang von Rüben- oder Erbsenpflanzen ernähren. Dabei nimmt er die Biomasse der Pflanzen auf und wandelt die in ihr enthaltene chemische Energie um. Die Pflanzen haben ihre Biomasse durch die **Fotosynthese** aufgebaut. Dabei wandeln sie Kohlenstoffdioxid und Wasser mit Hilfe des Sonnenlichtes in den Chloroplasten zu energiereichen Verbindungen wie Traubenzucker um. Als Abfallprodukt wird dabei Sauerstoff frei, der in die Luft abgegeben wird.

In seinem Stoffwechsel zerlegt der Feldhase zunächst bei der Verdauung die pflanzliche Nahrung in ihre Bausteine. Diese verwendet er zur Bildung von körpereigenen Baustoffen oder Nährstoffen. Bei Wachstum und Entwicklung wird ständig neue körpereigene Biomasse aufgebaut, die stetig um- oder auch abgebaut wird. Der Abbau von Nährstoffen in den Zellen dient der Bereitstellung von Energie, die der Stoffwechsel der Zelle für die Umwandlung in Wärmeenergie oder als chemische Energie nutzen kann. Bei dem Prozess der **Zellatmung** wird die energiereiche Verbindung Traubenzucker unter Verwendung von Sauerstoff zu Kohlenstoffdioxid und Wasser umgesetzt. Die dabei freiwerdende Energie wird zu einem Anteil als Wärme an die Umgebung abgegeben und zu einem anderen Anteil als chemische Energie in der Zelle weiter genutzt.

Menschen und Tiere benötigen Nahrung, um ihren eigenen Energiebedarf zu decken. Sie sind **heterotrophe** Organismen, die auf die Zufuhr energiereicher Nahrung von außen angewiesen sind. Auch Pflanzen führen in ihren Zellen die Zellatmung durch. Dies kann man gut bei keimenden Erbsen beobachten: Die Erbsen bauen durch Zellatmung die in ihnen gespeicherten Nährstoffe ab, geben Wärmeenergie an die Umgebung ab und nutzen die gespeicherte chemische Energie zum Aufbau von Keimblättern und Wurzeln. Bei der Zellatmung von keimenden Erbsen werden Traubenzucker und Sauerstoff verwendet und Wasser und Kohlenstoffdioxid freigesetzt.

Im Gegensatz zu Tieren können grüne Pflanzen ihre Nährstoffe mit Hilfe der Fotosynthese selbst aufbauen. Deshalb bezeichnet man sie als **autotrophe Organismen.** Sie sind in der Lage, sich selbst zu ernähren und die für ihre Zellatmung notwendigen Stoffe durch Fotosynthese aufzubauen. Da bei der Fotosynthese mehr Sauerstoff als Abfallprodukt anfällt als bei der pflanzlichen Zellatmung verbraucht wird, reicherte sich im Laufe der Erdgeschichte der Sauerstoff in der Atmosphäre an. Er wird von den heterotrophen Organismen eingeatmet und zur Zellatmung verwendet. Pflanzen und Tiere stehen demnach durch einen Stoff- und Energiefluss miteinander in Verbindung. Fotosynthese und Zellatmung sind Beispiele für das Erschließungsfeld Stoff und Energie.

1 Erläutere anhand von Abbildung 1 den Zusammenhang zwischen Fotosynthese und Zellatmung.

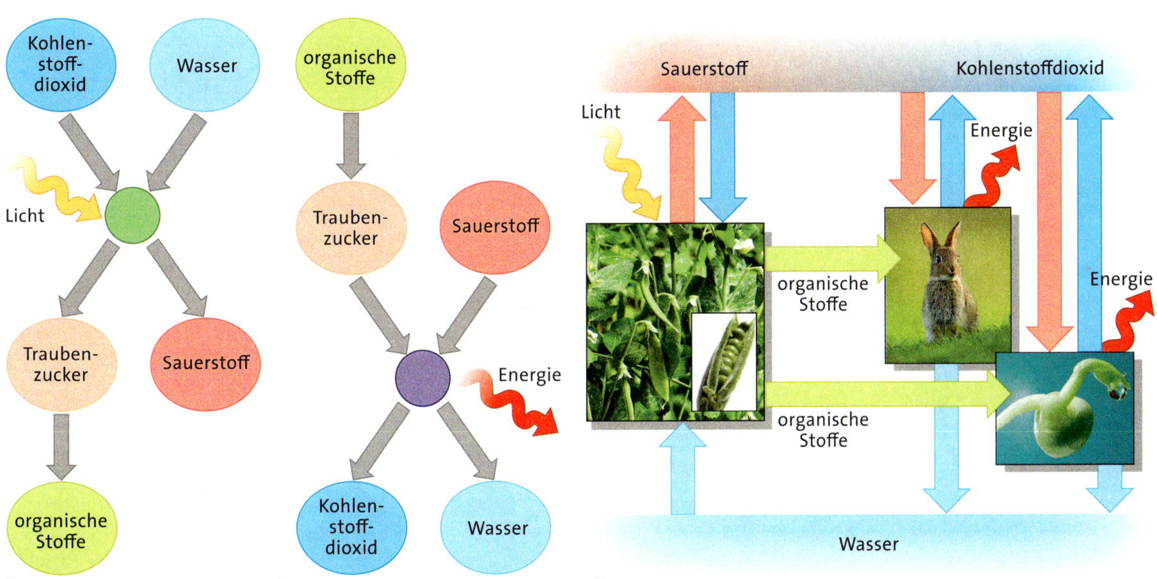

1 Ernährung bei Pflanzen und Tieren. **A** Fotosynthese; **B** Zellatmung; **C** Zusammenhang

3.6 Das Wachstum mehrzelliger Lebewesen beruht auf Zellteilung

Ein Erbsensamen braucht zum Keimen ausreichend Wasser und Wärme. Der Samen quillt zunächst auf und sprengt dadurch die Samenschale. Im Inneren des Samens sind bereits wichtige Pflanzenteile wie die Keimwurzel, der Stängel und die Keimblätter angelegt. Deshalb kann sich die junge Pflanze sehr schnell entfalten und mit einem raschen Wachstum beginnen.

Zuerst wächst die Keimwurzel in die Länge. Sie verankert den Keimling im Boden und versorgt ihn mit Wasser und Mineralstoffen. Markiert man die Keimwurzel in gleichen Abständen mit feinen Querstrichen, erkennt man einige Stunden später, dass sie länger geworden ist. Vor allem ein bestimmter Abschnitt dicht hinter der Wurzelspitze hat sich gestreckt. Hier sind die Abstandsstriche viel weiter auseinandergerückt als unmittelbar an der Wurzelspitze und in dem davon weiter entfernten Bereich.

Unter dem Mikroskop sieht man, dass sich die Zellen in den verschiedenen Wurzelabschnitten deutlich unterscheiden. Direkt an der Wurzelspitze sind die Zellen ziemlich klein und weisen nur eine ganz dünne Zellwand auf. Es sind keine oder nur sehr kleine Vakuolen vorhanden. Diese Zellen teilen sich ständig. Dabei zerfällt der Zellkern zunächst in zwei gleiche Teile. Danach wird eine Trennwand zwischen den beiden Zellhälften aufgebaut. Auf diese Weise entstehen aus einer Mutterzelle zwei gleichartige Tochterzellen. Durch die nacheinander erfolgenden **Zellteilungen** bilden sich viele gleichartige kleine Zellen. In diesen vermehrt sich die Menge des Plasmas, wodurch auch die Zellwände ein wenig wachsen. Dieser Vorgang wird als **Plasmawachstum** bezeichnet.

Die Zellen, die weiter hinter der Wurzelspitze liegen, zeigen eine andere Form des Zellwachstums. Sie strecken sich vornehmlich durch Wasseraufnahme in die Zellvakuolen. Bei diesem **Streckungswachstum** vergrößern sich die Zellen ohne die Bildung von neuem Plasma. Sie können sich um das Vielfache, manchmal sogar das Hundertfache vergrößern. Die anfänglich kleinen Vakuolen vereinigen sich dabei meist zu einer einzigen, großen und mit Zellsaft gefüllten Vakuole, die nur von einer dünnen Plasmaschicht umgeben ist. Die Geschwindigkeit dieses Wachstums ist enorm, beispielsweise können sich die Staubfäden von Getreidepflanzen bis zu zwei Millimeter in der Minute verlängern. Die Streckungsdauer hält hier aber meist nur einige Minuten an. Die Keimwurzel bei der Bohne streckt sich dagegen über drei Tage, wobei die

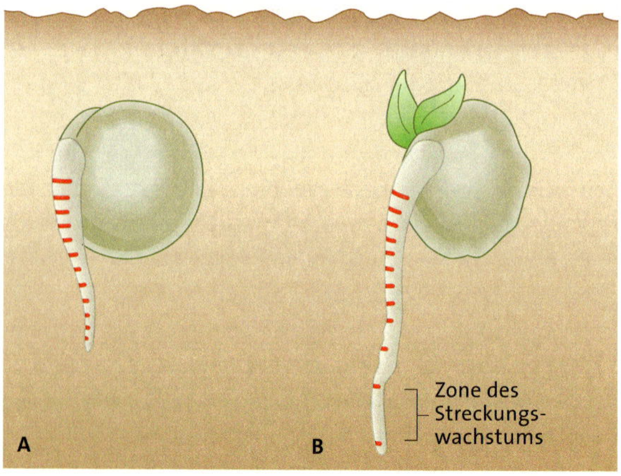

1 Wachstum der Keimwurzel bei der Gartenerbse. A Beginn des Experiments mit Markierungen im Abstand von 1 mm; **B** ein Tag später

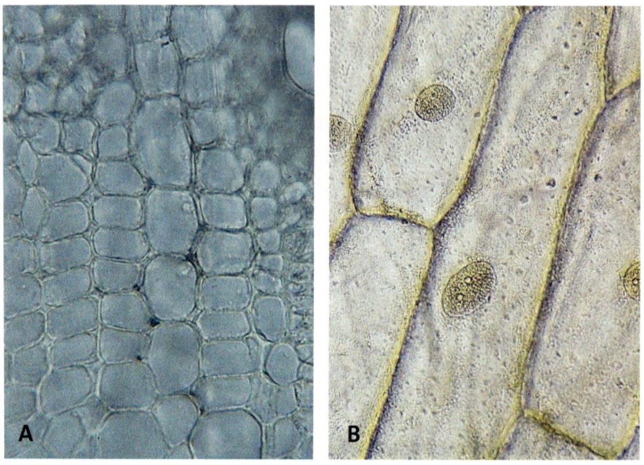

2 Zellen aus der Keimwurzel. A Zone des Plasmawachstums; **B** Zone des Streckungswachstums

Streckungsgeschwindigkeit etwa 1,7 Zentimeter pro Tag beträgt. Bekannt ist das schnelle und über mehrere Tage hinweg erfolgende Wachstum der Bambussprosse, die sich pro Tag fast 60 Zentimeter verlängern können.

Nach der Keimung kommt eine neue Phase in der Entwicklung der Pflanze. In dieser Zeit streckt sich der Spross, die Wurzel wächst und die Laubblätter entfalten sich. Dieser Lebensabschnitt einer Pflanze, in dem noch keine geschlechtliche Fortpflanzung erfolgt, wird als **vegetative Phase** bezeichnet.

Schließlich bilden sich bei der Erbse weiße bis violette Blüten. Jetzt spricht man von der **generativen Phase**. Nach der Befruchtung entwickeln sich hier die Früchte, die Erbsenhülsen. In ihren Samen »schlummert« schon die neue Generation. Sie müssen noch ausreifen und können dann nach einer Samenruhe keimen. Die Erbsenpflanze selbst ist im Lauf des Sommers alt geworden. Ihre Blätter sterben ab, die Stängel vertrocknen. Nach dem **Altern** wird der Lebenszyklus mit dem **Tod** beendet.

Auch bei Menschen und Tieren erfolgt das Wachstum durch fortlaufende Zellteilungen. Im Gegensatz zu Pflanzenzellen findet hier jedoch kein Streckungswachstum statt. Das Signal für eine neue Zellteilung wird durch das Massenverhältnis von Plasma und Zellkern gegeben: Während der Zellkern etwa gleich groß bleibt, vermehrt sich das Zellplasma. Überschreitet dieses ein bestimmtes Volumen, teilt sich zuerst der Zellkern, dann das Plasma. Auch hier entstehen also aus einer Mutterzelle immer zwei gleichartige Tochterzellen.

So entwickeln sich zum Beispiel aus einer befruchteten menschlichen Eizelle zuerst zwei Zellen, dann vier, acht, sechzehn, und so weiter. Dies bezeichnet man als *Embryonalentwicklung*. Da alle paar Stunden eine neue Zellteilung stattfindet, ist bald ein Zellhaufen entstanden, der sich nun weiterentwickelt.

Bei einem Kind ist die Zahl der neu gebildeten Zellen größer als die Zahl der zugrundegehenden Zellen. Deshalb ist ein ständiger Zuwachs zu verzeichnen. Wenn der Mensch erwachsen ist, bilden sich zwar immer noch täglich Millionen neuer Zellen. Diese halten sich nun aber mit den absterbenden Zellen im Gleichgewicht. Beispielsweise werden pro Sekunde 2,4 Millionen absterbender Rote Blutzellen durch im Knochenmark neugebildete Zellen ersetzt. Solche riesigen Mengen sind notwendig, da die Roten Blutzellen nur eine durchschnittliche Lebensdauer von etwa vier Monaten haben.

1 Erläutere Abbildung 1.
2 Stelle die beiden Formen des Wachstums in einer Wurzelspitze in einer Tabelle vergleichend gegenüber.
3 Beschreibe die Entwicklung einer Gartenerbse mit Hilfe der Abbildung 3.

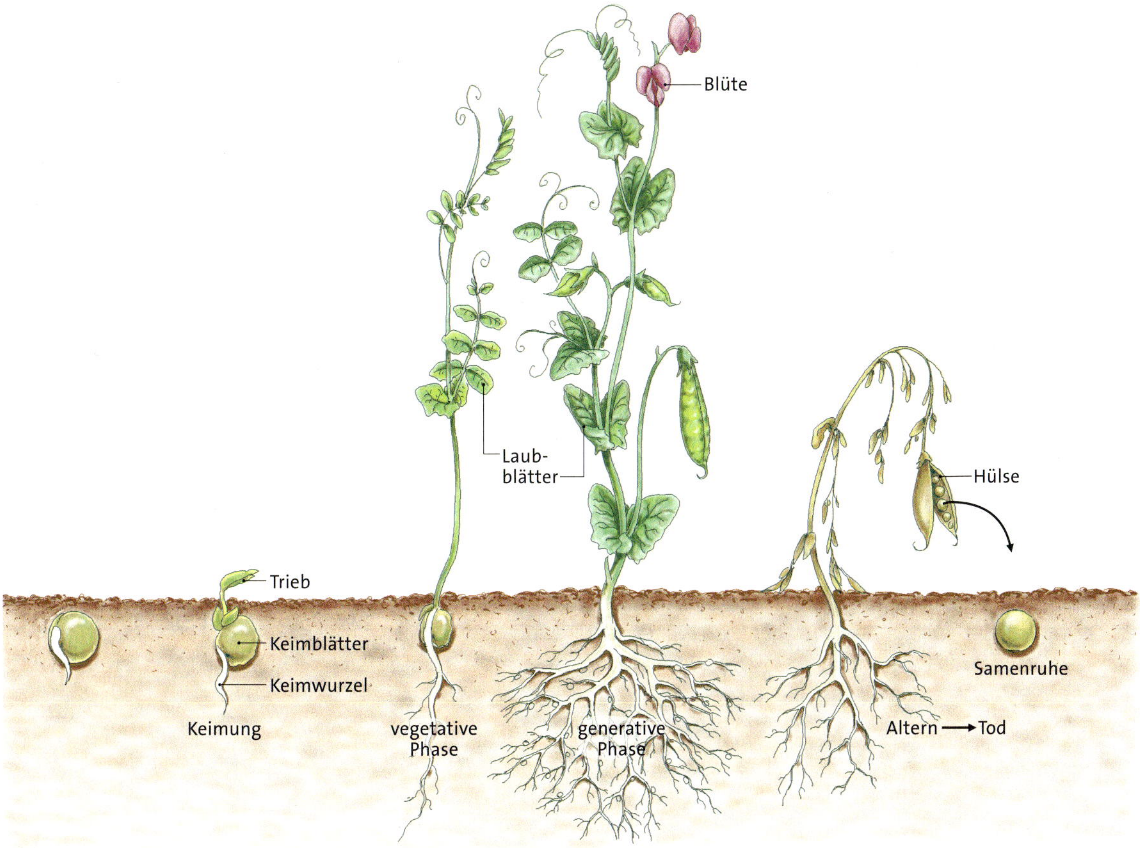

3 **Lebensphasen einer Gartenerbse**

Aufgaben und Versuche Pflanzliche und tierische Zellen

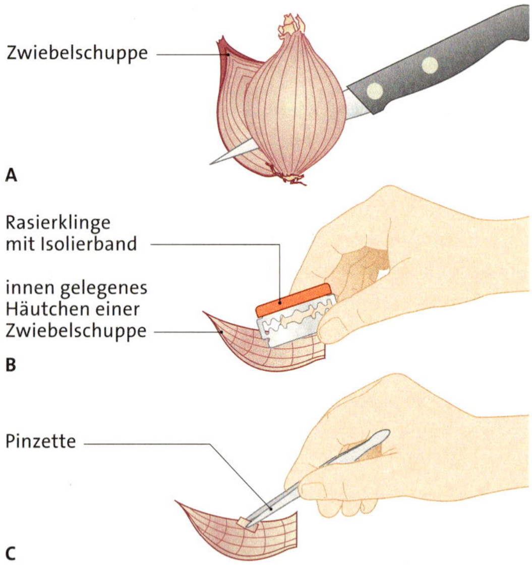

V1 Mikroskopieren von Zwiebelzellen

Material: Messer, Rasierklinge (zur Hälfte mit Isolierband abgeklebt), Pinzette, Objektträger, Deckglas, Pipette mit Wasser, Mikroskop, Zeichenmaterial, rote Küchenzwiebel; für Aufgabe b zusätzlich: Salzlösung (zum Beispiel eine einmolare Kaliumnitratlösung), destilliertes Wasser, Filterpapierstreifen

Durchführung: Zur Untersuchung von Zwiebelzellen eignet sich gut das Abschlussgewebe (»Häutchen«) eines Schuppenblattes der roten Küchenzwiebel. Gehe dabei wie in der Abbildung gezeigt schrittweise vor. Wenn du Zwiebelzellen mit rot gefärbter Vakuole mikroskopieren möchtest, so musst du an der Spitze des Schuppenblättchens nach rot gefärbten Bereichen des Abschlussgewebes suchen. Diese benötigst du für die Experimente in Aufgabe b. Gib die präparierten Abschnitte in einen Tropfen Wasser auf deinem Objektträger. Lege das Deckglas so auf, dass es seitlich an den Wassertropfen gelangt und dann erst vorsichtig auf das Präparat abgesenkt wird. So vermeidest du den Einschluss von störenden Luftblasen unter dem Deckglas.

Aufgaben:

a) Betrachte das Präparat zunächst bei geringer Vergrößerung. Zeichne eine Zwiebelzelle im Detail bei starker Vergrößerung und beschrifte die einzelnen Strukturen.

b) Verwende das Präparat aus Aufgabe a. Stelle eine mittlere Vergrößerung ein. Tropfe seitlich an das Deckglas etwas von der Salzlösung. Sauge von der gegenüberliegenden Seite mit dem Filterpapierstreifens das Wasser unter dem Deckglas heraus, sodass die Salzlösung unter das Deckglas gesogen wird und das Präparat umgibt. Beobachte die Veränderungen der Zwiebelzelle über einen Zeitraum von etwa drei Minuten. Zeichne eine Zelle im Detail und beschrifte die erkennbaren Strukturen. Nimm zur Auswertung die Informationen auf Seite 14 zur Hilfe. Anschließend kannst du destilliertes Wasser seitlich neben das Deckglas tropfen und wie oben beschrieben unter das Deckglas saugen. Damit verdünnt man die Salzlösung sehr stark, die das Präparat umgibt. Beobachte und beschreibe die Veränderung der Zwiebelzelle.

V2 Mikroskopieren von Blattzellen

Material: Objektträger, Deckglas, Pipette mit Wasser, Mikroskop, Zeichenmaterial, Moospflänzchen (zum Beispiel Sternmoos) oder Wasserpest

Durchführung: Zupfe mit der Pinzette ein Moosblättchen oder ein Blatt der Wasserpest ab und überführe es in einen Tropfen Wasser auf deinem Objektträger. Lege das Deckglas erst seitlich auf und senke es dann vorsichtig ab. Betrachte das Präparat zunächst bei geringer, danach bei stärkerer Vergrößerung.

Aufgabe: Beobachte die verschiedenen Zelltypen, die das Blättchen am Rand, in der Mittelrippe und auf der Fläche besitzt. Fertige eine Übersichtszeichnung an, die verschiedene Zelltypen erkennen lässt. Betrachte anschließend eine Zelle im Detail und zeichne sie mit allen erkennbaren Strukturen. Füge die Beschriftung hinzu. Bei diesen Objekten kann man oft eine Strömung des Zellplasmas bei Zellen in der Nähe der Mittelrippe erkennen, die durch die Chloroplastenbewegung deutlich wird.

V3 Mikroskopieren von Mundschleimhautzellen

Material: Mikroskop und Zubehör, Zeichenmaterial, steriler Holzspatel oder Teelöffel, Pipette, Präpariernadel, Methylenblau-Lösung (verdünnt), Filterpapierstreifen

Durchführung: Gib einen Tropfen Wasser auf einen Objektträger. Schabe mit dem sterilen Holzspatel von der Innenseite deiner Wange etwas Schleimhaut ab. Übertrage sie in den Wassertropfen und vermische mit Hilfe einer Präpariernadel die Schleimhautstückchen vorsichtig mit dem Wasser. Lege ein Deckglas auf.

Aufgaben:

a) Mikroskopiere und zeichne das Präparat bei starker Vergrößerung und kleiner Blende. Beschrifte.

b) Färbe das Objekt mit Methylenblau. Gib dazu mit einer Pipette einen Tropfen Methylenblau-Lösung an den Rand des Deckgläschens. Halte den Filterpapierstreifen an den gegenüberliegenden Rand. Sauge so den Farbstoff durch das Präparat, bis es sichtbar angefärbt ist. Mikroskopiere bei starker Vergrößerung. Beschreibe den Unterschied zwischen beiden Präparaten.

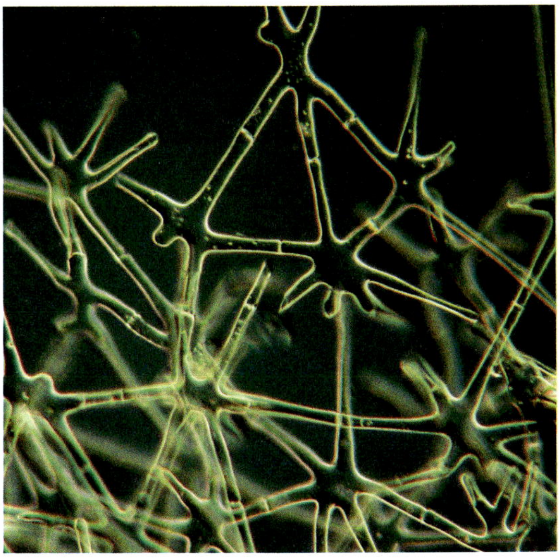

V4 Mikroskopieren von Durchlüftungsgewebe bei der Flatterbinse

Material: Mikroskop und Zubehör, Zeichenmaterial, Pinzette, Präpariernadel, Halme der Flatterbinse

Durchführung: Die Flatterbinse ist eine Sumpfpflanze, deren Wurzeln in häufig durchnässtem Boden stehen. Das Rundblatt dieser Binse wird geöffnet. Zupfe mit der Pinzette ein wenig Material aus dem Blattinneren heraus. Es sollte ein wenig wie Watte aussehen. Gib einen Tropfen Wasser auf einen Objektträger. Überführe dann das Material mit Pinzette und Präpariernadel so in den Wassertropfen, dass möglichst keine Luftblasen mehr in dem Gewebe verbleiben. Lege ein Deckglas auf.

Aufgabe: Mikroskopiere und zeichne das Durchlüftungsgewebe bei mittlerer oder starker Vergrößerung. Mache dir klar, wie der räumliche Aufbau des Gewebes ist und beachte die Zellzwischenräume. Beschrifte deine Zeichnung. Dieses Durchlüftungsgewebe wird auch »Sterngewebe« genannt. Begründe. Erläutere den Zusammenhang zwischen Struktur und Funktion dieser Zellen.

Tipps zum Zeichnen mikroskopischer Präparate:

- Auf dem Zeichenblatt müssen Objekt und Thema angegeben werden. Dies kann zum Beispiel oben links erfolgen. Notiere auch, ob es sich um ein Frisch- oder Dauerpräparat handelt. Vermerke, wenn du Färbungen oder andere Veränderungen am Präparat vorgenommen hast. Hier solltest du außerdem die Vergrößerung angeben, bei der du das Objekt betrachtet hast.
- Weiterhin solltest du das Blatt mit deinem Namen, deiner Klasse und dem Datum versehen.
- Lege die Zeichnung so an, dass sie mindestens ein Drittel deines Zeichenblattes ausfüllt.
- Zeichnung und Beschriftung werden mit einem spitzen Bleistift angefertigt. Die Beschriftungsstriche sollten mit Lineal gezogen werden.
- Bei der Zeichnung solltest du nur die Strukturen mit klaren, nicht gestrichelten Linien einzeichnen, die du erkennen und zuordnen kannst. Schraffierungen und Punktierungen solltest du vermeiden.

Zusammenfassung Die Zelle – Grundbaustein aller Lebewesen

Erschließungsfeld Struktur und Funktion

Die Zellen von Lebewesen weisen gemeinsame Grundbausteine auf: Das Zellplasma ist nach außen von einer abgrenzenden Zellmembran umgeben. Der Zellkern enthält die Erbinformation und ist die zentrale Steuerungseinheit der Zelle. Bei pflanzlichen Zellen finden sich noch weitere Strukturen wie die Zellwand, die Vakuole und die Chloroplasten. Bei Festigungszellen ist die Zellwand sehr stark verdickt. Bei Blattzellen, deren wesentliche Aufgabe in der Fotosynthese besteht, sind besonders viele Chloroplasten zu finden. Bei tierischen Zellen nehmen zum Beispiel stark verzweigte Nervenzellen Kontakt zu vielen anderen Zellen auf. Langgestreckte Muskelzellen ermöglichen Bewegungen durch ihre Verkürzung oder Entspannung. So spiegelt die Struktur der Zellen ihre Funktion wider.

Erschließungsfeld Ebene

Komplexe biologische Systeme sind immer aus einfacheren Einheiten auf verschiedenen Ebenen zusammengesetzt. Zum Beispiel besteht das Abschlussgewebe eines Blattes aus sehr ähnlich gestalteten Einzelzellen. Mit anderen Geweben bilden sie das Blatt, ein Organ der Pflanze. In der Blüte der Pflanze bilden die Blütenblätter, die Staubblätter und die Fruchtblätter insgesamt das Organsystem Blüte. Aus Wurzel, Stängel und Blättern setzt sich der komplexe Organismus Pflanze zusammen.

Erschließungsfeld Stoff und Energie

Alle Zellen nehmen aus ihrer Umgebung Stoffe auf, bauen diese im Zellstoffwechsel um und geben andere Stoffe ab. Tierische Zellen sind auf die Aufnahme organischer Nahrung angewiesen, sie sind heterotroph. Grüne Pflanzen können selbst organische Stoffe aufbauen, sie sind autotroph. Sie nehmen Kohlenstoffdioxid und Wasser auf und wandeln sie bei der Fotosynthese mit Hilfe von Sonnenlicht in organische Stoffe wie Traubenzucker um. Als Abfallprodukt wird Sauerstoff an die Umgebung abgegeben.

Pflanzliche und tierische Zellen betreiben Zellatmung. Dabei werden organische Stoffe wie Traubenzucker unter Beteiligung von Sauerstoff abgebaut, als Abfallprodukte entstehen Wasser und Kohlenstoffdioxid. Bei der Umwandlung der in Traubenzucker gespeicherten chemischen Energie wird unter anderem Wärmeenergie frei. Zudem werden andere Stoffe aufgebaut und zum Beispiel für das Wachstum verwendet.

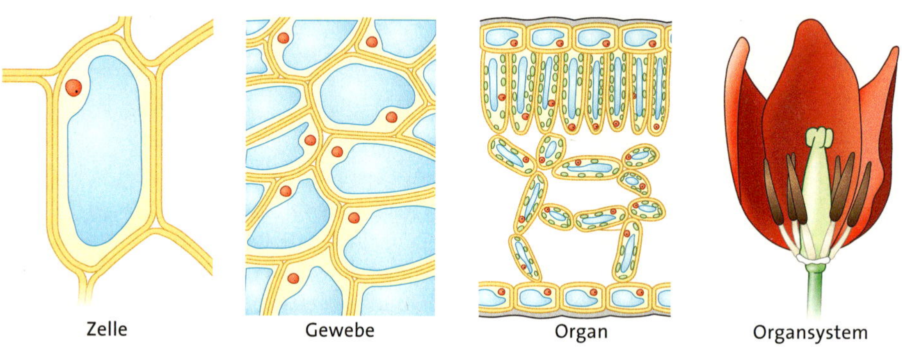

1 Organisationsstufen am Beispiel der Tulpe

Wissen vernetzt Die Zelle – Grundbaustein aller Lebewesen

A1 Wassertropfenlupe

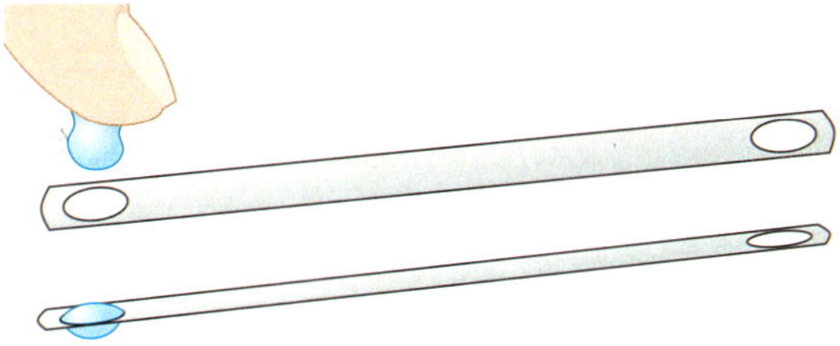

Aus dem Lochstreifen eines Schnellhefters kann man eine einfache Lupe bauen. Tauche einen Finger kurz in Wasser und übertrage den anhängenden Tropfen vorsichtig in das Loch des Heftstreifens.

Aufgaben:

a) Betrachte deine Fingerkuppe mit der Wassertropfenlupe und beschreibe das Bild.

b) Finde Möglichkeiten, das Bild der Wassertropfenlupe scharf zu stellen.

c) Bohre oder stich verschieden große Löcher in den Heftstreifen und experimentiere mit unterschiedlichen Tropfengrößen. Vergleiche die Vergrößerungen und Betrachtungsabstände.

d) Vergleiche deine Wassertropfenlupe mit dem Mikroskop von Antoni van LEEUWENHOEK aus Abbildung 1A auf Seite 8. Stelle die Bauteile in einer Tabelle gegenüber.

A2 Wachstum von Pflanzenzellen

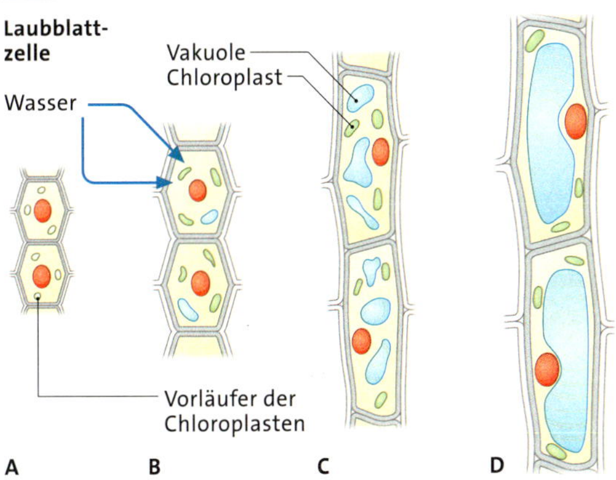

Die Abbildung zeigt schematisch das Wachstum von Pflanzenzellen.

Aufgabe:

Beschreibe die dargestellten Veränderungen.

A3 Tierische und pflanzliche Zellen

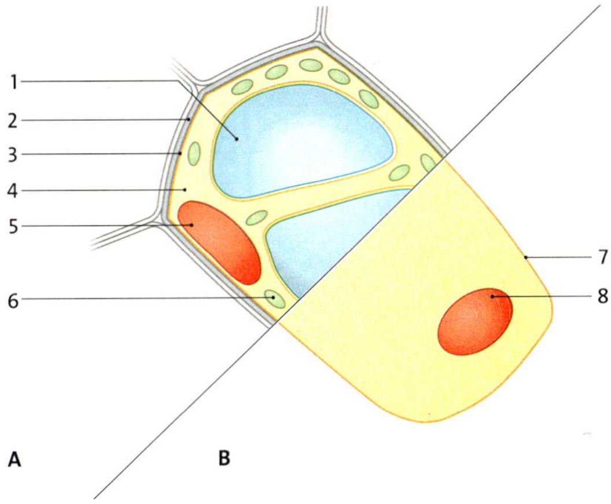

Die schematische Zeichnung zeigt Bestandteile tierischer und pflanzlicher Zellen.

Aufgaben:

a) Ordne den Buchstaben und Ziffern die richtigen Begriffe zu.

b) Vergleiche in Form einer Tabelle die Kennzeichen pflanzlicher und tierischer Zellen.

c) Erläutere das Erschließungsfeld Struktur und Funktion am Beispiel der Zellmembran.

A4 Fotosynthese

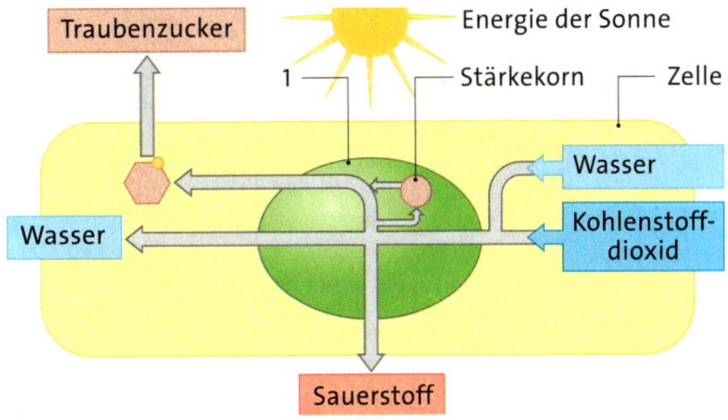

Die schematische Abbildung zeigt eine Zelle, die Fotosynthese betreibt.

Aufgaben:

a) Benenne und beschreibe das Zellorganell 1 für diesen Stoffwechselvorgang.

b) Erläutere mit Hilfe der Abbildung das Erschließungsfeld Stoff und Energie bei Pflanzen.

c) Erläutere die Bedeutung dieses Stoffwechselweges für den Menschen.

Bakterien und Viren

Scharlach und Mumps

Wer kann in eurer Klasse über den Verlauf einer Scharlach- oder Mumps-Erkrankung berichten? Ordnet die Zeichnungen einer der beiden Krankheiten zu und begründet eure Entscheidung. Warum spricht man von Kinderkrankheiten? Nennt weitere Beispiele.

Flaschengarten

Ein Flaschengarten besteht aus einem fest verschlossenen Glasballon, der etwas feuchte Erde und grüne Pflanzen enthält. Erläutere, warum die Pflanzen auch ohne Wasser- und Luftzufuhr von außen gedeihen können.

Wer war Robert Koch?

In jeder Stadt gibt es eine Kochstraße und nach Robert Koch sind auch manche Schulen und öffentliche Einrichtungen benannt. Sammelt Informationen zu diesem Forscher und stellt einen Zusammenhang zum Thema dieses Kapitels her.

Rätselhafte Viren

Mit der Lungenkrankheit SARS trat 2003 eine neue ansteckende und kaum behandelbare Infektionskrankheit auf. Sie hatte das Potenzial für eine weltweite Ausbreitung. Insgesamt erkrankten mehr als 8000 Menschen in rund 30 Ländern.
Warum konnte sich diese Krankheit so schnell ausbreiten? Stellt das Modell eines Virus her und überlegt, ob Viren zu den Lebewesen zählen.

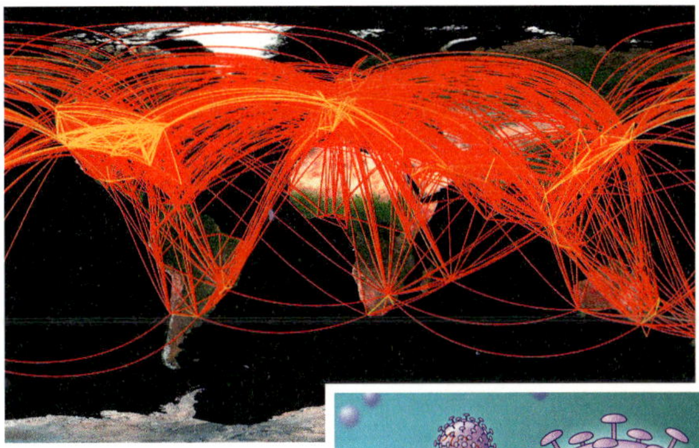

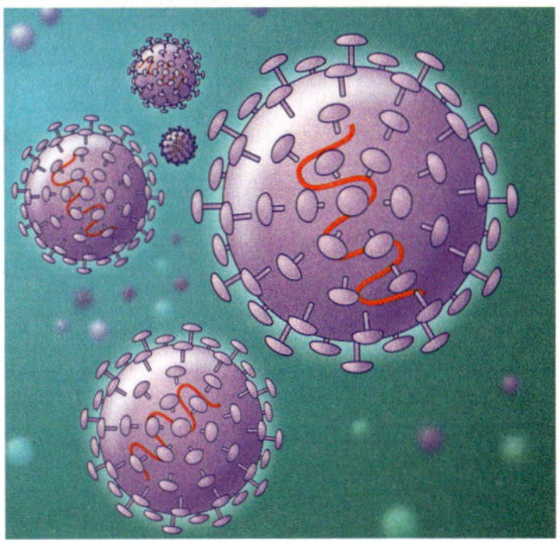

Leben in kochendem Wasser?

In manchen Vulkangebieten kommt heißes oder sogar kochendes Wasser an die Erdoberfläche.
Am bekanntesten unter diesen heißen Quellen sind die Springquellen oder Geysire.
Finde heraus, in welchen Ländern und Gebieten heiße Quellen und Geysire vorkommen und welche Umweltbedingungen dort herrschen.
Informiere dich auch darüber, welche Lebensformen unter diesen Bedingungen existieren können. Stelle Vermutungen darüber an, warum zu den Lebewesen in heißen Quellen keine Wirbeltiere gehören.

Was haben Rinder mit Bakterien zu tun?

Bearbeitet in Partnerarbeit die Frage und präsentiert eure Ergebnisse in geeigneter Form.

1 Bakterien – Lebewesen ohne abgegrenzten Zellkern

1.1 Bakterien sind allgegenwärtig

Wir sehen sie nicht, wir riechen sie nicht und sie sind auch nicht zu fassen. Trotzdem umgeben uns diese Lebewesen in einer unvorstellbaren Anzahl. Es sind **Bakterien.** Erst mit dem Mikroskop entdecken wir sie zum Beispiel als winzige Stäbchen, Kugeln oder Spiralen, die nur aus einer Zelle bestehen. Wir finden sie in der Luft, im Wasser und im Erdboden. Sie gedeihen selbst dort, wo es Pflanzen und Tieren zu heiß, zu kalt, zu sauer oder zu salzig ist. Sogar in heißen Schwefelquellen und brodelnden Schlammlöchern von Geysiren kommen bestimmte Bakterienarten vor. Sie leben hier unter ähnlichen Bedingungen wie sie vor vier Milliarden Jahren auf der Erde herrschten. Bakterien leben am und im Körper von Pflanzen, Tieren und Menschen. Hättest du geahnt, dass es in einer Handvoll Erde oder in unserem Mund mehr Bakterien gibt, als jemals Menschen auf der Erde gelebt haben? Wie gelingt es aber den Bakterien, in so unterschiedlichen Lebensräumen zu existieren?

Bakterien sind sehr anpassungsfähig und vermehren sich schnell. Häufig denken wir bei Bakterien zuerst an Krankheitserreger. Tatsächlich verursacht nur eine ganz geringe Anzahl der zwischen 400 000 bis 4 000 000 geschätzten Arten Krankheiten bei Menschen, Tieren und Pflanzen. Die weitaus meisten Arten sind für Mensch, Tier und Pflanze nicht nur harmlos, sondern sie erfüllen wichtige Aufgaben.

Beim Menschen zum Beispiel siedeln zahlreiche Arten auf der Haut und in den Schleimhäuten und schützen uns vor Krankheitserregern. Auch im Darm leben einige Arten. Dort unterstützen sie die Verdauung.

Im Pansen eines Rindes kommen in einem Milliliter Flüssigkeit etwa 100 Milliarden Bakterien vor. Nur mit ihrer Hilfe wird die aufgenommene Nahrung so weit aufbereitet, dass sie vom Rind weiter verdaut werden kann.

An den Wurzeln von Schmetterlingsblütengewächsen wie Lupine, Klee, Luzerne und Erbse verursachen Bakterien Wucherungen, die wie kleine Knollen aussehen. Die Bakterien leben in den Zellen dieser Knöllchen. Sie machen dort den Stickstoff der Bodenluft für die Ernährung der Wirtspflanze nutzbar. Im »Gegenzug« ernähren sich die Bakterien von Stoffen der Pflanze. Ein solches Zusammenleben zu gegenseitigem Nutzen bezeichnet man als *Symbiose.*

Ohne Bakterien wäre ein Leben auf der Erde nicht möglich. Bakterien stehen daher nicht ohne Grund am Beginn allen Lebens auf der Erde vor etwa vier Milliarden Jahren.

1 Nenne zwei Aufgaben, die Bakterien beim Menschen erfüllen.

2 Erstelle mit Hilfe des Textes und den Abbildungen auf Seite 26 und 27 einen Merkzettel zum Erschließungsfeld Vielfalt bei Bakterien.

3 Nenne Lebensräume, in denen Bakterien häufig vorkommen.

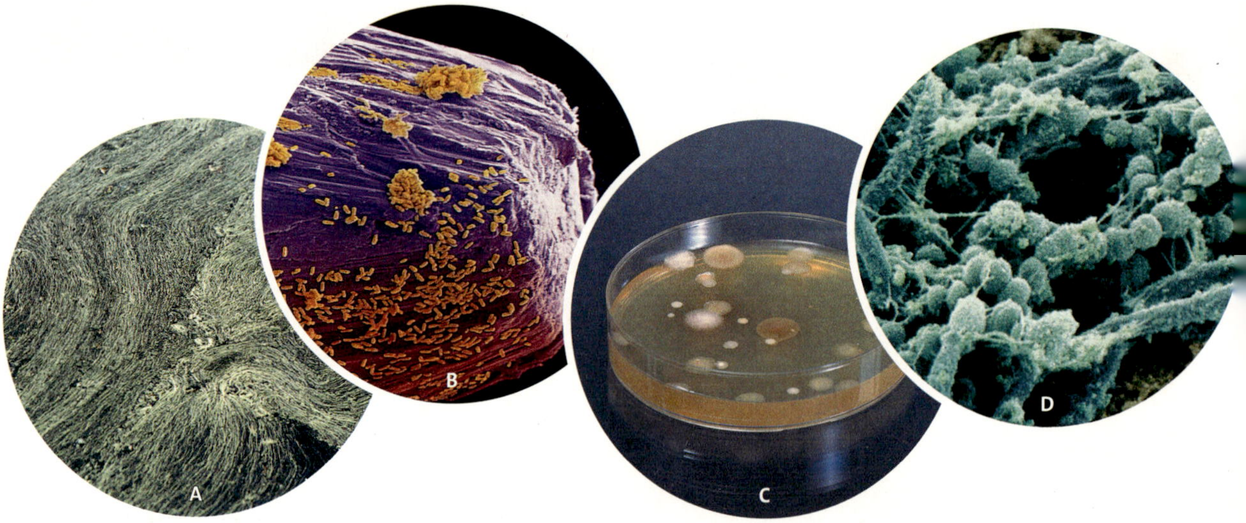

1 Bakterien. **A** Schwefelblüte in einem Teich, verursacht durch Schwefelbakterien; **B** Bakterien auf einer Nadelspitze (Mikrofoto); **C** Bakterien kultiviert auf einer Luftfangplatte; **D** Bakterien im Zahnbelag (Mikrofoto)

1.2 Bakterien – kleinste einzellige Lebewesen

Wenn wir uns die Hände geben oder einen Geldschein anfassen, denken wir meist nicht daran, dass dabei auch Bakterien übertragen werden. Man kann diese nur etwa $\frac{1}{1000}$ mm großen Lebewesen jedoch auch »sichtbar« machen, indem man sie auf einem keimfreien Nährboden züchtet und sich stark vermehren lässt. Es entstehen dann Kolonien von Millionen von Bakterien. Sie werden so groß, dass man sie als Punkte auf dem Nährboden sehen kann.

Unter dem Mikroskop entdeckt man dann ganz unterschiedliche Formen. Neben *Stäbchen* in Stab-, Keulen- und Kommaform sieht man auch kugelförmige Bakterien, die *Kokken.* Letztere können einzeln, kettenförmig oder in Trauben angeordnet sein. Auch schraubenförmige Bakterien *(Spirillen)* kann man unter dem Mikroskop erkennen.

Alle Bakterien zeigen jedoch einen gemeinsamen Bauplan. Eine Bakterienzelle wird nach außen von einer festen *Zellwand* begrenzt. Diese ist bisweilen von einer Schleimhülle oder Kapsel umgeben. Nach innen folgt unterhalb der Zellwand die *Zellmembran.* Diese umschließt das *Zellplasma.* Die *Erbsubstanz* liegt frei im Zellplasma und ist von keiner Kernhülle umschlossen. Bakterien haben also keinen gegen das Plasma abgegrenzten Zellkern. Viele Arten bewegen sich mit Hilfe von *Geißeln* fort.

Bakterien vermehren sich durch Zellteilung unter günstigen Bedingungen alle 20 Minuten. Innerhalb eines Tages können so aus einer Zelle mehr Bakterien entstehen, als es Menschen auf der Erde gibt. Manche Bakterien bilden auch Dauerstadien, die man *Sporen* nennt. In dieser Form können sie ungünstige Umweltbedingungen wie Kälte, Hitze oder Trockenheit oft jahrelang überstehen.

1 Mikroskopiere Fertigpräparate von Bakterien. Entscheide, welche Zellformen vorliegen.

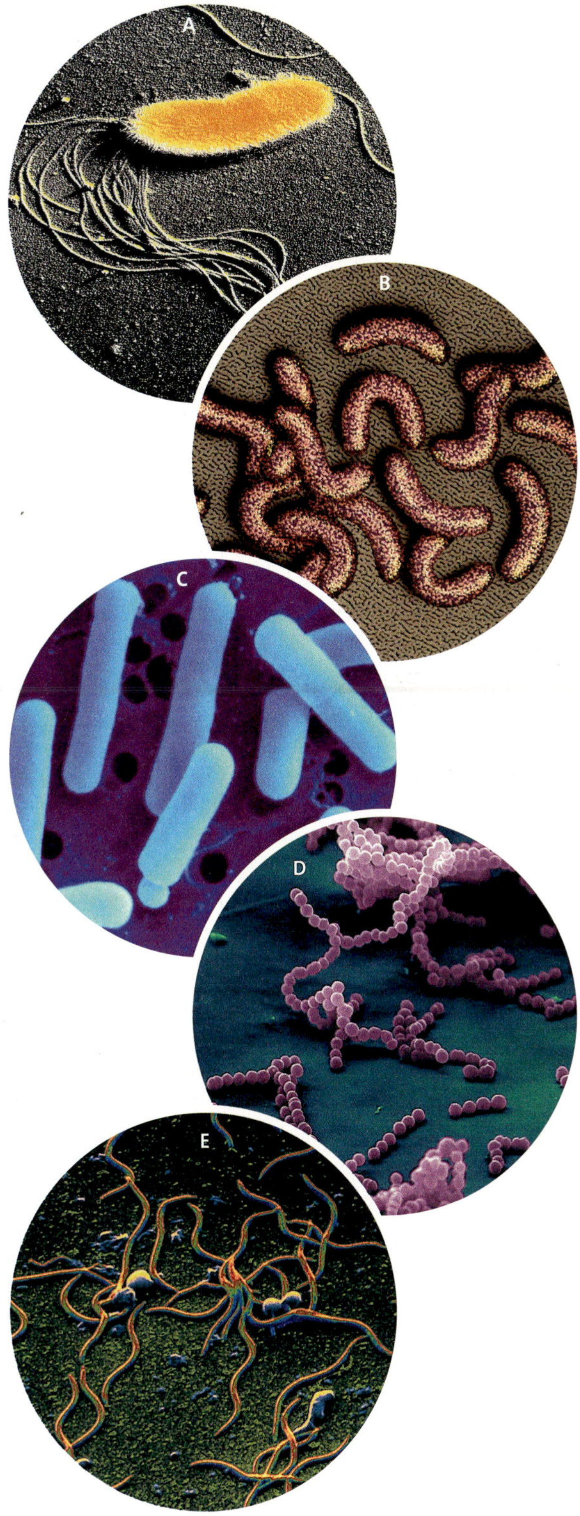

2 Bakterienarten. **A** Begeißelt; **B** kommaförmig (Vibrionen); **C** stäbchenförmig; **D** kugelförmig (Kokken); **E** Schraubenbakterien (Spirillen)

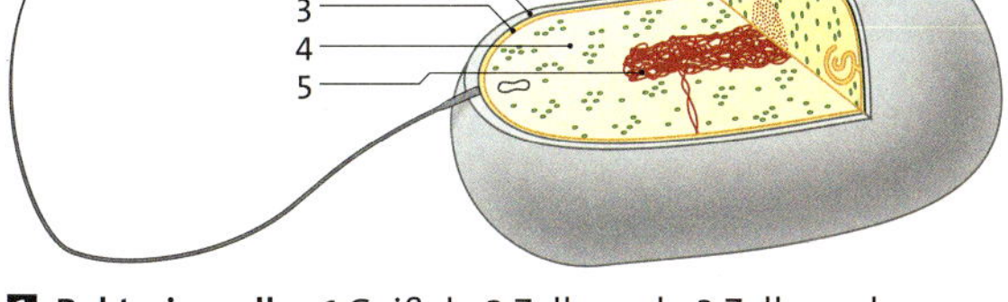

1 Bakterienzelle. **1** Geißel; **2** Zellwand; **3** Zellmembran; **4** Zellplasma; **5** Erbsubstanz

1.3 Bakterien spielen eine wichtige Rolle in Lebensräumen

Durch den alljährlichen Laubfall im Herbst hat sich am Boden eines Laubwaldes eine dicke Laubschicht ausgebildet. Untersucht man sie genauer, sieht man, dass die oberen Blätter nur wenig verändert sind. Die weiter unten liegenden Blätter sind dagegen meist stark zersetzt. Ganz unten geht die Laubschicht in eine dunkle, krümelige Erdschicht, den *Humus,* über.

Humus entsteht durch den Abbau abgestorbener Blätter und anderer Reste von Pflanzen und Tieren. Zuerst fressen kleine Bodentiere an diesen Stoffen und zerkleinern sie. Pilze und Bodenbakterien, also Lebewesen mit heterotropher Ernährung, setzen den Abbau immer weiter fort, bis nur noch schwer abbaubare pflanzliche Zellwände und Holzstoff übrig bleiben. Die unzersetzten Reste bilden zusammen mit Erde krümelige Zusammenlagerungen, den Humus. Bei der Humusbildung setzen die Bodenbakterien auch wichtige Nährsalze frei, die im Humus abgelagert werden und von wachsenden Pflanzen als »Dünger« wieder aufgenommen werden.

Auch in Gewässern leben zahlreiche Bakterien, einige von ihnen, die **Cyanobakterien,** betreiben sogar Fotosynthese. Sie ernähren sich also autotroph und geben Sauerstoff ins Wasser ab. Heterotrophe Bakterien treten vor allem dort auf, wo Abwasser ungereinigt in ein Gewässer eingeleitet wird. Oft kann man dann mit bloßem Auge graue, zottige Überzüge an den Steinen im Wasser sehen. Sie werden durch fädige Abwasserbakterien gebildet, die Schmutzstoffe abbauen. Hierbei werden auch Nährsalze freigesetzt. Für diesen Vorgang ist Sauerstoff erforderlich. Bakterien tragen entscheidend zur Selbstreinigung von Gewässern bei. Spezielle Bakterienstämme können sogar im Meer zum Abbau von Erdöl eingesetzt werden. Sie beseitigen Ölteppiche, die bei Tankerunglücken entstehen.

1 Bakterien im Boden.
A Laub; **B** Humus; **C** Bodenbakterien (Mikrofoto)

1 Erläutere die Bedeutung von Bakterien bei der Humusbildung und bei der Selbstreinigung von Gewässern. Wende dabei das Erschließungsfeld Wechselwirkungen an.

2 Bakterien im Wasser. A verunreinigtes Gewässer; **B** sauberes Gewässer; **C** fädige Abwasserbakterien (Mikrofoto)

Methode Ein Interview führen

Möchtet ihr zu einem Thema wie der Kompostierung, der Abwasserreinigung oder der Biogasgewinnung Genaueres erfahren, lohnt es sich, ein Interview mit Experten zu führen.

Die Vorbereitung

- Legt das Thema fest.
- Sucht einen geeigneten Interviewpartner, mit dem ihr das Gespräch führen wollt. Besprecht, was ihr vorhabt, und vereinbart Ort und Termin für das Interview.
- Überprüft Geräte wie Kassettenrekorder, Mikrofon, Fotoapparat oder Videokamera.
- Bereitet eure Fragen sorgfältig vor. Konzentriert euch auf fünf bis sechs wichtige Fragen und haltet diese schriftlich fest. Vermeidet Fragen, auf die nur mit »ja« oder »nein« geantwortet werden kann.
- Verteilt die Aufgaben: Wer stellt die Fragen, wer bedient das Mikrofon und wer protokolliert schriftlich mit? Wer fotografiert oder filmt?

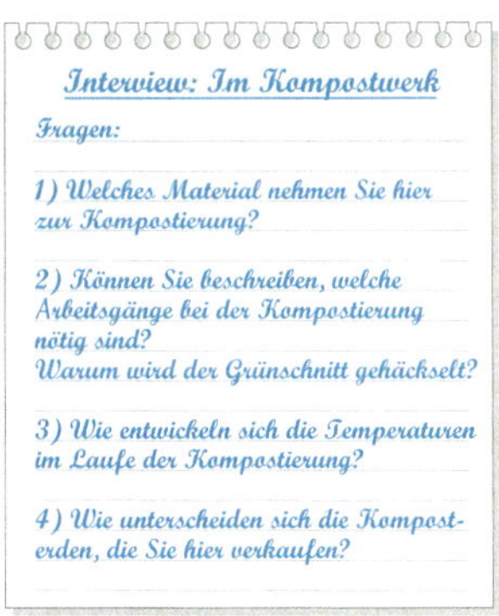

1 Vorbereitete Fragen

2 Im Kompostwerk

3 **Interview. A** im Gespräch; **B** fertige Plakatwand

Das Interview

- Begrüßt eure Gesprächspartnerin oder euren Gesprächspartner und stellt euer Anliegen kurz vor.
- Achtet darauf, dass ihr eure vorbereiteten Fragen stellt und Antworten darauf bekommt.
- Lasst euch auch spontan auf interessante und neue Gedanken ein.
- Bedankt euch für das Gespräch.

Die Aufbereitung

- Bereitet das Interview schriftlich auf, sodass ihr es in der Schülerzeitung, auf einem Plakat oder an einer anderen Stelle veröffentlichen könnt.
- Formuliert einen Titel, stellt die interviewte Person und die Gesprächssituation kurz vor.
- Bringt die mündlichen Aussagen in eine lesbare Form. Gebt wichtige Kernaussagen wörtlich wieder.
- Kürzt und ordnet die Fragen und Antworten sinnvoll.
- Gestaltet einen Text. Ergänzt Zeichnungen oder Fotos.

1.4 Menschen nutzen Bakterien

Frischmilch wird schon nach kurzer Zeit dickflüssig und sauer, wenn man sie offen stehen lässt; es bildet sich Sauermilch. Ursache dafür sind **Milchsäurebakterien,** die Milchzucker zu Milchsäure abbauen. Man bezeichnet diesen Vorgang als *Milchsäuregärung*. Die ausgeschiedene Milchsäure lässt die Eiweißstoffe der Milch gerinnen, die Milch wird dick. Zusätzlich verhindert die Milchsäure das Wachstum von Fäulniserregern. Durch die Verwendung unterschiedlicher Milchsäurebakterien entstehen Sauermilch, Jogurt oder Kefir. Auch bei der Herstellung von Käse spielt die Milchsäuregärung eine wichtige Rolle. Es werden hier noch zusätzliche Stoffe zugegeben, um die Gerinnung der Milch zu beschleunigen. Bei der Reifung können bestimmte Schimmelpilze den Geschmack und das Aussehen des Käses wesentlich beeinflussen.

Auch Gemüse kann durch Gärung haltbar gemacht werden. Dazu wird es zuerst in Salzwasser eingelegt, wodurch ihm Wasser entzogen wird. Die anhaftenden Milchsäurebakterien vermehren sich und es kommt zu einer langsamen Gärung. Auf diese Weise werden Sauerkraut, Gurken und Oliven haltbar gemacht.

Möchte man dagegen Frischmilch haltbar machen, müssen die Milchsäurebakterien abgetötet werden. Dazu muss die Milch für kurze Zeit auf 75 Grad Celsius erhitzt werden. Man nennt dieses Verfahren nach seinem Entdecker, Louis Pasteur, Pasteurisieren. Dabei überleben allerdings die Sporen der Bakterien. Erst bei 120 Grad Celsius werden auch diese sicher abgetötet. Diesen Vorgang nennt man Sterilisieren. Essig entsteht ebenfalls durch Bakterien. Hier wandeln **Essigsäurebakterien** den Alkohol des Weins in Essigsäure um.

Neben der Herstellung von Nahrungsmitteln werden Bakterien auch zur Herstellung von Aroma- und Geschmacksstoffen genutzt. Bekanntestes Beispiel ist die Sojasoße, die durch Vergären einer Mischung von gesalzenen Sojabohnen und Weizenkörnern entsteht. Neben einigen Schimmel- und Hefepilzen übernehmen auch hier Bakterien die Hauptarbeit bei dem acht bis zwölf Monate andauernden Gärungsprozess.

Bakterien werden aber nicht nur zur Herstellung von Nahrungsmitteln genutzt. Ebenso wichtig sind sie bei der Herstellung von so genannten Industriechemikalien. So stellt man mit Hilfe von Bakterien große Mengen Eiweiß spaltender Stoffe als Hilfsmittel für moderne Waschmittel her. Diese *Enzyme* sind besonders unempfindlich gegen Hitze und Laugen. Auch an der Herstellung hochwirksamer Arzneimittel wie bestimmter Impfstoffe oder Hormone sind Bakterien beteiligt.

Bakterien können auch bei der Reinigung kupferhaltiger Industrieabwässer oder dem Aufschluss von Erzen mit geringen Kupfermengen helfen. Sie entziehen dem Abwasser die giftigen Kupfersalze. So kann das wertvolle Metall wieder in den Produktionsprozess zurückgeführt werden.

1 Jogurt ist haltbarer als Frischmilch. Erläutere diese Feststellung.

2 Nenne Produkte, bei denen der Mensch Milchsäurebakterien gezielt nutzt.

3 Gib Verwendungsmöglichkeiten für Essig an.

4 Erstelle eine Mindmap, die die Nutzung von Bakterien durch den Menschen darstellt. Recherchiere mindestens zwei weitere Beispiele, die im Text nicht erwähnt wurden.

1 **Bakterien lassen Milch sauer werden.** **A** Milch; **B** Sauermilch; **C** Milchsäurebakterien (mikroskopische Aufnahme)

Aufgaben und Versuche – Bakterien in Haushalt und Garten

Benutze für alle Versuche im Haushalt gut gereinigte Geräte und Gefäße.

V1 Aus Vollmilch wird Dickmilch

Material: 250 ml frische Vollmilch; flache Schale; Mikrowellenfolie; Löffel

Durchführung: Gib die Milch in die Schale. Bedecke diese mit der Folie. Stelle die Schale 2 bis 3 Tage an einen warmen Ort (ca. 25 °C), bis die Milch dick geworden ist.

Aufgaben:

a) Erläutere, auf welche Weise es zur Bildung von Dickmilch gekommen ist.

b) Beschreibe Beschaffenheit und Geschmack.

V2 Aus Milch wird Jogurt

Material: 500 ml H-Milch; 1 Becher Biojogurt; 1 Kochtopf; 6 kleine Schraubgläser mit Deckel (je ca. 100 ml); 1 Thermometer; Teelöffel; Herd

Durchführung: Erwärme die Milch im Topf langsam unter ständigem Rühren auf ca. 70 °C. Lass sie anschließend im zugedeckten Topf auf etwa 40 °C abkühlen. Gib in jedes Glas einen Löffel Jogurt und füge dann die etwa 40 °C warme Milch hinzu. Rühre um, sodass eine gleichmäßige Durchmischung entsteht. Verschließe die Gläser. Stelle sie 15 Minuten in einen auf 50 °C vorgeheizten Herd. Schalte den Herd ab. Lass die Gläser noch etwa 6 Std. im Herd stehen. Stelle sie dann kalt.

Aufgaben:

a) Erläutere, die Bildung des Jogurts. Begründe die einzelnen Schritte.

b) Beschreibe Beschaffenheit und Geschmack.

V3 Aus Milch wird Quark

Material: 2 l Vollmilch; Klarsichtfolie; Schale; Leinenbeutel; Gummibänder; Topf; Löffel

Durchführung: Stelle nach **V1** Dickmilch her. Hänge den Leinenbeutel in den Topf und befestige ihn. Gieße die Dickmilch in den Beutel und lass sie abtropfen. Entnimm dem Beutel den frischen Quark.

Aufgabe: Erläutere die Entstehung von Quark.

V4 Aus Weißkohl wird Sauerkraut

Material: 1 Weißkohl; Kochsalz; 1 Stampfer; Schüssel; großes Einmachglas mit Deckel; Untersetzer und Porzellanschale passend zum Durchmesser des Glases; Küchenhobel; Küchenbrett; Küchenwaage; Holzlöffel; Gabel; Ziegelstein

Durchführung: Schneide den Kohl in feine Streifen. Gib die Schnitzel in die Schale und vermische diese mit dem Salz. Man rechnet 2 bis 3 g Salz pro 100 g. Gib den Kohl schichtweise in das Glas und stampfe die Schichten jedesmal fest in das Glas. Im ¾ gefüllten Glas soll der Kohl vom eigenen Saft bedeckt sein. Lege nun den Untersetzer oben auf. Presse die Porzellanschale auf den Untersetzer. Verschließe das Glas mit dem Glasdeckel, indem die Porzellanschale noch etwas niedergedrückt wird und beschwere den Deckel mit dem Ziegelstein. Stelle den Weißkohl etwa 14 Tage an einen kühlen Ort.

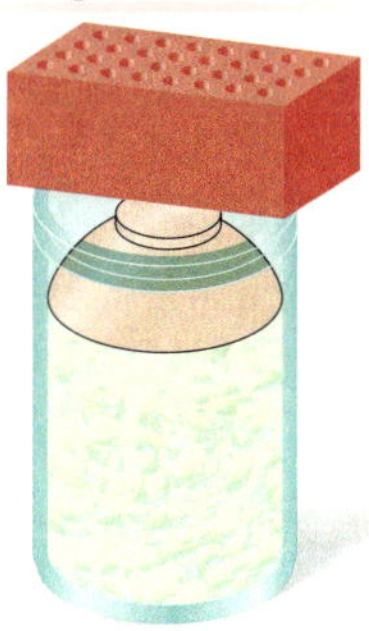

Aufgaben:

a) Beobachte während der nächsten 14 Tage die Vorgänge im Glas und beschreibe sie.

b) Beschreibe, die Veränderungen des Kohls nach 14 Tagen.

c) Entnimm dem Glas eine Kostprobe und beschreibe das Ergebnis.

V5 Zersetzung von Gartenabfällen

Material: frischer Rasenschnitt; großer Karton; Thermometer (bis 100 °C)

Durchführung: Schneide in die Seiten des Kartons mehrere große Löcher. Fülle den Karton randvoll mit Rasenschnitt.

Aufgaben:

a) Prüfe über mehrere Tage morgens, mittags und abends die Temperatur im Grasschnitt. Vergleiche diese mit der Außentemperatur. Notiere.

b) Erläutere die Ergebnisse aus Aufgabe a).

2 Manche Bakterien verursachen Krankheiten

2.1 Bakterielle Infektionskrankheiten

Jeden Sommer häufen sich die Meldungen über Lebensmittelvergiftungen. Besonders betroffen sind Nutzer von Großküchen in Altersheimen, Kindergärten und Krankenhäusern, die mit **Salmonellen** verunreinigtes Essen zu sich genommen haben. Salmonellen sind Bakterien, die sich bei sommerlichen Temperaturen besonders rasch vermehren, sodass sie eine Gesundheitsgefährdung für den Menschen darstellen. Jedes Jahr werden von den Gesundheitsämtern in Deutschland etwa 75 000 Erkrankungen registriert. Kleinkinder und ältere Menschen sind besonders gefährdet. Bei ihnen kann die Krankheit, die auch **Salmonellose** genannt wird, tödlich verlaufen. Die Erreger kommen vor allem in Milchprodukten, Eiern, Muscheln und nicht durchgegartem Geflügel vor. Solche Speisen sollten deshalb gut durchgebraten oder gekocht sein. Die Salmonellen werden nämlich durch die große Hitze abgetötet und verlieren ihre Krankheit auslösende Wirkung.

Der Verlauf einer Salmonellose ist typisch für eine durch Bakterien ausgelöste **Infektionskrankheit.** Die Übertragung in den menschlichen Körper nennt man **Infektion.** Nach dem Verzehr verunreinigter Lebensmittel gelangen Salmonellen in den Dünndarm und vermehren sich dort durch zahlreiche Teilungen. Dabei sondern sie Giftstoffe ab, die **Toxine.** Diese breiten sich über Blut und Lymphe im ganzen Körper aus. Als Folge davon reagiert der Körper mit Durchfall, Erbrechen und Fieber. Diese **Symptome** sind charakteristisch für eine Salmonelleninfektion.

Die Zeit zwischen der Infektion und dem Ausbruch der Krankheit nennt man **Inkubationszeit.** Bei einer Salmonellose dauert sie nur wenige Stunden. Während der Erkrankung ist unser Abwehrsystem, das **Immunsystem,** damit beschäftigt, die Erreger unschädlich zu machen. Dabei kann die Erhöhung der Körpertemperatur in Form von Fieber die körpereigene Abwehr unterstützen.

Der Verlauf und die Dauer der Erkrankung sind vom Gesundheitszustand, vom Alter und vom Zustand des Abwehrsystems abhängig. Besonders gefährdet sind Kleinkinder, bei denen das Abwehrsystem noch nicht voll entwickelt ist, sowie ältere und kranke Menschen mit geschwächtem Immunsystem. In solchen Fällen ist es dringend anzuraten, einen Arzt zu konsultieren. Anhand der Symptome und weiterer Untersuchungsergebnisse ermittelt er die Schwere der Erkrankung und entscheidet über eine passende Behandlungsmethode, die **Therapie.** Bei erfolgreicher Therapie lassen die Krankheitsbeschwerden schließlich nach und die **Genesung** setzt ein.

Außer der Salmonellose gibt es noch andere Infektionskrankheiten. Neben der Aufnahme von bakteriellen Krankheitserregern über die Nahrung kann man sich auch durch Kontakt mit unsauberem Trinkwasser, über offene Wunden, Schleimhäute und sogar über die Atem-

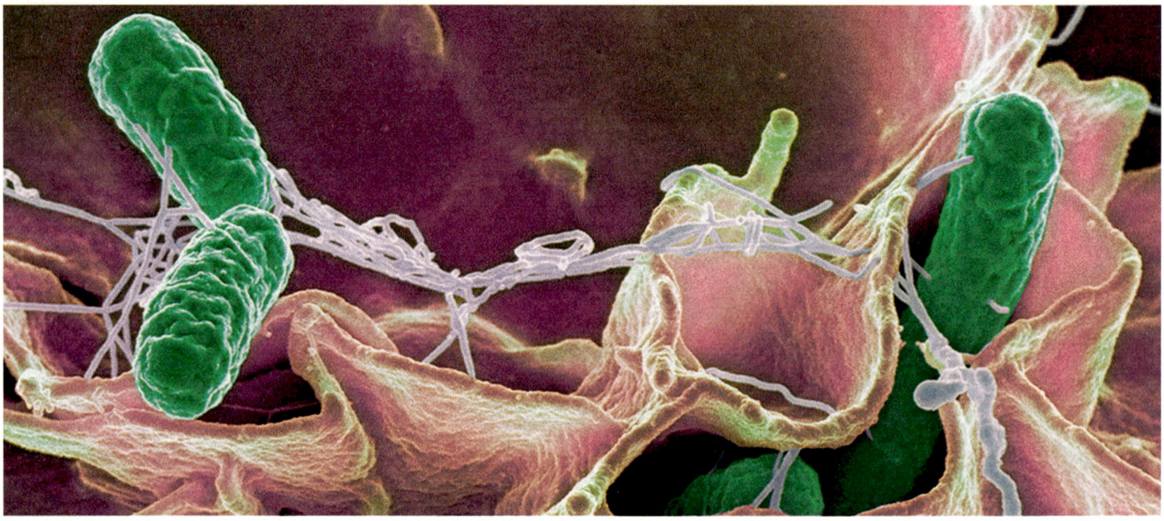

1 Erreger der Salmonellose (grün gefärbt) auf einer menschlichen Schleimhaut (elektronenmikroskopische Aufnahme)

luft infizieren. Die Übertragung von Mensch zu Mensch erfolgt dabei oft durch kleine Speicheltröpfchen beim Sprechen, Husten oder Niesen. Diese Art der Ansteckung nennt man **Tröpfcheninfektion.** Sind viele Menschen davon betroffen, entwickelt sich die Krankheit zu einer Seuche oder **Epidemie** (gr. *epi,* über; *demos,* Volk). Breitet sich eine Epidemie weltweit aus, bezeichnet man sie als **Pandemie** (gr. *pan,* alles).

In den vergangenen Jahrhunderten war die Bevölkerung Infektionskrankheiten wie Pest, Typhus und Cholera meist hilflos ausgeliefert. In der zweiten Hälfte des 19. und zu Beginn des 20. Jahrhunderts trat in den rasch wachsenden Städten Europas und Nordamerikas die *Tuberkulose* häufig auf. Eine Ursache dafür war das Zusammenleben von vielen Menschen auf engem Raum unter schlechten hygienischen Bedingungen.

Die Erreger der Tuberkulose werden durch Tröpfcheninfektion verbreitet. Zu den Symptomen der Krankheit gehören Fieber, Schwäche, Müdigkeit, Gewichtsabnahme und ein blutiger Husten. Bei den meisten Erkrankten kommt es zu einer Umkapselung der Krankheitsherde in den Lungen. Diese Kapseln werden auch Tuberkel genannt und gaben der Krankheit ihren Namen. Von offener Tuberkulose spricht man, wenn Gewebe, meist in der Lunge, großräumig zerstört wird. In diesem Stadium ist die Erkrankung höchst ansteckend und führte früher unweigerlich zum Tode. Weil die Erkrankten im Endstadium an zunehmender Auszehrung litten, war die Tuberkulose auch unter dem Namen »Schwindsucht« bekannt.

Im ausgehenden 19. Jahrhundert entwickelte sich ein neuer Zweig der Naturwissenschaften, die *Mikrobiologie.* Mit Hilfe besserer Mikroskope war es möglich geworden, Bakterien genauer zu untersuchen. Dem französischen Chemiker und Biologen Louis PASTEUR gelang es nachzuweisen, dass Mikroorganismen bestimmte Infektionskrankheiten auslösen können. Daraufhin setzte eine fieberhafte Suche nach diesen Erregern ein. Der deutsche Arzt Robert KOCH entwickelte Methoden zur Züchtung von Bakterien auf Nährböden. Für eine Reihe von Krankheiten entdeckte er die Erreger, auch für die Tuberkulose. Im Gewebe von Tuberkulose-Infizierten fand KOCH große Mengen eines leicht gekrümmten stäbchenförmigen Bakteriums, dem er den Namen *Mycobacterium tuberculosis* gab. Doch mit der Entdeckung der Erreger im Jahre 1882 hatte man noch keine wirksamen Behandlungsmöglichkeiten gefunden. Die Zahl der Erkrankten ging erst zurück, nachdem zu Beginn des 20. Jahrhunderts Antibiotika und ein Impfstoff entwickelt wurden. Durch eine flächendeckende Impfung in aller Welt konnte die Tuberkulose eingedämmt werden.

1 Erläutere anhand von Abbildung 2 den Verlauf einer Infektionskrankheit.

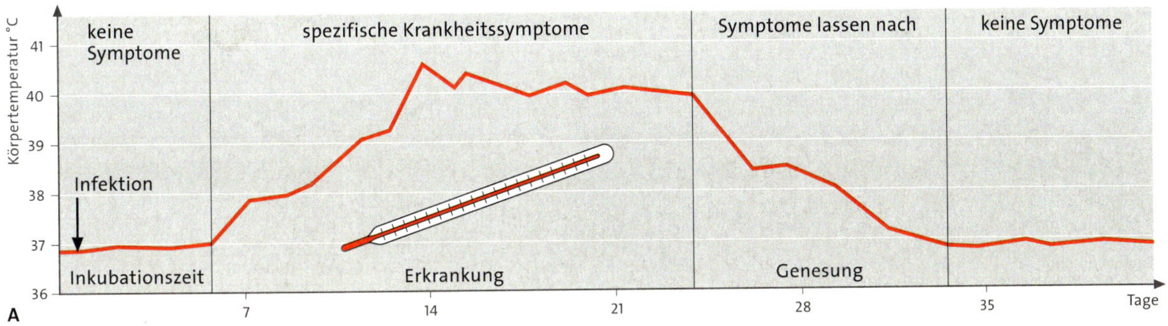

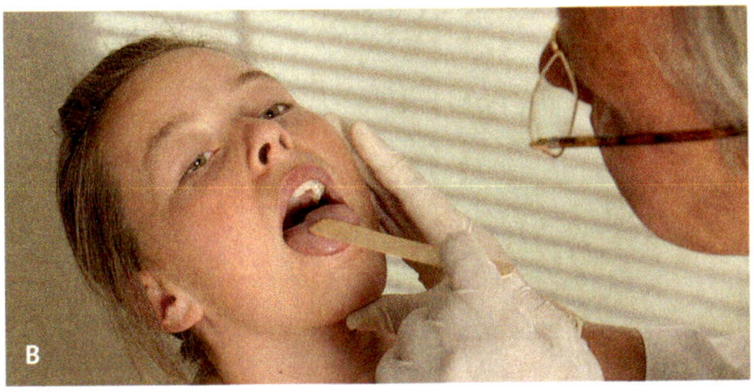

2 Infektionskrankheiten. **A** Typischer Verlauf einer Infektion; **B** Ein Arzt entscheidet über die Therapie; **C** Unzureichende Hygienebedingungen begünstigen die Ausbreitung von Seuchen

2.2 Antibiotika

Im Jahre 1928 machte der schottische Bakteriologe Alexander FLEMING zufällig eine wichtige Entdeckung. Er fand auf einer alten Agarplatte, auf der er Bakterien kultiviert hatte, einen Schimmelpilz. Dabei fiel ihm auf, dass um den Schimmelpilz keine Bakterien wuchsen. Er zog daraus den Schluss, dass der Schimmelpilz einen Stoff in seine Umgebung abgegeben hatte, der das Bakterienwachstum hemmte, vielleicht sogar die Bakterien tötete.

Um die Ursache für diesen Befund zu finden, führte FLEMING weitere Versuche durch. Er bestimmte zunächst den beteiligten Schimmelpilz als Pinselschimmel der Gattung *Penicillium*. Diesen züchtete er in einer Nährlösung. Kamen Bakterien mit dieser Lösung in Kontakt, hörten sie auf sich zu teilen. Somit konnte FLEMING eindeutig nachweisen, dass der Pilz einen Stoff produziert, der die Teilung der Bakterien hemmt. Diesen Stoff nannte er nach dem wissenschaftlichen Namen des Pilzes **Penicillin.** Das erste **Antibiotikum** war gefunden. Leider erwies sich die Gewinnung des Penicillins als sehr schwierig. Erst 1940 gelang es, größere Mengen von Penicillin durch den Einsatz von besseren Nährmedien herzustellen.

Mittlerweile kennt man eine Vielzahl verschiedener bakterieller Antibiotika, die alle eine gemeinsame Eigenschaft haben. Sie schädigen nur die Bakterien und keine anderen Zellen, wie zum Beispiel die Körperzellen des Menschen. Dieses Phänomen beruht auf der einzigartigen chemischen Struktur der Bakterienzellen. So stören manche Antibiotika zum Beispiel nur den Aufbau der Bakterienzellwand. Die Bakterien werden instabil und platzen.

Wiederum andere Antibiotika blockieren den Aufbau von Eiweißstoffen an den Ribosomen der Bakterien. Obwohl Ribosomen auch beim Menschen vorkommen, unterscheiden sie sich hinsichtlich ihrer Größe und Struktur. Diese Unterschiede reichen aus, dass Antibiotika sich nur an die bakteriellen Ribosomen anlagern und hier die Bildung der Eiweißstoffe hemmen. Neuartige künstlich hergestellte Antibiotika greifen in den Stoffwechsel der Bakterien ein und hemmen hier spezielle Enzyme, sodass die Bakterienzelle verhungert. Diese Antibiotika werden zur Gruppe der antibakteriellen *Chemotherapeutika* gezählt.

Mit dem Penicillin war es erstmals möglich, bakterielle Infektionskrankheiten schnell und wirksam zu bekämpfen. Doch es gelang nicht, die Infektionserreger durch die Antibiotika endgültig auszurotten. Schon bald traten Bakterienstämme auf, denen die Antibiotika nichts anhaben konnten. Solche Bakterien nennt man **resistent.** Die zunehmende Resistenz von Bakterien zwingt Forscher dazu, immer neue Antibiotika zu entwickeln. Oft werden dabei bereits bekannte Antibiotika chemisch so verändert, dass sie wieder wirksam gegen Bakterien sind.

1 Beschreibe Abbildung 1 und erkläre die Bakterienverteilung auf der Agarplatte.

2 Recherchiere nach weiteren Antibiotika und stelle in einer Tabelle mindestens vier unterschiedliche Wirkungsweisen gegenüber.

3 Diskutiert die These vom ständigen Wettlauf zwischen Medizin und Bakterien in der Klasse. Berücksichtigt dabei die Häufigkeit der Anwendung von Antibiotika.

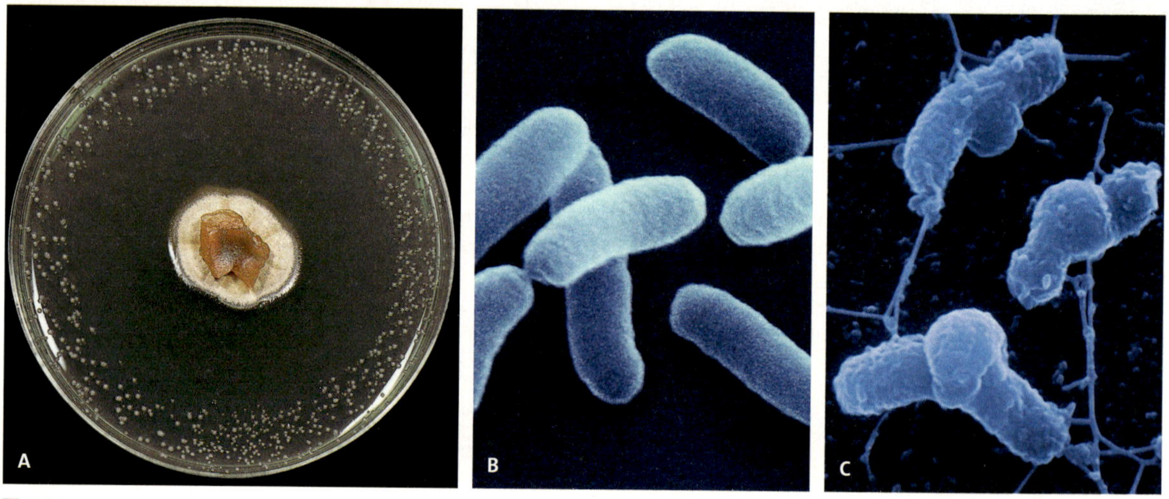

1 Wirkung von Antibiotika. **A** Schimmelpilz auf Bakterienkultur; **B** Bakterien vor Behandlung; **C** Bakterien nach Behandlung

Wissen kompakt – Durch Bakterien verursachte Infektionskrankheiten

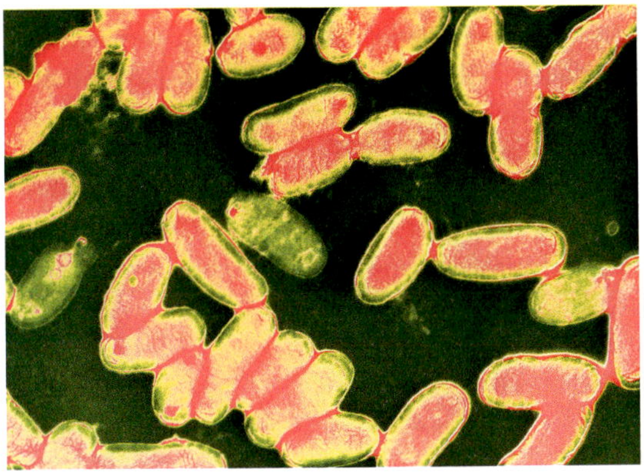

Keuchhusten
Erreger: *Bordetella parapertussis*
Übertragung: Tröpfcheninfektion
Inkubationszeit: bis zu 2 Wochen
Verlauf: anfängliche Symptome wie bei einer Erkältung, später schwere Hustenanfälle mit Atemnot und Erbrechen

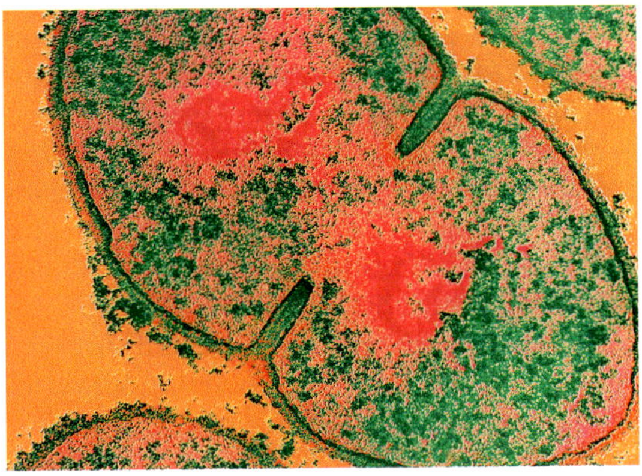

Scharlach
Erreger: *Streptococcus pyogenes*
Übertragung: direkter Körperkontakt
Inkubationszeit: drei bis fünf Tage
Verlauf: Beginn der Krankheit mit Fieber und gerötetem Rachen, später kommt eine Mandelentzündung dazu; Mandeln sind mit gelblichen Flecken belegt; roter Ausschlag breitet sich über den ganzen Körper aus

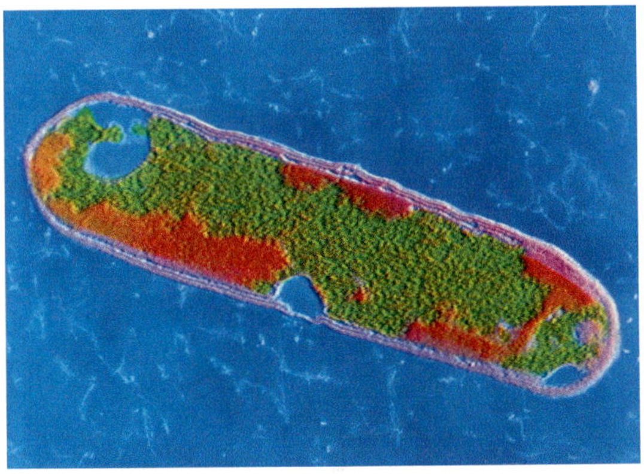

Tetanus
Erreger: *Chlostridium tetani*
Übertragung: Tierbisse; Erde, die in offene Wunden gelangt
Inkubationszeit: wenige Tage bis zwei Wochen
Verlauf: Erregertoxin führt zunächst zu Krämpfen der Kiefer- und Zungenmuskulatur; später verkrampft die Rücken- und Rumpfmuskulatur; bei unbehandelten Tetanusinfektionen beträgt die Sterblichkeit etwa 50 %

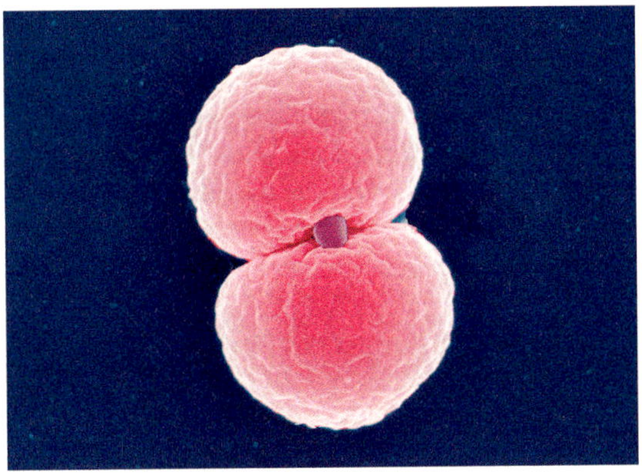

Tripper
Erreger: *Neisseria gonorrhoeae*
Übertragung: ungeschützter Geschlechtsverkehr
Inkubationszeit: zwei bis acht Tage
Verlauf: zu Beginn Schmerzen beim Wasserlassen; eitrige Absonderungen der Harnröhre; bei Nichtbehandlung kann Tripper zu Unfruchtbarkeit führen; besonders gefährlich für Neugeborene, bei denen die Infektion auch während der Geburt erfolgen kann

1 Recherchiere Möglichkeiten zum Schutz vor den hier vorgestellten Bakterien.

2 Recherchiere nach weiteren bakteriellen Infektionskrankheiten und stelle sie in Steckbriefen vor.

3 Viren

3.1 Sind Viren Lebewesen?

Im Vergleich zu einzelligen Lebewesen mit und ohne Zellkern sind **Viren** (lat. *virus*, Gift, Saft, Schleim) sehr klein. Man kann sie erst unter einem Elektronenmikroskop erkennen. Sie haben keine Zellen und zeigen einen einfachen Aufbau. Ihre Gestalt ist stäbchen- oder kugelförmig und wird durch die Virushülle bestimmt. Diese besteht aus einer geometrischen Anordnung von identischen Eiweißbausteinen. Größere Viren können zusätzlich noch Hüllschichten aus Kohlenhydraten oder fettähnlichen Stoffen besitzen. Im Inneren der Virushülle findet man immer Erbsubstanz.

Viren sind nicht in der Lage, Stoffe aufzunehmen und umzuwandeln. Sie verfügen somit über keinen eigenen Stoffwechsel. Allerdings enthalten sie in ihrer Erbsubstanz die Information zur Vermehrung. Um die hierzu erforderlichen Baustoffe herzustellen, nutzen die Viren Stoffwechselleistungen in Zellen von Pflanzen, Tieren oder Bakterien. Man bezeichnet Viren daher auch als **Zellparasiten.** In die Wirtszellen bringen die Viren ihre Erbsubstanz und stellen damit deren Stoffwechsel auf ihre Bedürfnisse um.

Besonders gut sind Viren untersucht, die Bakterien als Wirtszellen nutzen. Sie werden auch **Bakteriophagen** (gr. *phagos*, Fresser) genannt. Die sogenannten T-Phagen zeigen einen auffälligen Bau. Ein kugelsymmetrischer Kopfteil enthält die Erbsubstanz. Daran schließen ein hohler Schwanzstift und eine Endplatte mit Schwanzfäden an. Bei der Anlagerung des Phagen verankert sich die Endplatte an der Bakterienwand. Dabei werden spezifische Wandbausteine der Wirtszelle erkannt. Vom Phagen wird die Erbsubstanz durch die Zellmembran hindurch in das Zellplasma der Bakterienzelle abgegeben, während die Hülle des Phagen außen verbleibt. In der befallenen Zelle verändert die Phagen-Erbsubstanz den Wirtsstoffwechsel so, dass dieser nicht mehr körpereigene Stoffe aufbaut, sondern Phagen-Bausteine bildet. Diese Bausteine lagern sich anschließend zu neuen Viren zusammen. Etwa 30 Minuten nach der Infektion löst sich die Bakterienzelle auf, und bis zu 300 Phagen werden freigesetzt. Diese können dann erneut Wirtszellen befallen und sie zur Vermehrung benutzen.

Viele Viren schädigen ihre Wirtszellen und damit die jeweiligen Lebewesen. Sie sind Krankheitserreger. Beim Menschen verursachen sie zum Beispiel Kinderlähmung, Pocken, Grippe, Aids oder Herpeserkrankungen. Lippenherpes, eine Bläschenkrankheit der Lippen, gehört dabei zu den harmloseren Erkrankungen. Sehr viele Menschen haben sich mit solchen Herpesviren infiziert. Das Erbmaterial der Viren kann sich im Erbgut von Nervenzellen einbauen und so unbemerkt im Körper bleiben. Manche Menschen verfügen über Abwehrkräfte, die die Viren ständig in Schach halten. Bei vielen Menschen tauchen sie jedoch in Phasen mit besonderen Belastungen immer wieder auf und quälen die Betroffenen durch unangenehme und schmerzhafte Herpesschübe.

1 Viren sind keine Zellen. Vergleiche in einer Tabelle Pflanzenzelle, Bakterium und Virus in Bezug auf Membranbegrenzung, Erbsubstanz, Stoffwechsel und Vermehrung.

2 Beurteile, ob Viren Lebewesen sind.

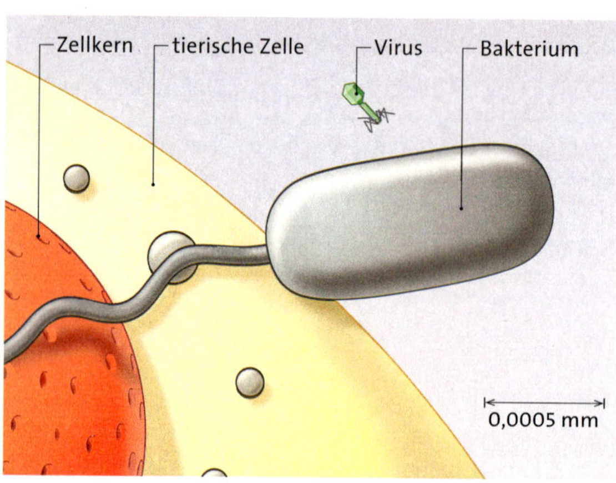

1 **Größenvergleich von Virus, Bakterium und Tierzelle**

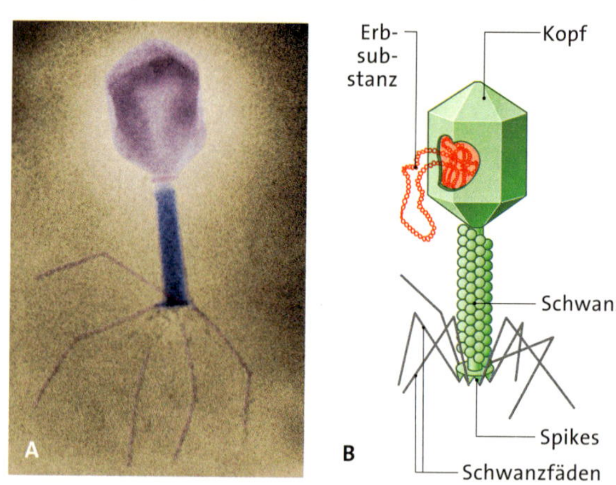

2 **Bau eines Virus vom Typ T-Phage.**
A elektronenmikroskopisches Bild; **B** Schema

Methode Suchmaschinen erleichtern die Internetrecherche

Das Internet hat sich in den letzten Jahren zu einer bedeutenden Informationsquelle entwickelt. Es stehen mittlerweile zu fast jedem Thema zahlreiche Internetseiten zur Verfügung. Dies macht den kritischen Umgang mit solchen Texten notwendig und man sollte immer noch eine weitere Quelle hinzuziehen. Sinnvoll ist es daher, geeignete Suchmaschinen zu benutzen. Diese helfen, Informationen zu einzelnen Themen zu finden. Solche Suchmaschinen findet man zum Beispiel auf den Seiten www.google.de oder www.altavista.de.

Bei der Benutzung einer Suchmaschine sollte man sich über die Wahl der Suchbegriffe im Klaren sein. Gibt man in der Suchmaschine Google den Begriff »Infektionskrankheiten« ein, so wirft Google Millionen von Treffern aus. Es würde sehr viel Zeit in Anspruch nehmen all diese Seiten zu durchsuchen. Deshalb bieten die Suchmaschinen die Möglichkeit, die Suche durch geeignete Kombination verschiedener Suchbegriffe einzuschränken.

Eine geringere Auswahl an Fundstellen bekommt man, wenn man eine logische Verknüpfung der Suchbegriffe vornimmt. Werden die Suchbegriffe mit »UND« verknüpft, sucht die Suchmaschine nur solche Seiten, die beide Begriffe enthalten. So lässt sich das Suchergebnis nach Verknüpfung mit dem Begriff »Verbreitung« auf 198 000 Treffer reduzieren.

Einfacher wird es, wenn sich das Thema, zu dem Informationen gesucht werden, sehr gut abgrenzen lässt. So findet man bei der Suche nach der Geschlechtskrankheit Tripper nur 16 000 Treffer. Diese lassen sich weiter einschränken. Eine weitere Möglichkeit bietet die Suchmaschine, wenn zu einem Thema Bilder beschafft werden müssen. Hier werden dann alle Bilder, die auf einer zu den Suchbegriffen passenden Seite stehen, angezeigt. Eine detaillierte Auskunft über die einzelnen Begriffe, zu denen Information im Internet beschafft werden sollen, liefern so genannte online Lexika. Das berühmteste Lexikon für naturwissenschaftliche Begriffe ist Wikipedia. Hierbei handelt es sich um eine offene Seiten, die jeder Nutzer bearbeiten und erweitern kann.

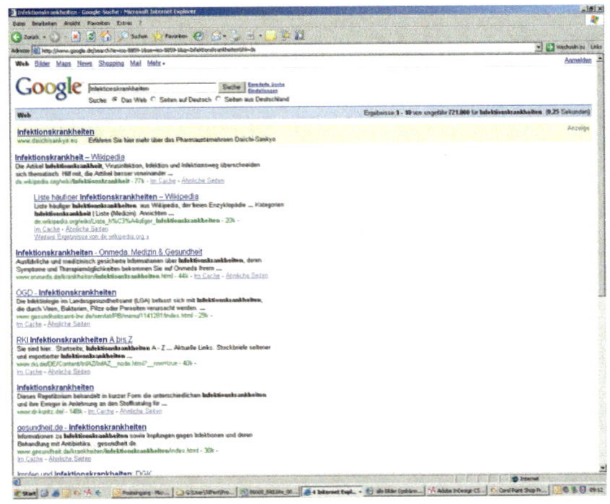

1 Oberfläche der Google-Suchmaschine

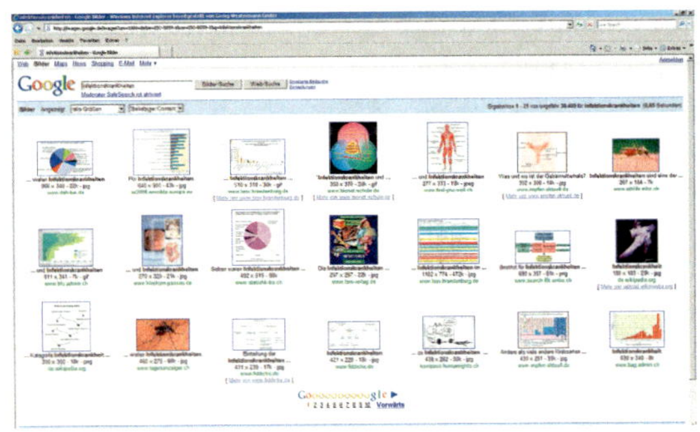

2 Bildersuche mit Google

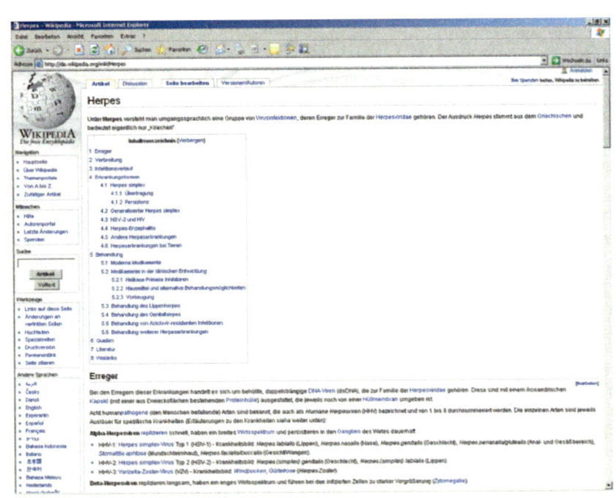

3 Wikipedia-Oberfläche

1 Recherchiere weitere Infektionskrankheiten.

3.2 Viele Infektionskrankheiten werden durch Viren ausgelöst

Husten, Schnupfen, starke Kopf- und Gliederschmerzen, hohes Fieber mit Schüttelfrost und Mattigkeit sind deutliche Symptome einer Grippeerkrankung. Die Inkubationszeit ist viel kürzer als bei einer Erkältung und die ersten Symptome bemerkt man oft schon nach wenigen Stunden. Verursacher der Grippe sind nicht Bakterien, sondern **Viren,** die um ein Vielfaches kleiner als Bakterien sind. Daher wurden sie auch erst im letzten Jahrhundert durch den Einsatz hoch auflösender Mikroskope entdeckt. Durch ihre schnelle Vermehrung und den Befall lebenswichtiger Organe können sie bleibende Schäden verursachen. Die Erkrankung kann sogar tödlich verlaufen. Besonders gefürchtet waren in den vergangenen Jahrhunderten häufig wiederkehrende Grippeepidemien, die zahlreiche Todesopfer unter der wehrlosen Bevölkerung forderten. Auch die Entdeckung der Antibiotika führte hier zu keinem Erfolg, da Viren keine Zellen sind und infolgedessen auch nicht durch Antibiotika bekämpft werden können. Sie bestehen lediglich aus einer Eiweißhülle, in deren Innern sich die Erbsubstanz befindet. Viren besitzen auch keinen eigenen Stoffwechsel und können sich auch nicht selbst vermehren. Dazu benötigen sie Zellen von Lebewesen, die **Wirtszellen.**

Das Grippevirus befällt meist durch Tröpfcheninfektion die oberen Luftwege und heftet sich hier zunächst an eine Schleimhautzelle an. Danach wird es von einem Membranbläschen, einer *Vakuole*, umschlossen und ins Zellinnere aufgenommen. Dort verschmilzt die äußere Schicht

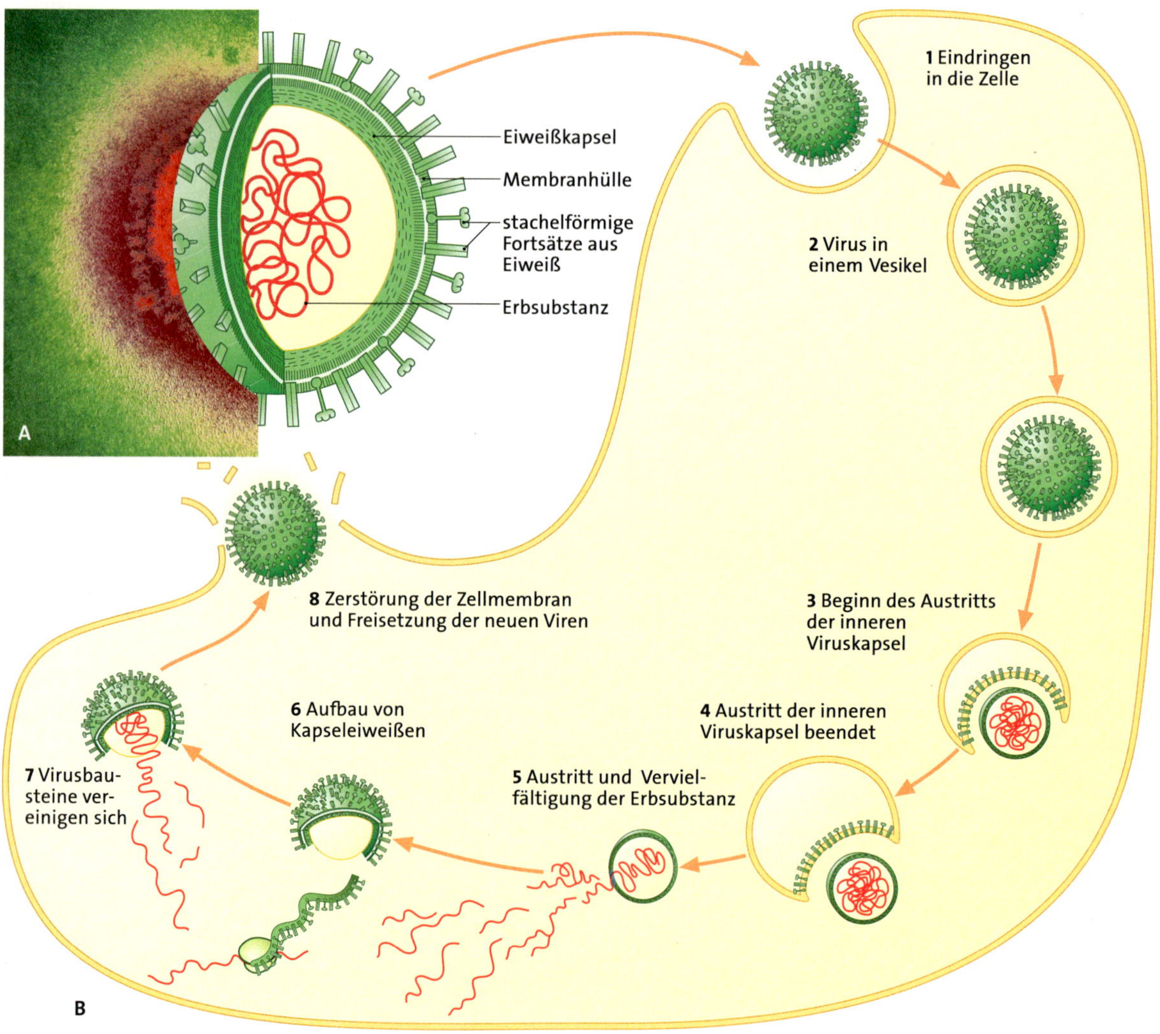

1 Grippe-Virus. **A** Aufbau; **B** Entwicklung und Vermehrung

der Eiweißhülle des Virus mit der Vakuolenmembran. Die innere Viruskapsel wird freigesetzt und entlässt die Erbsubstanz in die Wirtszelle. Die Erbsubstanz gelangt in den Zellkern und stellt den Stoffwechsel des Zellkerns der Wirtszelle so um, dass in der Zelle nun die Eiweißhülle und die Erbsubstanz des Virus vervielfältigt werden. Die einzelnen Virusbestandteile werden zu fertigen Viren zusammengebaut und sammeln sich an der Zellmembran der Wirtszelle an. Es können also gleichzeitig sehr viele neue Viren entstehen. Die Viren lösen die Zellmembran auf, gelangen ins Freie und befallen neue Wirtszellen. Die Krankheitssymptome wie zum Beispiel Fieberschübe entstehen vor allem durch die Zerstörung vieler Wirtszellen. Eine Bekämpfung der Viren mit Arzneimitteln in ihren Wirtszellen ist bis heute kaum möglich, ohne gleichzeitig den Patienten zu schädigen. Bei Virusinfektionen können meist nur die Symptome gemildert werden, mit der eigentlichen Infektion muss der Körper selbst fertig werden. Den Kampf unseres Immunsystems gegen Grippe-Viren kann man durch eine Grippeschutzimpfung unterstützen. Diese Impfung muss rechtzeitig vor der Infektion vorgenommen und jährlich wiederholt werden.

Da sich die Grippe durch Tröpfcheninfektion ausbreitet, erkranken im Umkreis eines Grippepatienten viele Kontaktpersonen, die wieder weitere Menschen infizieren können. Grippeepidemien wie in den Jahren 1918 bis 1923 hat es immer schon gegeben. Diese bisher schwerste Pandemie wütete in Europa und in anderen Teilen der Welt und wurde *Spanische Grippe* genannt. Weltweit erkrankten etwa 700 Millionen Menschen. Etwa 50 Millionen Menschen starben. *Die Asiatische Grippe* von 1957 bis 1958 und die *Hongkong-Grippe* von 1968 bis 1969 waren die letzten beiden großen Pandemien, der jeweils etwa eine Million Menschen zum Opfer fielen. Was ist nun die Ursache solcher Pandemien und warum ist eine wirkungsvolle Bekämpfung so schwierig?

Unser Abwehrsystem ist in der Lage, auch Viren erfolgreich zu bekämpfen. Erschwert wird die Abwehr jedoch durch die Tatsache, dass Viren häufig ihre Oberfläche verändern. Dadurch können neue Grippe-Viren nach einer überstandenen Grippe erneut denselben Menschen wieder befallen. Der Körper erkennt das Virus dann nicht und es kommt erneut zum Ausbruch der Krankheit. Die Eigenschaft der Viren, ihre Oberfläche ständig zu verändern, erschwert das Bekämpfen der Viren sehr. Auch bei der Herstellung von Impfstoffen muss dies berücksichtigt werden. Der Impfstoff muss jedes Jahr neu auf den zu erwartenden Virus eingestellt werden. Eine Grippeschutzimpfung muss daher jährlich wiederholt werden.

Zahlreiche Viruserkrankungen sind bis heute für Tiere und Menschen gleichermaßen gefährlich. Hierzu gehören unter anderem die Vogelgrippe, die Lungenkrankheit SARS und Aids. Gegen viele Viruserkrankungen gibt es bis heute noch keine heilenden Medikamente oder Schutzimpfungen. Die Entwicklung neuer Impfstoffe und Medikamente ist daher Gegenstand intensiver Forschung.

1 Erläutere mit Hilfe der Abbildung 1 die Vermehrung der Viren.

2 Begründe, dass Antibiotika bei einer Viruserkrankung nicht helfen.

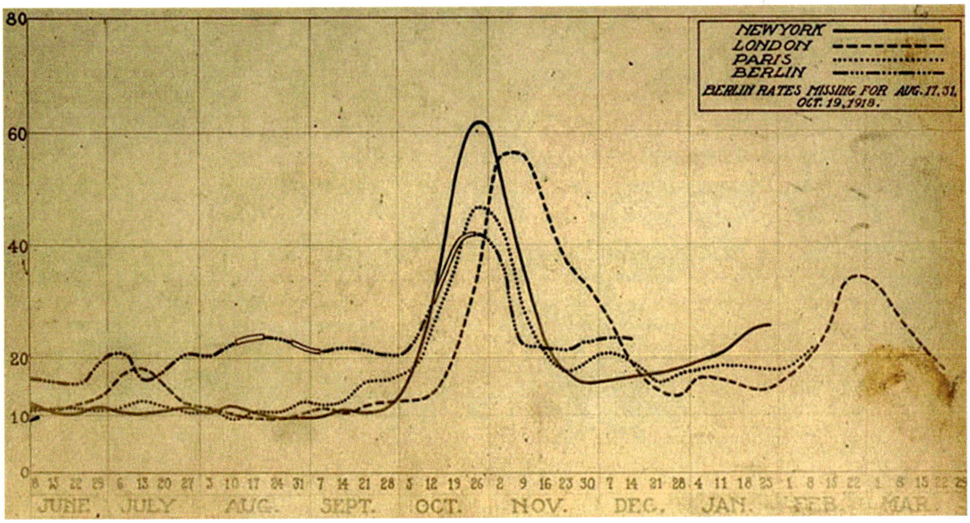

Wöchentliche Todesfälle pro 1000 Einwohner, von 1918 bis 1919 in New York, London, Paris und Berlin.

2 **Grippeepidemien von 1918 bis 1919 (historische Darstellung)**

Wissen kompakt Durch Viren verursachte Infektionskrankheiten

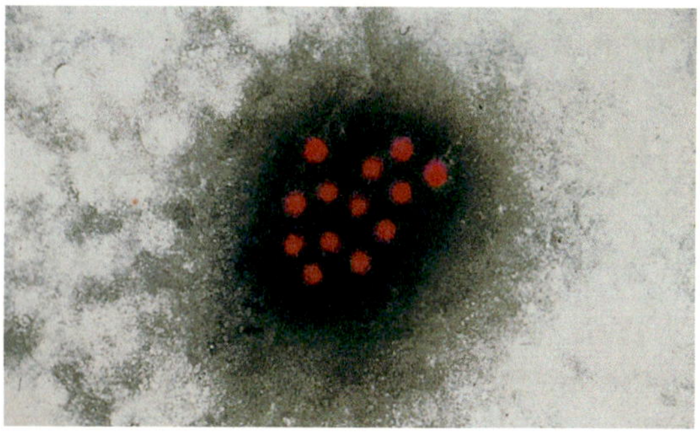

Hepatitis (Gelbsucht)
Erreger: *Hepatovirus*
Übertragung: vor allem verunreinigte Lebensmittel
Inkubationszeit: 2 Wochen bis 2 Monate
Verlauf: Entzündung der Leber; Fieber, Schwäche, Appetitlosigkeit, Erbrechen, Gelbfärbung der Haut; Leber kann Gallenflüssigkeit nicht verarbeiten und Gallenfarbstoff tritt ins Blut über; bei Kindern verläuft diese Erkrankung oft unbemerkt
Besonderheit: man unterscheidet mehrere Formen; Hepatitis B schädigt Leber dauerhaft und kann zu Krebs führen

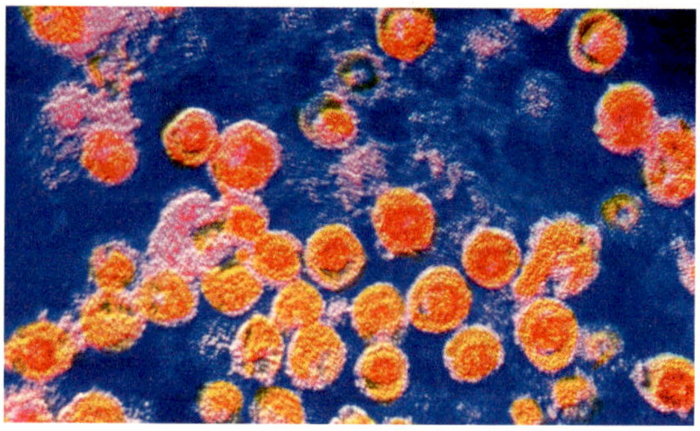

Röteln (Rubeola)
Erreger: *Rötelnvirus*
Übertragung: Tröpfcheninfektion
Inkubationszeit: 14 bis 16 Tage
Verlauf: zunächst schmerzhafte Lymphdrüsenschwellung im Nacken, anschließend rote Hautflecken, die sich vom Gesicht auf den Körper ausbreiten; Fieber kann auftreten
Besonderheiten: die Krankheit ist an sich meist harmlos, infizieren sich jedoch Frauen in den ersten drei Schwangerschaftsmonaten, können die Viren auf das Kind übertragen werden und schwere Missbildungen auslösen; deswegen werden alle Mädchen gegen Röteln geimpft

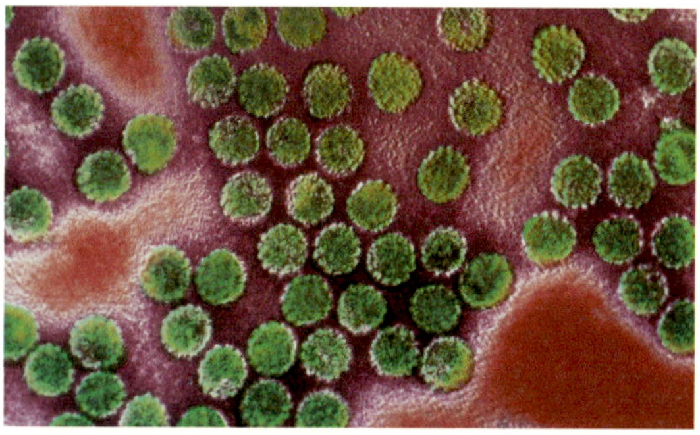

Poliomyelitis (Kinderlähmung)
Erreger: *Poliovirus*
Übertragung: Tröpfchen- oder Schmierinfektion
Inkubationszeit: 1 bis 2 Wochen
Verlauf: Erreger nistet sich in der Darmwand ein; gelangt ins Blut oder Rückenmark; im Rückenmark zerstört er Nervenzellen; Fieber, Erbrechen, Kopf- und Gliederschmerzen; ist die Atemmuskulatur betroffen, tritt der Tod ein
Besonderheiten: Polioviren sind außerhalb des Körpers sehr widerstandsfähig; durch Schutzimpfung starke Abnahme von Poliofällen

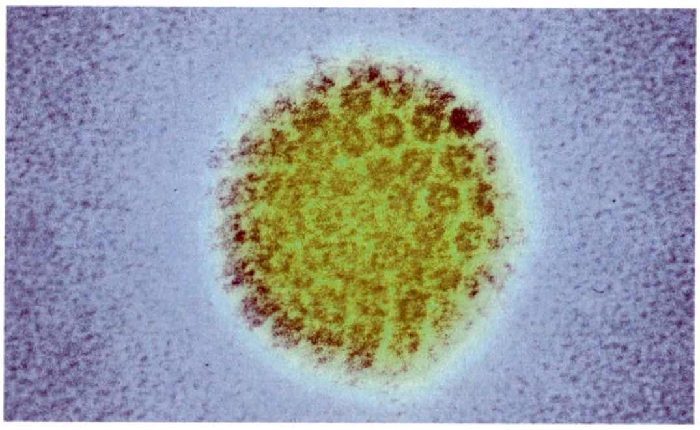

Zervixkarzinom (Gebärmutterhalskrebs)
Erreger: *Papillomvirus*
Übertragung: Schmierinfektion, Geschlechtsverkehr
Inkubationszeit: ein Monat bis mehrere Jahre
Verlauf: Virus schaltet die Wachstumskontrolle der Gebärmutterhalszellen aus, sodass ein Tumor entsteht
Besonderheiten: sehr früh diagnostizierbar bei regelmäßigen Kontrolluntersuchungen; Impfung wird seit kurzem jungen Mädchen empfohlen

1 Erkläre Möglichkeiten sich vor den hier dargestellten Viren zu schützen.

2 Recherchiere nach weiteren Virusinfektionen. Erstelle jeweils einen Steckbrief.

Methode Ein Referat vorbereiten und vortragen

1. Problem erfassen
Leitfragen helfen ein Thema einzugrenzen und zu strukturieren:
- Wie wurde die Entdeckung gemacht und wie wurde sie weiterentwickelt?
- Was sind die Besonderheiten des Themas?
- Welche Begriffe müssen geklärt werden?

2. Informationen sammeln
Beginne mit deiner Recherche in Schulbüchern. Ergänze diese Informationen mit Hilfe von Fachbüchern und Lexika. Auch das Internet bietet hilfreiche Informationen. Prüfe diese aber auf ihre Qualität und inhaltliche Richtigkeit, bevor du sie verwendest.

3. Material ordnen und auswerten
Ordne zunächst die gesammelten Informationen, zum Beispiel in der Reihenfolge der geschichtlichen Entdeckung. Sortiere die unwichtigen Aspekte aus. Notiere die wichtigen auf einem **Thesenblatt,** das du später auch deinen Zuhörern austeilst. Beachte, dass dein Vortrag den zeitlichen Rahmen von 10 bis 20 Minuten nicht überschreitet.

4. Vortragskärtchen schreiben
Markiere wichtige Begriffe auf deinem Thesenblatt farbig. Ergänze sie, falls nötig, durch Zusatzinformationen oder Erklärungen, die du vortragen möchtest. Notiere diese in einer Spalte am Blattrand. Du erleichterst dir das Vortragen, wenn du den Stichwortzettel auf Vortragskärtchen überträgst.

5. Vortrag ausarbeiten
Um die Aufmerksamkeit deiner Zuhörer zu gewinnen, bietet sich als Einstieg eine Anekdote, eine Karikatur oder eine spannende Geschichte an. Veranschauliche deinen Vortrag mit Medien wie Bildern, Musik, Gegenständen oder Filmausschnitten.

6. Referat ausformulieren
Es ist sinnvoll, wenn du das gesamte Referat einmal schriftlich ausformulierst. Beachte dabei: Formuliere möglichst einfache und kurze Sätze. Vermeide lange Aufzählungen. Achte auf den »roten Faden« und vermeide Gedankensprünge. Plane geeignete Pausen ein, in denen Fragen gestellt werden können oder die Meinung der Zuhörer eingebracht werden kann.

7. Vortrag halten
Übe den Vortrag zu Hause ein, indem du ihn jemandem vorträgst. Überprüfe die technischen Hilfsmittel. Sortiere die Materialien, die du einsetzen möchtest. Sprich beim Vortrag laut und deutlich. Halte Blickkontakt mit dem Publikum. Variiere deine Stimmlage und achte auf richtige Betonung. Gehe an geeigneten Stellen auf Zwischenfragen ein.

8. Die wichtigsten Bewertungskriterien
Wie gut ist der Redner informiert? Können vertiefende Fragen und Rückfragen der Zuhörer beantwortet werden? Sind die Informationen verständlich dagestellt und sachlich richtig gegliedert? Dienten die verwendeten Hilfsmittel der Veranschaulichung? Wurde deutlich und verständlich gesprochen und Kontakt zum Publikum gehalten?

1 Wähle eine der Abbildungen aus und bearbeite das Themengebiet, um es deiner Klasse vorzustellen.

Robert Koch entdeckt das Milzbrandbakterium

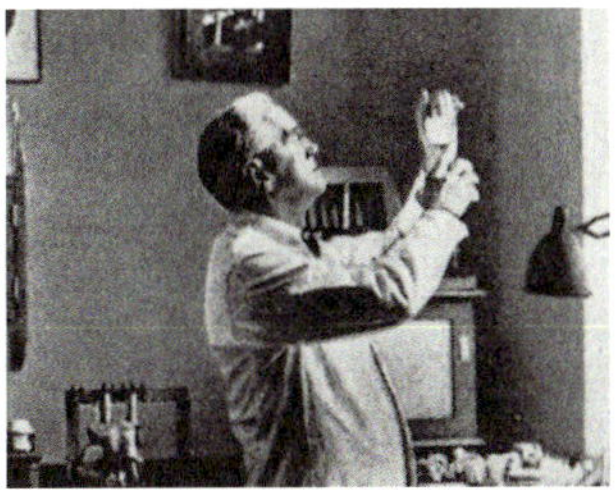
Alexander Fleming entdeckt das Penicillin

Louis Pasteur erforscht die Konservierung

Pestarzt im Mittelalter

Aufgaben und Versuche Bakterien und Viren

A1 Abhängigkeit des Bakterienwachstums von der Temperatur

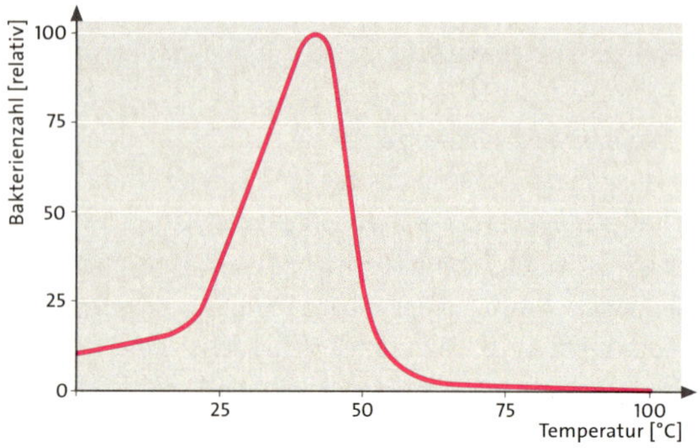

Aufgaben:

a) Beschreibe den Verlauf der Wachstumskurve.

b) Erkläre den Einfluss der Temperatur auf das Wachstum von Bakterien.

c) Begründe, warum Konserven und Milch zum Haltbarmachen gekocht werden.

V2 Bodenbakterien bauen Cellulose ab

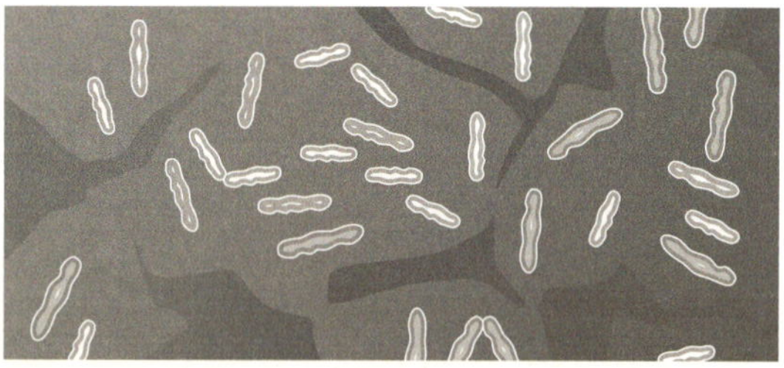

Material: 2 Marmeladengläser; Filtrier- oder Löschpapier (Durchmesser etwa 3 cm); Sand- und Humusboden; Wasser

Durchführung: Fülle ein Marmeladenglas bis zur Hälfte mit Sandboden, lege ein Stück Filtrier- oder Löschpapier darauf. Bedecke es mit 3 cm Sandboden. Verfahre genauso in dem zweiten Glas mit dem Humusboden. In beiden Gläsern muss man den Boden feucht halten.

Aufgaben:

a) Notiere den Zustand der Filtrierpapiere nach 5, 10 und nach 20 Tagen. Achte darauf, dass das Papier jeweils wieder mit Erde bedeckt wird.

b) Erkläre die Beobachtungen unter Berücksichtigung der Tatsache, dass im Humusboden das Bakterium *Cellulomonas uda* (siehe Abbildung) lebt.

A3 Größenvergleich von Einzellern, Bakterien und Viren

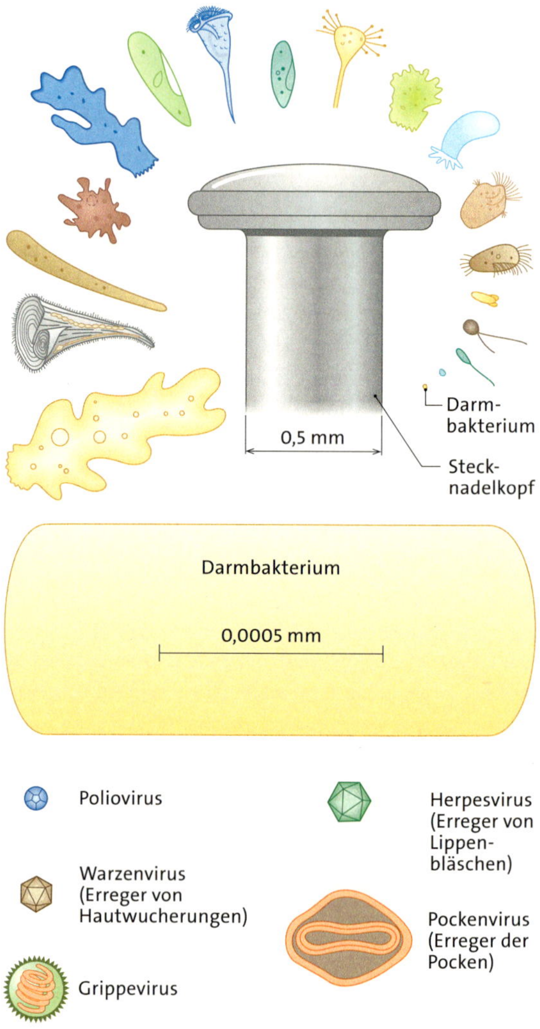

Aufgaben:

a) Ermittle unter Verwendung der Abbildung die ungefähre Größe eines Darmbakteriums in Mikrometern und eines Warzenvirus in Nanometern. Benutze ein Lineal. Hinweis: Ein Millimeter sind 1000 Mikrometer (µm); ein Mikrometer sind 1000 Nanometer.

b) Beschreibe den Bau der abgebildeten Viren und nenne Unterschiede zum Phagen in Abbildung 2 auf Seite 36.

c) Recherchiere Informationen zu einem abgebildeten Virus. Erstelle einen Steckbrief.

Zusammenfassung Bakterien und Viren

Erschließungsfeld der Struktur und Ebene

Bakterienzellen kann man im Lichtmikroskop nur unter starker Vergrößerung beobachten. Dann lassen sich verschiedene Formen unterscheiden, nämlich stäbchen-, kugel-, komma- oder spiralförmige Bakterien. Nach außen werden Bakterienzellen durch eine feste Zellwand begrenzt, der Schleimhüllen oder Kapseln aufgelagert sein können. Nach innen folgen die Zellmembran und das Zellplasma. Die Erbsubstanz liegt frei im Zellplasma; ein durch Membranen abgegrenzter Zellkern fehlt. Viele Bakterienzellen können sich aktiv durch Geißeln fortbewegen.

Viren sind noch viel kleiner als Bakterien. Sie bestehen meist lediglich aus einer Eiweißhülle, die die Erbsubstanz umschließt. Erst mit der Erfindung des Elektronenmikroskops konnten Viren sichtbar gemacht werden.

Erschließungsfeld Stoff und Energie

Bakterien nehmen wie alle anderen Zellen Stoffe aus ihrer Umgebung auf, bauen diese im Zellstoffwechsel um und geben andere Stoffe ab. Die meisten Bakterien sind heterotroph; sie müssen energiereiche organische Stoffe als Nahrung aufnehmen. Manche von ihnen leben beispielsweise im Boden und sind dort am Abbau von Pflanzenresten und abgestorbenen Organismen beteiligt. Cyanobakterien sind autotroph; sie können wie grüne Pflanzen Fotosynthese betreiben. Viren haben keinen eigenen Stoffwechsel.

Erschließungsfeld Wechselwirkungen

Viele Infektionskrankheiten werden durch Bakterien oder Viren verursacht. Bei einer Bakterieninfektion des Menschen gelangen die Erreger in bestimmte Teile des Körpers und vermehren sich dort. Dabei geben sie giftige Stoffwechselprodukte ab, die Ursache für den Ausbruch der Krankheit sind.

Bei einer Virusinfektion gelangt das Erbgut des Erregers in menschliche Wirtszellen und programmiert dort den gesamten Zellstoffwechsel um: Die menschlichen Wirtszellen stellen daraufhin nur noch Viruspartikel her und sterben schließlich ab. Auf diese Weise können sich Viren in kurzer Zeit stark vermehren.

Zur Bekämpfung von Bakterieninfektionen werden oft Antibiotika eingesetzt. Dies sind Stoffe, die auf Bakterien giftig wirken und ihre Zellen zerstören oder die Teilungsfähigkeit und damit die Fortpflanzung hemmen. Heute sind viele Antibiotika im Einsatz. Allerdings konnten die meisten Infektionskrankheiten bis heute nicht ausgerottet werden, da viele Bakterien im Laufe der Zeit resistent gegen bestimmte Antibiotika wurden.

Die Bekämpfung von Virusinfektionen ist noch viel schwieriger als die Behandlung von bakteriellen Erkrankungen. Dies liegt daran, dass die Viren direkt in ihre menschlichen Wirtszellen eindringen und dort auf chemischem Wege kaum bekämpft werden können, ohne dass auch die menschlichen Zellen geschädigt werden.

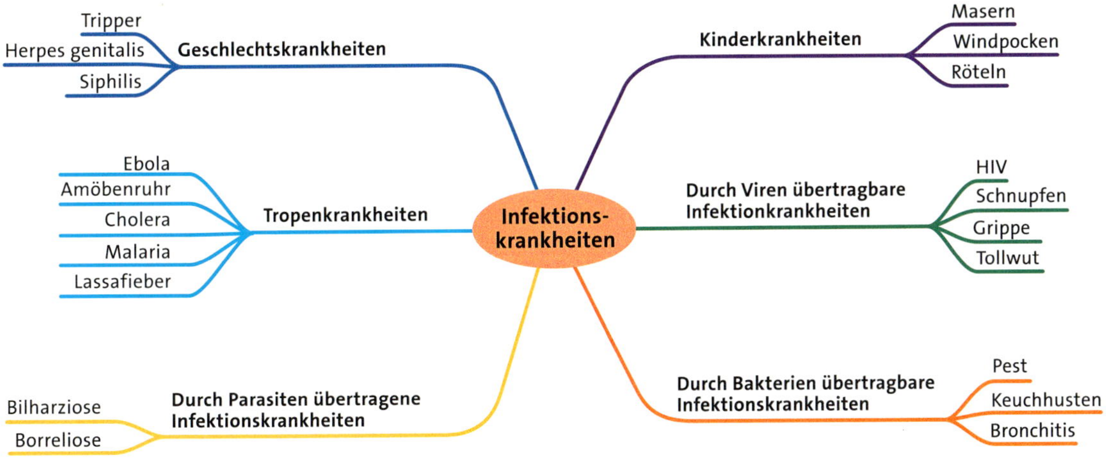

1 Mindmap zum Thema Infektionskrankheiten

Wissen vernetzt Bakterien und Viren

A1 Viren und Zellen im Vergleich

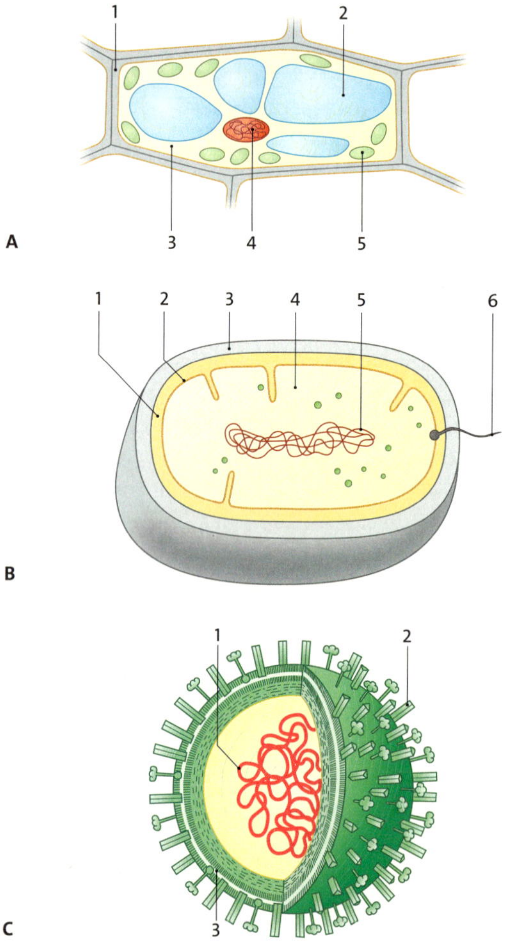

Die Abbildung zeigt ein Virus, ein Bakterium und eine Pflanzenzelle.

Aufgaben:

a) Nenne die Bildunterschrift zu A bis C. Erläutere deine Zuordnung.

b) Ordne den Ziffern in A bis C die entsprechenden Begriffe zu.

c) Wende das Erschließungsfeld Vielfalt auf die Abbildungen A bis C an.

d) Vergleiche Pflanzenzellen und Bakterienzellen. Beziehe dabei auch das Erschließungsfeld Stoff und Energie mit ein.

e) Viren sind keine Zellen. Begründe diese Aussage.

A2 Bakterienteilung

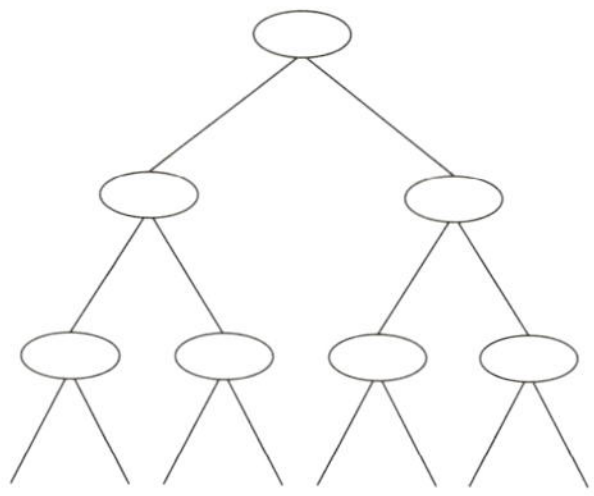

Ermittle die Nachkommen eines einzigen Bakteriums nach zwei Stunden bei günstigen Wachstumsbedingungen. Ergänze dazu den oben gezeichneten »Wachstumsbaum« und ermittle so die Anzahl der Bakterien.

A3 Wurzelknöllchen

Beim Ausgraben der Wurzel einer Bohnenpflanze zeigt sich folgendes Bild:

Aufgabe: Beschreibe und erläutere die biologische Bedeutung dieser Wurzelveränderung.

A4 Antibiotika

Aufgabe: Erläutere den in der Abbildung dargestellten Sachverhalt.

A5 Erkältungskrankheiten

Erkältungskrankheiten gehören zu den häufigsten Virusinfektionen. Zu den Symptomen zählen Entzündungen der Nasen- und Rachenschleimhaut, eine verstopfte oder laufende Nase, Husten, eine Beeinträchtigung des Geruchs- und Geschmackssinnes sowie ein allgemeines Krankheitsgefühl. Nach acht bis zehn Tagen klingen die Symptome wieder ab.

Aufgaben:

a) Die wichtigsten Verursacher von Erkältungskrankheiten sind in Abbildung A aufgelistet. Erstellt Steckbriefe zu den verschiedenen Erregertypen.

b) Beschreibe mit Hilfe von Abbildung B die Abfolge der Symptome bei einer Erkältung. Überprüfe die Allgemeingültigkeit der Darstellung in der Abbildung, indem du den Krankheitsverlauf genau protokollierst, wenn du selbst erkältet bist.

c) Niesende und hustende Personen verbreiten die Krankheitserreger. Begründe, ob diese Aussage korrekt ist.

d) Erläutere die Fortpflanzung von Viren.

e) Informiert euch in einer Apotheke oder im Internet über Medikamente gegen Erkältungen. Untersucht, welche Wirkstoffe die Arzneien enthalten und wie sie wirken. Bewertet abschließend die Möglichkeiten, den Krankheitsverlauf medikamentös zu beeinflussen.

f) Als Folge einer Erkältung kommt es manchmal zu bakteriell verursachten Erkrankungen der Nasennebenhöhlen. Informiert euch über die Lage der Nebenhöhlen sowie Verlauf und Behandlungsmöglichkeiten einer Nebenhöhlenerkrankung.

g) Vergleicht tabellarisch Erkältungskrankheiten und Grippe miteinander.

Bearbeitet die Aufgaben e, f und g in Kleingruppen oder mit einem Partner.

A

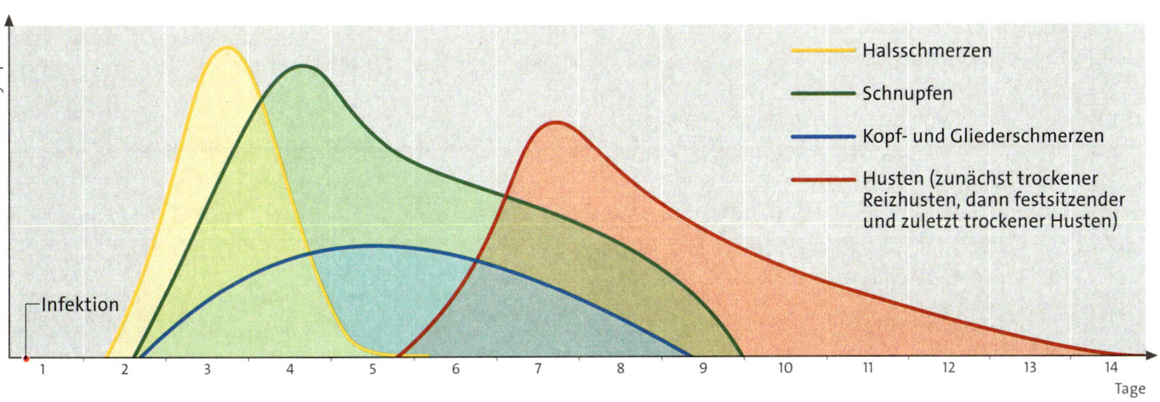

B

Blutkreislauf des Menschen und Immunsystem

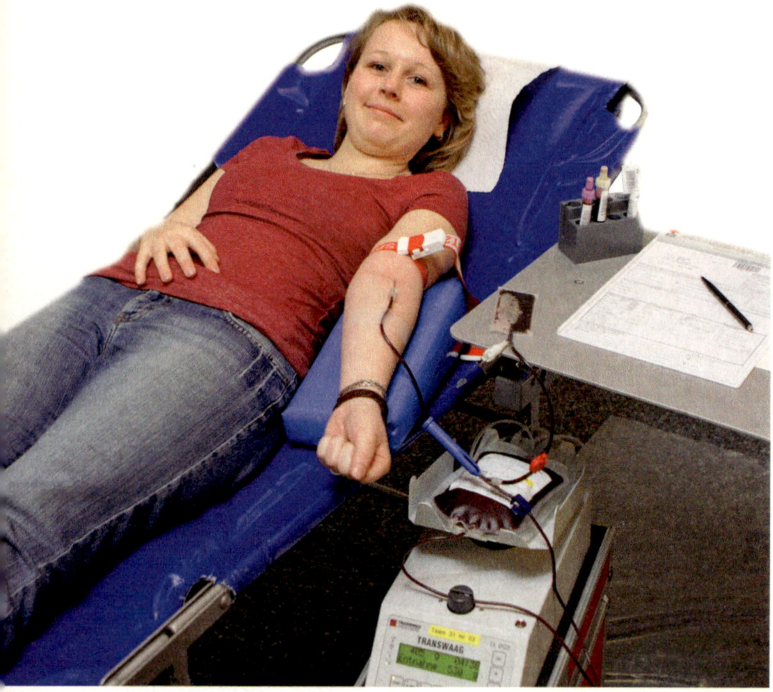

Warum Blut spenden?

In regelmäßigen Abständen wird die Bevölkerung dazu aufgerufen Blut zu spenden. Stelle Vermutungen an, welche Bedeutung das Blutspenden hat.
Erkundige dich, wann und wo man an deinem Wohnort Blut spenden kann. Informiere dich auch darüber, auf welche Weise die Blutabnahme vorgenommen wird, wie viel Blut man jeweils entnimmt, welche Personengruppen für eine Blutspende in Frage kommen und was mit den Blutkonserven geschieht.

Reisen in die Tropen müssen gut vorbereitet werden

Manche Menschen träumen davon, einmal über Hängebrücken in Baumkronenhöhe durch den tropischen Regenwald zu schlendern und die Baumriesen aus luftiger Höhe zu erleben. Reisen in die Tropen Afrikas, Amerikas und Asiens werden in jedem Reisebüro angeboten. Doch bevor die Reise beginnen kann, müssen einige Maßregeln zur Gesundheitsvorsorge beachtet werden.
Informiere dich darüber, welche Impfungen bei Reisen in tropische Länder empfohlen werden oder sogar vorgeschrieben sind. Begründe, warum sich diese Empfehlungen je nach Reiseziel unterscheiden können. Entscheide, ob man bei sogenannten »Last minute«-Angeboten in die Tropen ohne weiteres zugreifen sollte.

Blutbestandteile

Rote Blutzellen (Erythrozyten)

Bau: runde, von beiden Seiten eingedellte, scheibenförmige Zellen mit einem Durchmesser von etwa 7 µm (1 µm = 1/1000 mm); Zellkern wurde ausgestoßen; enthalten roten Blutfarbstoff Hämoglobin

Bildung: rotes Knochenmark; pro Sekunde entstehen 2,4 Millionen rote Blutzellen

Lebensdauer: 100 bis 120 Tage

Anzahl: beim Mann 5 Millionen pro ml (= 1/1000 l) Blut; bei der Frau 4,5 Millionen pro ml Blut

Aufgaben: Transport von Sauerstoff und Kohlenstoffdioxid

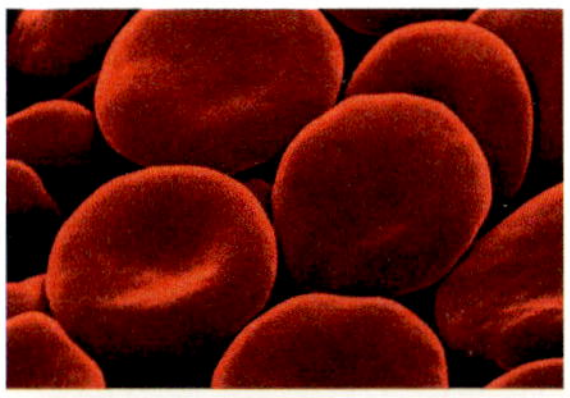

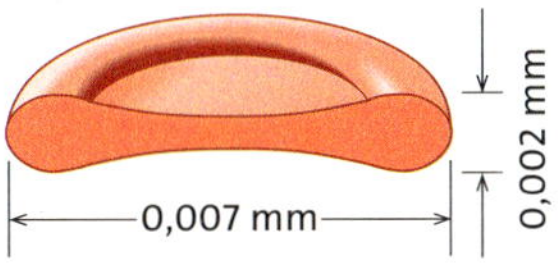

Informiere dich im Lehrbuch über die Bestandteile des Blutes. Erarbeite einen Steckbrief zu einem weiteren Bestandteil. Stelle diesen in der Klasse vor.

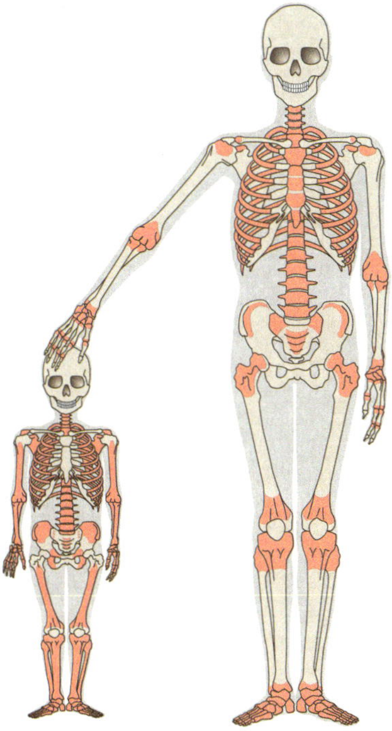

Rotes Knochenmark im Skelett eines Kindes und eines Erwachsenen

Fragen Sie Ihren Arzt oder Apotheker …

In Deutschland sind über 8 900 verschiedene Arzneimittel zugelassen. Es gibt Präparate pflanzlicher Herkunft und Medikamente, die chemisch oder biotechnisch hergestellt wurden. Auch in der Darreichungsform unterscheiden sich Medikamente.

Erarbeitet Vorschläge, wie man Medikamente ordnen könnte. Erstellt dazu eine Mindmap.

Versucht herauszufinden, welche Arzneimittel das Immunsystem direkt unterstützen. Nennt Krankheiten, deren Verlauf auf diese Weise beschleunigt oder gemildert wird.

Analysiert Werbung für Arzneimittel. Für welche Medikamente wird wie geworben?

Untersucht die Hausapotheke in eurer Familie. Kontrolliert die Haltbarkeit der Medikamente und ordnet sie.

Bei leichten Erkrankungen und Beschwerden helfen oft sogenannte Hausmittel. Arbeitet in Gruppen und stellt in einer Tabelle jeweils vier solcher »Hausmittel« vor.

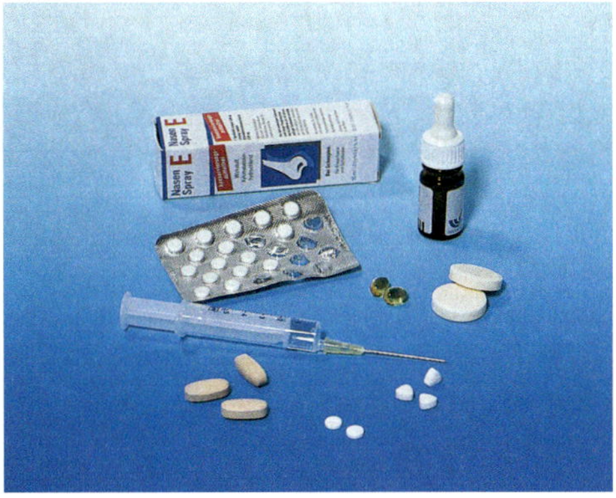

1 Blut und Blutkreislauf

1.1 Blut – eine besondere Flüssigkeit

Bis zum heutigen Tag ist es nicht gelungen, einen technischen Ersatz für Blut herzustellen. Künstliches Blut gibt es nicht. Deshalb wird regelmäßig zu Blutspenden aufgerufen, um gespendetes Blut für Notfälle in Blutbanken bereitzuhalten. Allein in Deutschland werden fünf Millionen Blutspenden pro Jahr benötigt. Was sind die Bestandteile des Blutes, die es so besonders machen?

Lässt man Blut einige Zeit in einem Reagenzglas stehen, trennt es sich in drei Phasen auf. Die unterste Phase besteht aus **Roten Blutzellen,** den *Erythrozyten.* Die dünne mittlere Phase enthält **Weiße Blutzellen,** die *Leukozyten,* sowie **Blutplättchen** oder *Thrombozyten.* Darüber befindet sich eine wässrige Flüssigkeit, das **Blutplasma.** Der Anteil des Blutplasmas an den fünf bis sechs Litern Blut eines Erwachsenen beträgt 55 Prozent, die restlichen 45 Prozent sind Blutzellen.

Das Blutplasma besteht zum größten Teil aus Wasser. Außerdem enthält es Eiweißstoffe, Salze, Vitamine, Wirkstoffe wie Hormone und Abwehrstoffe gegen Krankheitserreger. Das Blutplasma ist für den Stoff- und Wärmetransport verantwortlich. Ein Teil des Kohlenstoffdioxides wird ebenfalls gelöst im Blutplasma transportiert.

Ein Mensch besitzt bis zu 30 Billionen Rote Blutzellen, die dem Blut seine rote Farbe geben. Etwa zwei Millionen dieser Erythrozyten entstehen pro Sekunde neu im Knochenmark. Nach einer Lebensdauer von drei Monaten sterben sie ab. Rote Blutzellen haben die Form einer Scheibe, die in der Mitte von beiden Seiten eingedellt ist. Die kernlosen Erythrozyten enthalten den eisenhaltigen Farbstoff *Hämoglobin,* der Sauerstoff in der Lunge bindet und zu den Zellen transportiert, wo er für die Zellatmung benötigt wird. Dabei entsteht Kohlenstoffdioxid, das über das Blut zur Lunge zurück transportiert wird.

Weiße Blutzellen besitzen einen Zellkern. Man unterscheidet verschiedene Formen, die sich unter anderem in ihrer Lebensdauer unterscheiden. Zu den Weißen Blutzellen gehören beispielsweise die *Fresszellen.* Sobald ein Krankheitserreger in den Körper eindringt, werden sie aktiv. Fresszellen können mit Hilfe von kleinen Zellausstülpungen sogar die Blutgefäße verlassen. Direkt an der infizierten Stelle im Gewebe können sie die Krankheitserreger umschließen und diese mit Hilfe von Enzymen zerlegen.

1 Werbeplakat für Blutspenden

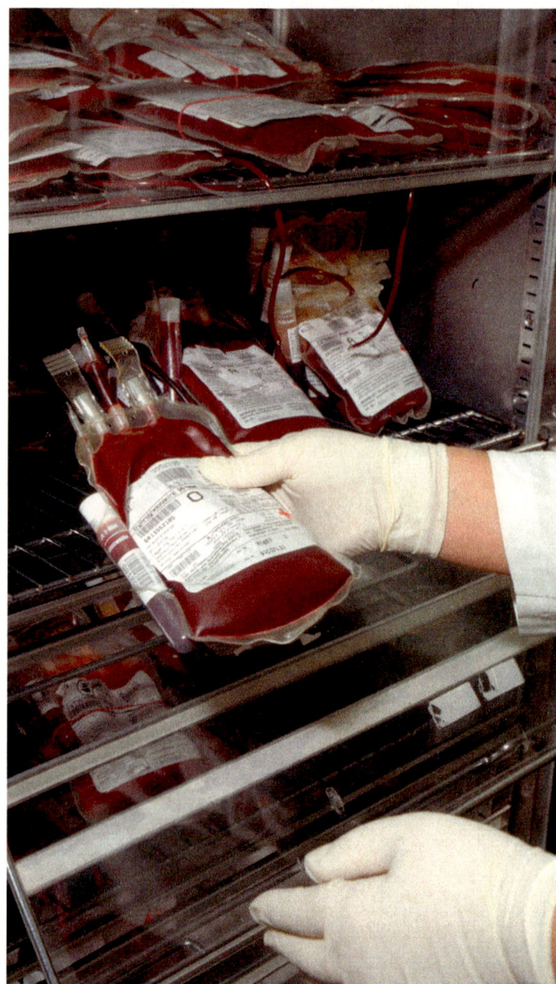

2 Blutbank

Blutplättchen sind kleine Zellbruchstücke ohne Zellkern. Sie spielen zusammen mit dem flüssigen Blutplasma eine entscheidende Rolle bei der **Blutgerinnung.** Kleine Verletzungen der Gefäße werden von den Blutplättchen durch Ansammeln am Rande der Wunde sofort verschlossen. Bei größeren Wunden läuft der Wundverschluss in mehreren Schritten ab: Zunächst ballen sich an den Wundrändern die Blutplättchen zusammen. Durch Abgabe eines Stoffes wird veranlasst, dass sich das blutende Gefäß zusammenzieht. Der Blutaustritt wird so verlangsamt. Wirkstoffe aus den zerstörten Zellen des verletzten Gewebes gelangen in die Blutbahn und bewirken den Zerfall von Blutplättchen. Hierdurch werden Gerinnungsstoffe freigesetzt. Sie führen unter Mitwirkung von verschiedenen Wirkstoffen des Blutplasmas über mehrere Zwischenstufen zur Bildung des Enzyms *Thrombin.* Dieses bewirkt die Umwandlung des im Blutplasma gelösten Fibrinogens in wasserunlösliches fädiges *Fibrin.* Die langen Fibrinfäden lagern sich an die Wunde an und bilden miteinander eine Art Netz. Diesen Vorgang der Verfestigung bezeichnet man als Blutgerinnung. In diesem engmaschigen Fibrinnetz verfangen sich Rote Blutzellen. Dadurch wird die Wunde verschlossen und die Blutung kommt zum Stillstand. Mit der Zeit ziehen sich die Fäden zusammen und bilden den **Wundschorf.** Dieser schützt die Wunde, sodass von darunter liegende Schichten der Haut neue Zellen gebildet werden können, die in die Wunde einwachsen und sie endgültig verschließen. Dann fällt der Wundschorf von der verheilten Wunde ab. Es gibt Menschen, bei denen bestimmte Stoffe zur Blutgerinnung fehlen. Bei ihnen ist die Gerinnung stark verlangsamt. Solche Menschen heißen **Bluter.** Die *Bluterkrankheit* ist angeboren und kommt viel häufiger bei Männern vor als bei Frauen.

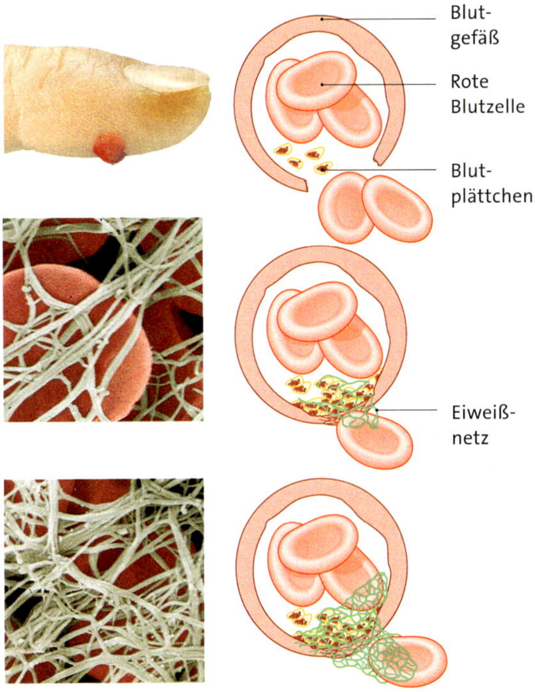

4 Blutgerinnung

1 Erstelle zu den festen Blutbestandteilen jeweils einen Steckbrief. Orientiere dich am Beispiel auf der Seite 47.
2 Erläutere die Aufgaben des Blutes.
3 Beschreibe die Blutgerinnung mit Hilfe der Abbildung 4.
4 Entwickle ein neues Plakat, das für mehr Blutspenden wirbt.

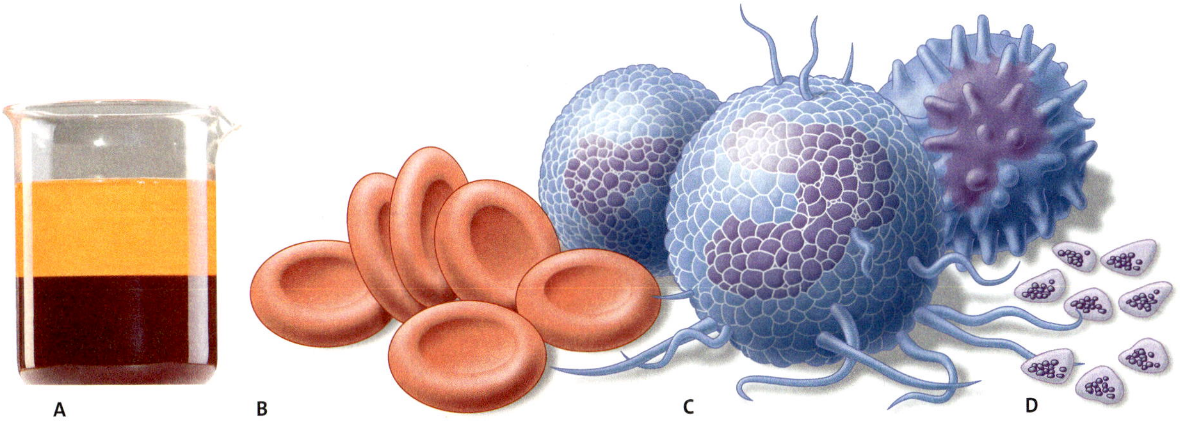

3 Bestandteile des Blutes. **A** Flüssige und feste Blutbestandteile; **B** Rote Blutzellen; **C** Weiße Blutzellen; **D** Blutplättchen

1.2 Die Blutgruppen

Mischt man Blut von verschiedenen Personen, kann es zur Verklumpung kommen. Früher glaubte man, dass dieses Phänomen die Folge einer Krankheit sei. Erst 1901 entdeckte der Wiener Arzt Karl LANDSTEINER, dass die Verklumpung auf unterschiedliche Blutgruppen zurückzuführen ist. Zum Beweis untersuchte er sein Blut und das seiner fünf Mitarbeiter. Er trennte dazu die Erythrozyten vom Blutserum und mischte sie wechselseitig. Das Ergebnis ließ auf die Existenz von drei **Blutgruppen** schließen. Kurz darauf wurde eine weitere gefunden. Diese vier Blutgruppen A, B, AB und 0 (Null) spielen bei Bluttransfusionen eine entscheidende Rolle. 1930 erhielt Karl LANDSTEINER für die Entdeckung des **AB0-Blutgruppensystems** den Nobelpreis für Medizin.

Von zentraler Bedeutung für die Verklumpung von unterschiedlichen Blutproben sind bestimmte Eiweiße auf der Erythrozytenoberfläche. Sie werden *Antigene* genannt. Menschen mit Blutgruppe A besitzen Antigen A auf der Membran ihrer Roten Blutzellen. Bei Blutgruppe B findet man Antigen B und bei Blutgruppe AB sind beide Antigene vorhanden. Erythrozyten der Blutgruppe 0 haben keine Antigene.

Im Blutserum findet man Antikörper gegen die Antigene anderer Blutgruppen. Antigen und Antikörper passen so zusammen wie ein Schlüssel und sein Schloss. Die Antikörper haben zwei Andockstellen für Antigene, so dass sich ein Antikörper immer mit zwei Roten Blutzellen verbindet.

Menschen der Blutgruppe A besitzen Antikörper B (Anti-B), das mit Antigen B zur Verklumpung führt. Im Blutserum der Blutgruppe B sind Antikörper A (Anti-A). Menschen der Blutgruppe 0 besitzen beide Antikörper (Anti-A und Anti-B), während das Blut der Blutgruppe AB keine Antikörper enthält.

Vor Operationen ist es notwendig, die Blutgruppe des Patienten zu bestimmen, falls eine Bluttransfusion notwendig wird. Dazu wird eine Blutprobe des Patienten genommen. Aus Sicherheitsgründen werden bei der Blutgruppenbestimmung immer zwei unabhängige Untersuchungen durchgeführt. Zuerst werden auf einer Tüpfelplatte die drei Testseren Anti-A, Anti-B und Anti AB mit Patientenerythrozyten vermischt. Als Gegenprobe werden zusätzlich die Testblutzellen A-, B- und 0-Erythrozyten auf der Tüpfelplatte mit dem Patientenserum vermischt.

In Deutschland haben 43 Prozent der Menschen Blutgruppe A, 41 Prozent Blutgruppe 0, elf Prozent Blutgruppe B und nur fünf Prozent Blutgruppe AB.

1 Marco hat vermutlich die seltene Blutgruppe AB, Lena die Blutgruppe B. Zur Blutgruppenbestimmung stehen die Testseren Anti-A und Anti-B zur Verfügung. Beschreibe das Verfahren über das herausgefunden werden kann, ob die Angaben stimmen.

2 Neben dem AB0-Blutgruppensystem gibt es beim Menschen auch das Rhesus-System. Recherchiere Merkmale des Rhesus-Systems.

3 Beschreibe Vorteile einer Eigenblutspende vor einer geplanten schweren Operation.

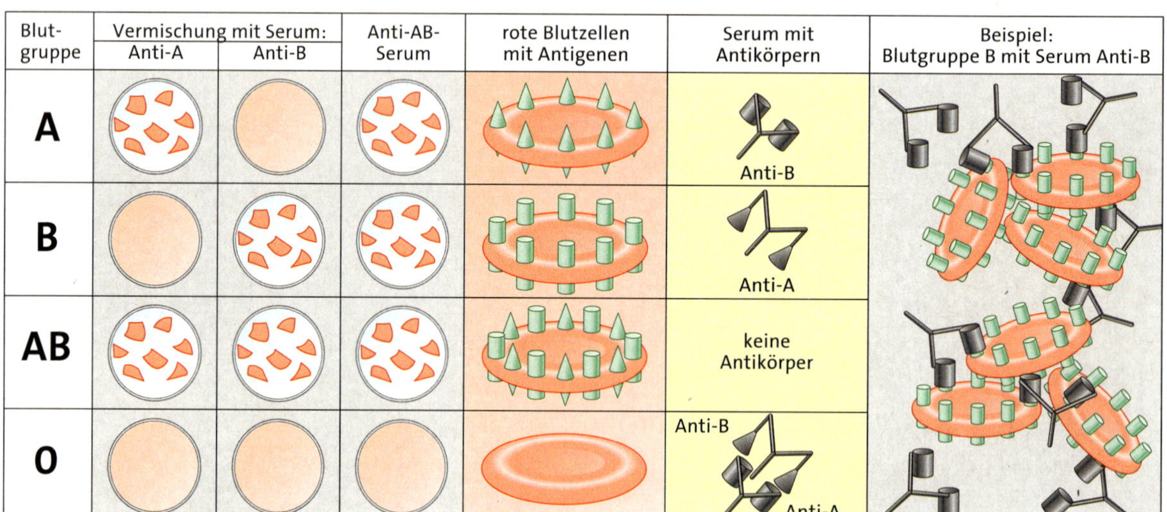

1 **Blutgruppen und ihre Eigenschaften**

Aufgaben und Versuche **Blut**

A1 Blutgruppenbestimmung

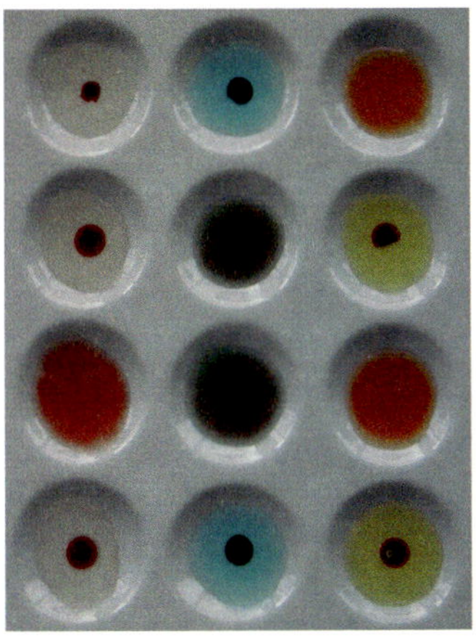

David und seine Freunde sind zur Blutspende gegangen. Auf der Tüpfelplatte siehst du das Ergebnis der Blutgruppenbestimmung.

Aufgabe: Bestimme die Blutgruppe von David, Jakob, Iva und Katharina.

A2 Versuch zur Blutgerinnung

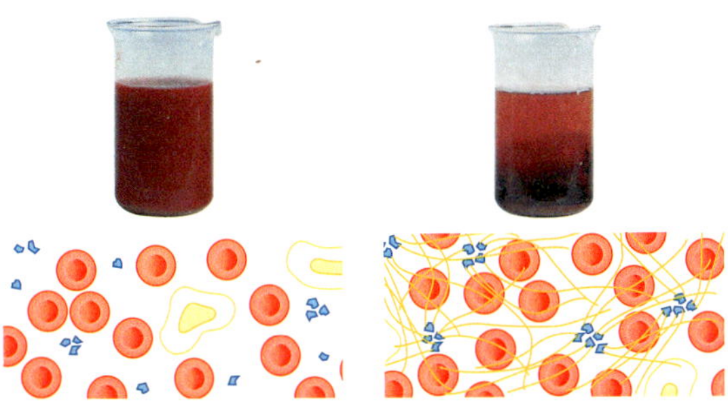

Tierblut am Anfang und am Ende des Versuchs

Material: frisches Tierblut vom Schlachthof oder Fleischer; Becherglas

Durchführung: Gieße das Tierblut in ein Becherglas und lasse es zwei Stunden stehen.

Aufgaben:

a) Beschreibe den Zustand des Blutes zu Beginn und am Ende des Versuchs. Erläutere die Veränderungen.

b) Recherchiere im Internet und in Fachbüchern nach der Bluterkrankheit.

V3 Mikroskopie von frischem Schweineblut

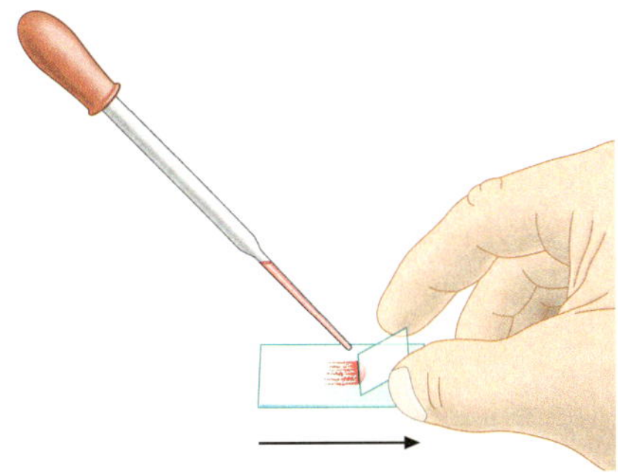

Material: frisches Schweineblut; Mikroskop; Objektträger und ein Deckglas; Pipette

Durchführung: Mit der Pipette wird ein winziger Tropfen des Blutes auf den Objektträger gegeben. Anschließend wird der Tropfen mit dem schräg gehaltenen Deckglas verteilt. Nach dem Auflegen des Deckglases wird der so vorbereitete Blutausstrich bei maximaler Vergrößerung mikroskopiert.

Aufgaben:

a) Zeichne und benenne die sichtbaren Bestandteile des Blutausstriches.

b) Im mikroskopischen Bild sind nicht alle Zelltypen des Blutes sichtbar. Erläutere.

A4 Blutveränderung durch Höhentraining

In großen Höhen ist die Luft »dünner« als im Flachland. Die Abbildung zeigt die Beschaffenheit des Blutes vor (Bild A) und nach (Bild B) dem längeren Aufenthalt in großer Höhe.

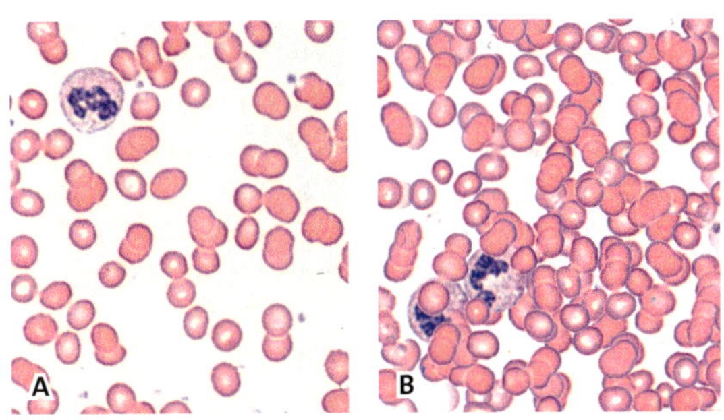

Aufgaben:

a) Vergleiche die mikroskopischen Darstellungen.

b) Interpretiere die Unterschiede und erläutere den Sinn eines Höhentrainings.

1.3 Das Blut strömt im Kreislauf

Als 1616 der englische Arzt Sir William HARVEY im königlichen Institut für Medizin in London erklärte, dass das Blut im menschlichen Körper kreist, waren die Zuhörer fassungslos. Er schnürte bei verschiedenen Säugetieren Blutgefäße zu und beobachtete die Blutstauungen. Dabei fand er heraus, dass das Blut im Körper nicht verbraucht wird, sondern in den Gefäßen in einem Kreislauf fließt.

Das **Herz-Kreislauf-System** ist das größte Transportsystem des menschlichen Körpers. Das Kreislaufsystem eines Erwachsenen ist rund 100 000 Kilometer lang und lässt fünf bis sechs Liter Blut etwa 1500-mal pro Tag durch den Körper pulsieren. Dabei vollbringt das Herz Höchstleistungen. Gefäße, die das Blut vom Herzen wegführen, nennt man **Arterien.** Sie verästeln sich im Körper immer weiter. Die haarfeinen Blutgefäße in den Organen werden **Kapillaren** genannt. Sie vereinigen sich wieder zu größeren Adern, den **Venen.** In ihnen fließt das Blut zurück zum Herzen.

Arterien, Kapillaren und Venen unterscheiden sich in ihrem Aufbau. Das hängt mit ihrer Funktion zusammen. Arterien bestehen aus einer äußeren elastischen Hülle, einer darunter liegenden Muskelschicht mit elastischen Fasern und einem inneren Abschlussgewebe. Arterien müssen zum einen dem hohen Druck widerstehen, mit dem das Blut vom Herzen durch den Körper gepumpt wird. Zum anderen haben sie die Aufgabe, das Blut in sich immer weiter verzweigende Gefäße bis in die Kapillaren zu pressen. In den Kapillaren findet der Stoffaustausch mit dem umgebenden Gewebe statt. Erleichtert wird der Stoffaustausch mit dem umgebenden Gewebe durch die sehr dünnen Wände der Kapillaren. Dabei beträgt die gesamte Austauschfläche bis zu 1000 Quadratmeter. Sauerstoff und Nährstoffe diffundieren aus dem Blut in die Zellen. Der Blutdruck ist am Ende der Kapillaren so stark abgefallen, dass er niedriger ist als der Druck in der Gewebsflüssigkeit. Flüssigkeit mit gelöstem Kohlenstoffdioxid und Stoffwechselprodukten fließt in die Kapillaren. In den Venen ist der Blutdruck so niedrig, dass die Muskelschicht in den Gefäßwänden allein nicht ausreicht, um das Blut aktiv zum Herzen zurückzuführen. Deshalb verlaufen Venen neben Arterien und Skelettmuskeln, die Druck auf die Venen ausüben und das Blut in Bewegung halten. Damit es nicht zurückfließen kann, haben Venen im Abstand von einigen Zentimetern **Venenklappen,** die wie Rückschlagventile funktionieren. Durch die Pumpbewegungen des Herzens wird das Blut aus den Venen ins Herz gesaugt.

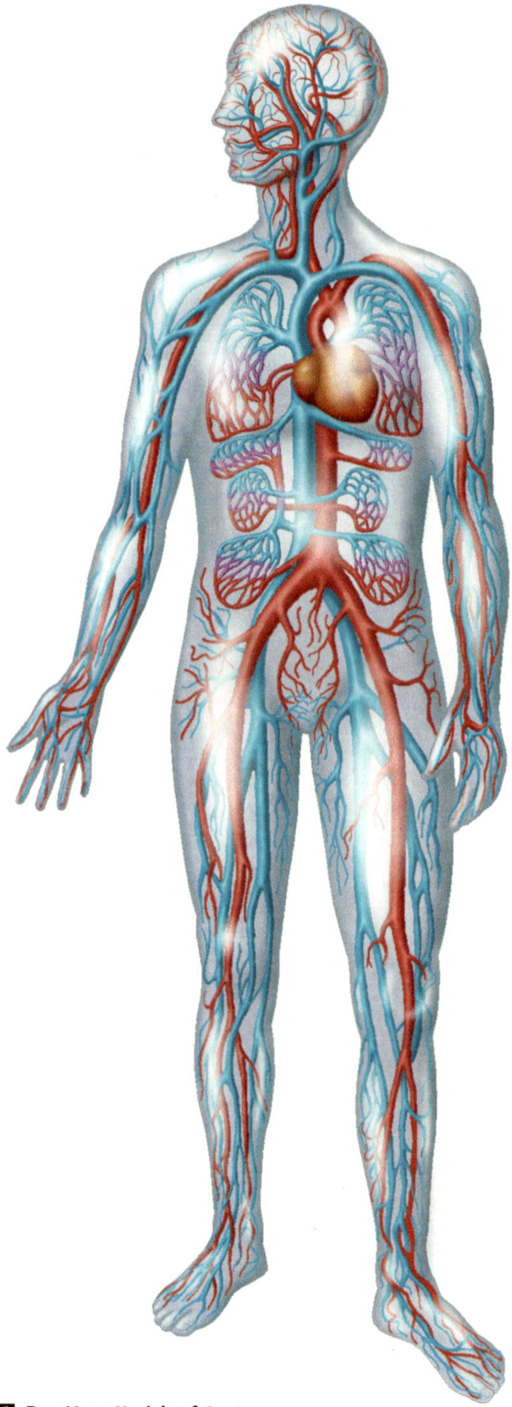

1 Das Herz-Kreislauf-System

Das Blut braucht im Ruhezustand eine Minute, um einmal durch den Körper zu fließen. Angetrieben wird es vom Herzen, das durch eine Scheidewand in eine linke und eine rechte Hälfte unterteilt ist.

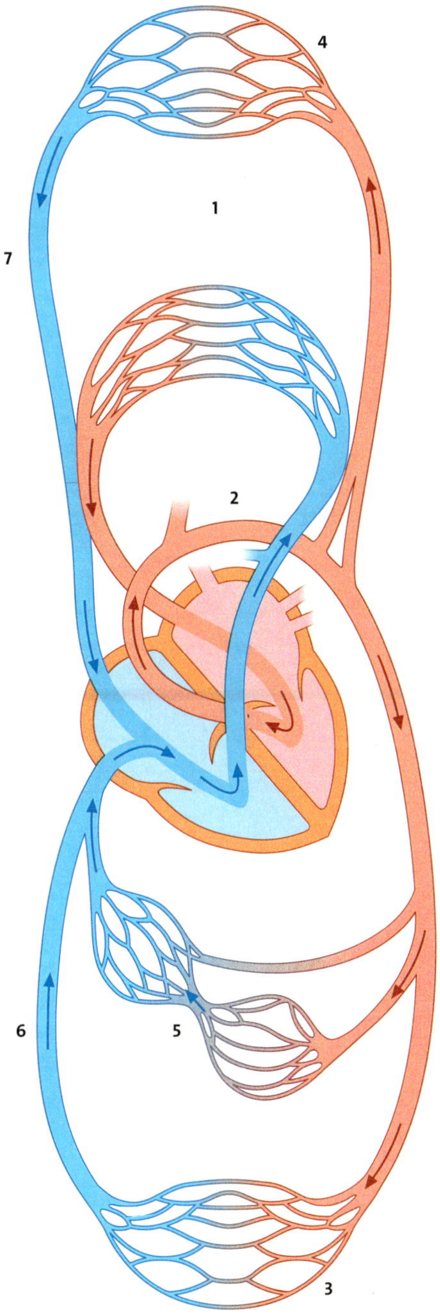

2 Der doppelte Blutkreislauf. **1** Lungenkreislauf, **2** Aorta, **3** untere Körperhälfte, **4** Oberkörper und Kopf, **5** Pfortadersystem, **6** untere Hohlvene, **7** obere Hohlvene

Vom rechten **Vorhof** strömt das Blut in die rechte **Herzkammer** und wird über die Lungenarterie in den **Lungenkreislauf** gepumpt. Dieses Blut ist sauerstoffarm, aber reich an Kohlenstoffdioxid.

In den Kapillaren der Lungenbläschen wird Kohlenstoffdioxid aus dem Blut abgegeben und im Gegenzug Sauerstoff aus der Lunge ins Blut aufgenommen. Über die Lungenvene wird das sauerstoffreiche Blut in den linken Vorhof gesaugt.

Von dort gelangt es in die linke Herzkammer und wird unter hohem Druck über die Körperschlagader, die man auch **Aorta** nennt, in den **Körperkreislauf** gepumpt. Von der Aorta zweigen mehrere Arterien ab, die den Körper und die Organe mit sauerstoffreichem Blut versorgen. Zwei dieser Arterien verästeln sich und überziehen das Herz mit einem Netz von feinen Blutgefäßen.

Ein Großteil des Blutes aus der Aorta versorgt die Verdauungsorgane. Die Kapillaren der Darmwand nehmen Aminosäuren, Traubenzucker und Fettsäuren aus der verdauten Nahrung auf. Dieses mit Nährstoffen beladene Blut wird in einer fingerdicken Vene, der **Pfortader,** gesammelt und fließt in das Kapillarnetz der Leber. Dort wird Traubenzucker aus dem Blut an die Leberzellen abgegeben. Außerdem gelangen Giftstoffe wie Alkohol in die Leber und werden dort abgebaut. Erst dann gelangt das Blut durch die Lebervene in die untere Hohlvene, in der es zusammen mit dem Blut aus der unteren Körperhälfte zum Herzen zurückfließt. Das Blut aus dem Oberkörper und dem Kopf fließt über die obere Hohlvene zurück zum Herzen und wird zusammen mit dem Blut der unteren Hohlvene im rechten Vorhof gesammelt. Damit ist der Körperkreislauf geschlossen und jede Zelle mit Nährstoffen versorgt und von Stoffwechselendprodukten befreit.

Der Mensch besitzt einen **doppelten Blutkreislauf,** denn das Blut fließt zuerst im Lungenkreislauf und dann im Körperkreislauf. Angetrieben wird der Blutkreislauf durch das Herz, das aus mechanischer Sicht zwei synchron arbeitenden Pumpen entspricht, die die beiden ungleich großen Kreisläufe antreiben.

Neben diesen Aufgaben regelt der Blutkreislauf auch die Körpertemperatur. Wärme, die in den Muskeln oder dem Stoffwechsel in den inneren Organen entsteht, wird im Körper gleichmäßig verteilt.

1 Beschreibe mit Hilfe von Abbildung 1 und 2 den Weg des Blutes im Kreislaufsystem.

2 In Arterien fließt immer sauerstoffreiches Blut, in Venen immer sauerstoffarmes. Prüfe diese Aussage.

3 Vergleiche die Struktur und Funktion von Arterien und Venen.

1.4 Das Herz pumpt ein Leben lang

Das **Herz** schlägt ohne Unterbrechung ein Leben lang. Im Laufe dieser Zeit kommen auf diese Weise bis zu drei Milliarden Herzschläge zusammen. Dabei bewegt das Herz insgesamt bis zu 250 Millionen Liter Blut.

Das menschliche Herz ist etwas größer als eine Männerfaust und wiegt etwa 300 Gramm. Es liegt in der Mitte des Brustkorbs, wobei seine Spitze nach links unten zeigt. Das Herz ist ein Hohlmuskel, der von einem zweischichtigen **Herzbeutel** umgeben ist. Zwischen den beiden Schichten des Herzbeutels befindet sich eine Flüssigkeit, die eine reibungslose Herzbewegung ermöglicht. Am Herzen setzen große Blutgefäße an. Von der Aorta zweigen zwei Blutgefäße ab, die sich weiter aufspalten und ein Netz aus feinen Blutgefäßen bilden. Diese **Herzkranzgefäße** sorgen für eine gute Durchblutung des Herzmuskels und garantieren seine Versorgung mit Sauerstoff und Nährstoffen.

Das Herz ist durch eine Scheidewand in eine linke und rechte Hälfte geteilt. Jede dieser Hälften besteht wiederum aus einem kleinen Vorhof und einer größeren Herzkammer. Die Vorhöfe sammeln das Blut, das von den Venen aus der Lunge und dem Körper zum Herzen transportiert wird. Das Blut in den Herzkammern wird durch die Arterien in Richtung Lunge und Körper gepumpt. Die beiden Herzhälften sind unterschiedlich groß. Das hängt mit ihren jeweiligen Funktion zusammen. Die linke Herzhälfte ist größer und versorgt den Körperkreislauf mit sauerstoffreichem Blut. Die rechte Herzhälfte transportiert Blut, das reich an Kohlenstoffdioxid, aber arm an Sauerstoff ist. Sie pumpt das Blut in den Lungenkreislauf.

Vier Klappen steuern die Richtung des Blutflusses im Herzen. Zwischen den Vorhöfen und den Kammern befinden sich die **Segelklappen.** Am Ausgang der Kammern in Richtung der Arterien liegen die **Taschenklappen.** Die Herzklappen funktionieren wie Rückschlagventile. Wenn sich die Herzkammern zusammenziehen, übersteigt der Druck in den Kammern den Druck in der Lungen- beziehungsweise Körperschlagader. Die Taschenklappen öffnen sich und Blut strömt aus. Gleichzeitig schließen sich die Segelklappen und verhindern einen Übertritt des Blutes von den Kammern zurück in die Vorhöfe. Sobald die Herzkammern geleert sind, schließen sich die Taschenklappen und verhindern einen Rückfluss des Blutes aus den Arterien in die Kammern.

Zunächst sammeln die Vorhöfe bei geschlossenen Segelklappen das Blut aus den Hohlvenen. Sobald sich die Vorhöfe zusammenziehen, öffnen sich die Segelklappen und das Blut wird in die Herzkammern gepresst. Die Muskulatur der Kammern ist dabei entspannt und die Herzkammern weiten sich. Den Vorgang des Füllens der Herzkammern nennt man **Diastole.** Dann ziehen sich die Herzkammern zusammen. Die Segelklappen verhindern durch ihre Ventilfunktion einen Rückfluss des Blutes in die Vorhöfe. Übersteigt der Druck in den Kammern den Druck in der Aorta und Lungenarterie, öffnen sich die Taschenklappen und das Blut wird in die Arterien gepresst. Dies bezeichnet man als **Systole.**

Während einer kurzen Ruhephase ist die Muskulatur der Vorhöfe entspannt. Die Vorhöfe füllen sich wieder mit Blut. Nun beginnt eine neue Diastole. Aufgrund des Wechselspiels von Systole und Diastole ist das Herz mechanisch gesehen eine **Saug-Druck-Pumpe.**

Das Herz kann das Blut nicht als konstanten Strom durch den Körper fließen lassen. Durch rhythmisches Zusammenziehen und Erschlaffen des Herzmuskels wird das

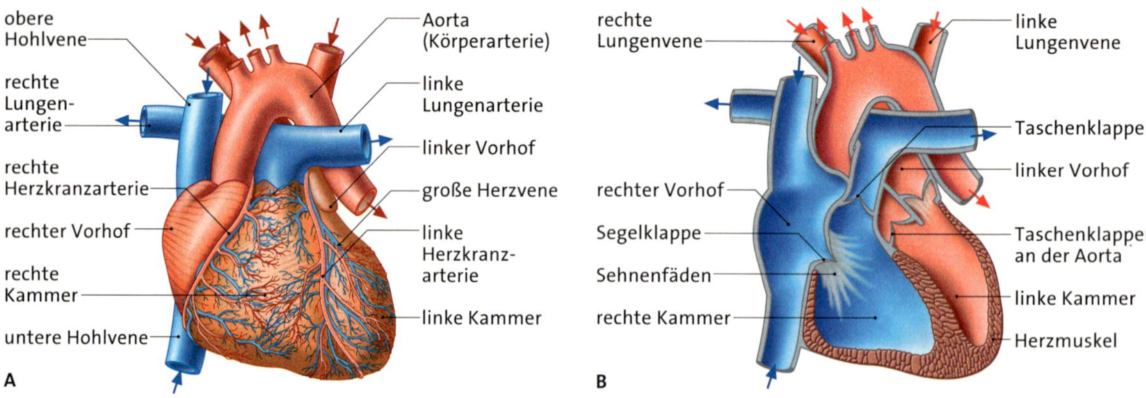

1 **Herz.** **A** mit Arterien und Venen; **B** aufgeschnitten

Blut stoßweise in die Schlagadern gepresst. Aufgrund der Elastizität der Gefäßwände ist der Schlag des Herzens auch in den Hauptschlagadern als **Pulsschlag** zu spüren. Die Zahl der Herzschläge pro Minute beträgt bei einem Erwachsenen in Ruhe etwa 70. Wenn man einen Tennisball 70-mal pro Minute zusammenpresst, hat man eine Vorstellung davon, was das Herz leisten muss. Bei Belastung kann die Frequenz auf über 180 ansteigen.

Das Zusammenziehen des Herzmuskels erfolgt durch eine Ansammlung spezifischer Herzmuskelzellen, die die Fähigkeit zu elektrischer Erregung haben. Diese Zellansammlung liegt im Bereich des rechten Vorhofs und wird **Sinusknoten** genannt. Er wirkt als natürlicher Herzschrittmacher für die Erregung des Herzmuskels und gibt die Herzfrequenz vor. Beeinflusst wird er vom *vegetativen Nervensystem*. Der schwache elektrische Strom, der vom arbeitenden Herzmuskel erzeugt wird, kann mit Hilfe von Elektroden abgeleitet und aufgezeichnet werden. Ein solches **Elektrokardiogramm** (EKG) zeichnet die einzelnen Arbeitsphasen des Herzens auf.

Die Herzaktivität spiegelt sich auch in dem periodisch wechselnden Blutdruck der Arterien wider. Der Blutdruck in der Hauptschlagader des Armes lässt sich mit einem Butdruckmessgerät ermitteln. Es besteht aus einer aufblasbaren Manschette mit Druckmessgerät. Mit einem Stethoskop kann man gleichzeitig die Geräusche in den Blutgefäßen hören, die durch die Druckänderungen entstehen. Der Druck in der Manschette wird so lange erhöht, bis die Arterie und die Vene des Arms abgedrückt sind und kein Geräusch mehr zu hören ist. Die Luft in der Manschette wird nun langsam abgelassen, bis im Stethoskop ein Geräusch zu hören ist. Dieses Geräusch entsteht durch den pulsierenden Blutstrom in der verengten Arterie. Der Druck in der Manschette entspricht dem höchsten Druck in der Arterie, der durch die Kontraktion der linken Herzkammer entsteht. Das Druckmessgerät zeigt den **systolischen Blutdruck** an. Die Luft in der Manschette wird weiter abgelassen, bis ein kontinuierliches Geräusch hörbar ist. Der niedrigste Druck entsteht, während sich die Kammern füllen. Dies ist der **diastolische Blutdruck.** Ein Erwachsener hat in Ruhe einen Blutdruck von etwa 120 zu 80. Ein Blutdruck von 120 entspricht dem Druck einer Quecksilbersäule von 120 Millimeter Höhe (mm Hg). Heute wird der Druck in Kilopascal (kPa) angegeben. Ein Wert von 120 mm Hg entspricht etwa 16 kPa, ein solcher von 90 mm Hg etwa 12 kPa. Heute verwendet man digitale Blutdruckmessgeräte, die am Handgelenk eine vollautomatische Blutdruckmessung ermöglichen.

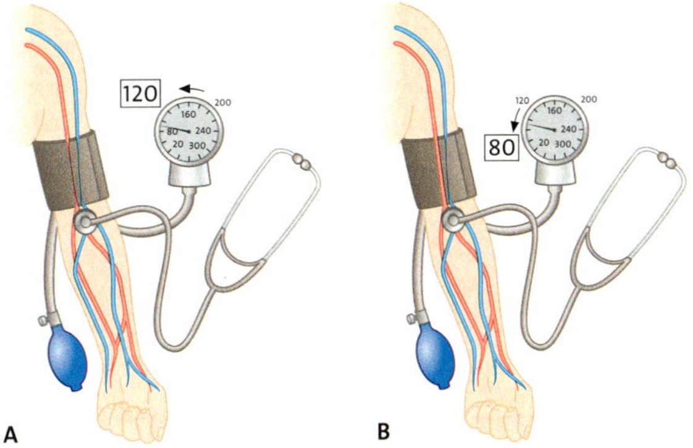

4 Blutdruckmessung.
A systolischer Blutdruck; **B** diastolischer Blutdruck

1 Das Herz bewegt fünf Liter Blut pro Minute. Berechne die täglich beförderte Blutmenge.

2 Das Herz kann als Saug-Druck-Pumpe bezeichnet werden. Begründe.

3 Erkläre das Zustandekommen zweier Werte bei der Blutdruckmessung.

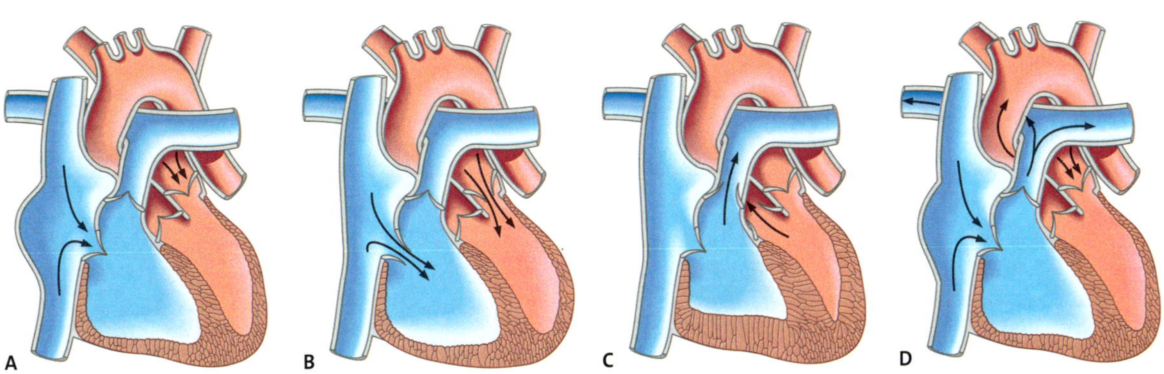

5 Arbeitsphasen des Herzens. **A** Füllen der Vorhöfe; **B** Füllen der Herzkammern (Diastole); **C** Blut wird in die Arterien gepresst (Systole); **D** Ruhephase

1.5 Herz- und Kreislauferkrankungen

»29-jähriger Fußballspieler bricht auf dem Spielfeld zusammen«. Diese Schlagzeile ist erschütternd. Der Sportler klagt über heftige Schmerzen in der Brust und im linken Arm, Atemnot, Übelkeit, Schweißausbrüche und ein Gefühl der Todesangst. Der herbeigerufene Notarzt nimmt diese Anzeichen sehr ernst und bringt den Fußballer in die Notaufnahme der nächstgelegenen Klinik. Dort wird ein Herzinfarkt diagnostiziert.

Herz-Kreislauferkrankungen wie ein Herzinfarkt sind in Deutschland immer noch die häufigste Todesursache. Trotz medizinischen Forschung und schnellerer Behandlung stirbt immer noch jeder zweite daran.

Reiht man alle Blutgefäße des Menschen aneinander, ergibt sich eine Länge von etwa 100 000 Kilometern. Erkranken diese Gefäße, können sie einen Herzinfarkt auslösen. Häufigste Gefäßerkrankung ist die **Arteriosklerose**, im Volksmund auch Arterienverkalkung genannt. Arteriosklerose ist eine Veränderung der Arterienwände, an denen fett- und kalkhaltige Ablagerungen entstehen. Diese Ablagerungen verengen und verhärten die Gefäße. Es besteht die Gefahr, dass verengte Blutgefäße leichter durch Blutgerinnsel verschlossen werden oder bei zu starker Belastung platzen. Die Folge davon ist eine Durchblutungsstörung der nachfolgenden Gewebe. Als wichtigste Risikofaktoren der Arteriosklerose gelten erhöhte Blutfettwerte, Bluthochdruck, Rauchen, Diabetes, Bewegungsmangel und Übergewicht. Die wirkungsvollsten Maßnahmen zur Vorbeugung sind eine ausgewogene Ernährung mit wenig Zucker und Fett, regelmäßige körperliche Aktivitäten und der Verzicht auf Zigaretten.

Je nachdem an welchem Gefäß die Arteriosklerose auftritt, können verschiedene Krankheitsbilder ausgelöst werden. Lebensbedrohliche Situationen entstehen immer dann, wenn das Herz oder das Gehirn betroffen sind. Verengungen der Herzkranzgefäße führen zu Durchblutungsstörungen des Herzmuskels im Bereich hinter der Engstelle. Bei vollständigem Verschluss der Herzkranzarterie durch ein Blutgerinnsel kommt es zum **Herzinfarkt.**

Die ersten Minuten und Stunden eines Herzinfarkts sind entscheidend für den Patienten, deshalb muss bei Verdacht auf Herzinfarkt sofort ein Notarzt gerufen werden. Bereits im Krankenwagen auf dem Weg in die Klinik macht der Notarzt ein Elektrokardiogramm, um festzustellen wie stark das Herz geschädigt ist. Er beginnt die Therapie zur medikamentösen Auflösung des Blutgerinnsels, die in der Klinik weiter überwacht wird.

Der plötzliche Verschluss eines Blutgefäßes im Gehirn kann der Auslöser für einen **Schlaganfall** sein. Die Nervenzellen sterben ab und es kann zu Sprach- und Sehstörungen sowie zu Lähmungen kommen. Welche Symptome auftreten, hängt davon ab, welche Gehirnregion von der eingeschränkten Blutversorgung betroffen ist.

Durch Arteriosklerose entstandene Engstellen kann man durch eine Operation wieder durchgängig machen. Ein zusammengefalteter Ballon wird bis an den Gefäßverschluss herangeführt und dort aufgeblasen. Die Gefäßablagerungen werden platt gedrückt, wodurch das Gefäß wieder durchgängig wird. Lassen sich die Ablagerungen durch den Ballon nicht zusammendrücken, setzt man ein kleines röhrenförmiges Metall- oder Plastikgeflecht, den **Stent,** an der Engstelle ein, der die Arterie offen hält.

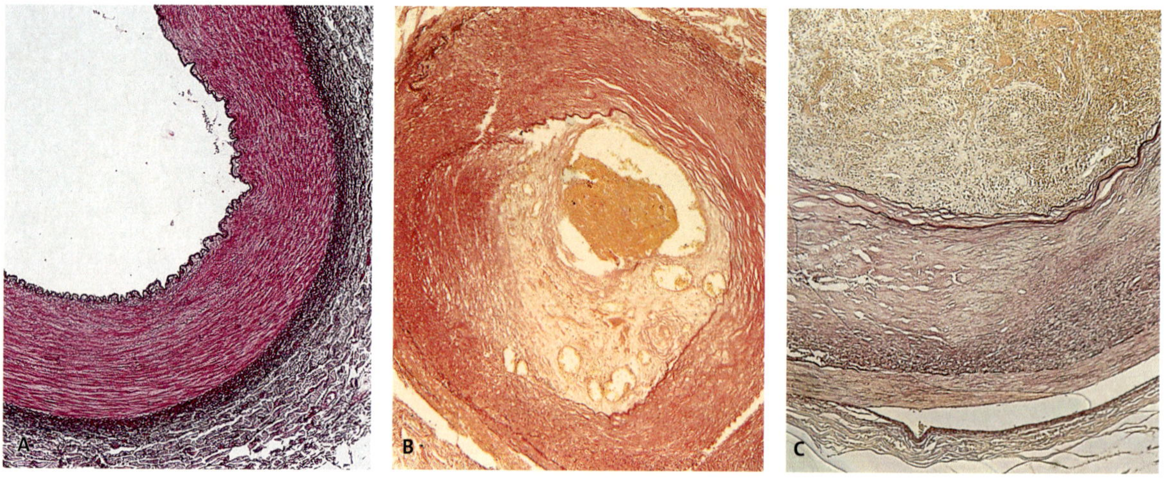

1 Arteriosklerose. **A** Schnitt durch ein gesundes Gefäß; **B** Ablagerungen; **C** verengtes Gefäß (mikroskopische Aufnahme)

Der Risikofaktor **Bluthochdruck** verläuft oft jahrelang ohne Beschwerden. Dennoch kommt es mit zunehmender Erkrankungsdauer zu Schädigungen an Herz, Gefäßen und Gehirn. Das Risiko an einer Folgekrankheit wie Herzinfarkt oder Schlaganfall zu erkranken, ist um so größer, je höher der Blutdruck ist und je länger der Bluthochdruck schon besteht. Von Bluthochdruck spricht man bei einer Erhöhung auf mindestens 140 zu 90 mm Hg.

Auch **Herzrhythmusstörungen** können Zeichen einer Erkrankung des Herzens sein. Wenn das Erregungszentrum des Herzens, der Sinusknoten, auf Grund einer Fehlfunktion verändert ist, kann das Herz mit Unterbrechungen oder mit Extraschlägen reagieren. Manchmal gerät die zeitliche Abfolge der Arbeitsphasen des Herzens durcheinander. Dann bekommen die Patienten einen Herzschrittmacher, der durch elektrische Impulse die Herzschlagfrequenz normalisiert.

Die **Herztransplantation** ist immer der letzte Schritt, um das Leben eines Patienten zu retten, der eine unheilbare Herzerkrankung hat. In Deutschland warten etwa 900 Menschen auf ein Spenderherz. Diese Wartezeit kann durch ein **künstliches Herz** überbrückt werden. Allerdings müssen die Patienten dann im Krankenhaus bleiben und können sich nur wenig körperlich belasten. Ein Kunstherz ist nur eine Übergangslösung. Bisher ist es noch nicht gelungen einen Menschen damit längere Zeit am Leben zu erhalten. Die Leistung des künstlichen Herzens ist zwar besser als die des kranken Herzens, sodass sich die in Mitleidenschaft gezogenen Organe wie Lunge, Leber oder Niere während der Wartezeit mit einem künstlichen Herzen wieder erholen. Der Patient hat eine bessere körperliche Ausgangssituation für die Transplantation.

Die erste Herztransplantation fand 1967 in Südafrika statt. Der Herzchirurg Christiaan BARNARD setzte einem schwer kranken Patienten ein Spenderherz ein. Der Patient starb allerdings nur 18 Tage nach der Operation an einer Lungenentzündung. BARNARDS zweiter Patient überlebte mit dem transplantierten Herz bereits eineinhalb Jahre.

Nach einer Herztransplantation sieht der Körper des Patienten das Spenderherz als Fremdkörper an. Damit das neue Herz nicht abgestoßen wird, müssen die Herztransplantierten ein Leben lang Medikamente nehmen. Diese Medikamente unterdrücken die Reaktionen des Immunsystems im Allgemeinen und machen den Patienten anfälliger gegen Infektionskrankheiten. Davon abgesehen können Menschen mit einem Spenderherz ein ganz normales Leben führen. Bereits nach einem halben Jahr können sie ihren Beruf wieder ausüben und in ihrer Freizeit Sport treiben.

In Deutschland werden jährlich 400 Herztransplantationen durchgeführt. Weil es zu wenig Organspender gibt, stirbt immer noch jeder zweite Patient, der auf ein Spenderorgan wartet. Über 80 Prozent der Menschen in Deutschland stehen der Organspende positiv gegenüber. Trotzdem haben nur etwa 12 Prozent der Deutschen einen Organspenderausweis.

1 Nenne die Risikofaktoren, die zu Arteriosklerose führen können.

2 Beschreibe die Entstehung eines Herzinfarktes.

3 Informiere dich über die Ursachen von Bluthochdruck. Berichte in Form eines Kurzvortrages.

4 Recherchiere die Geschichte der Herztransplantation.

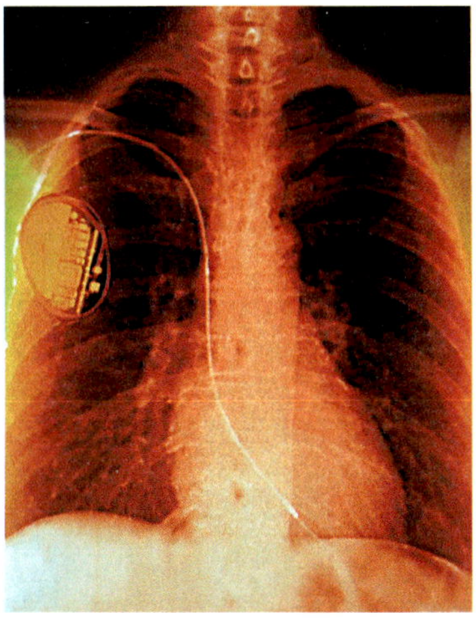

2 Herzschrittmacher

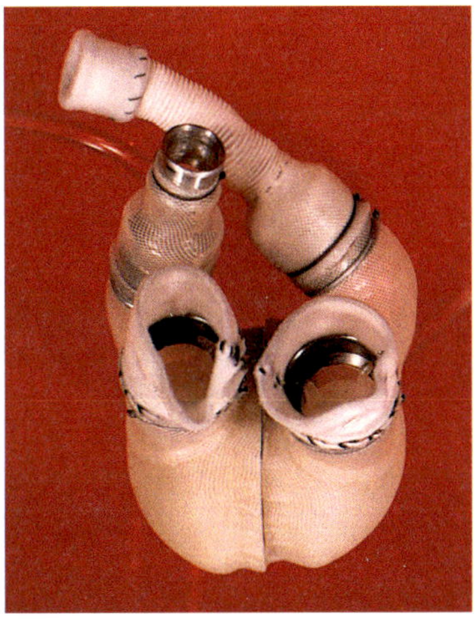

3 Künstliches Herz

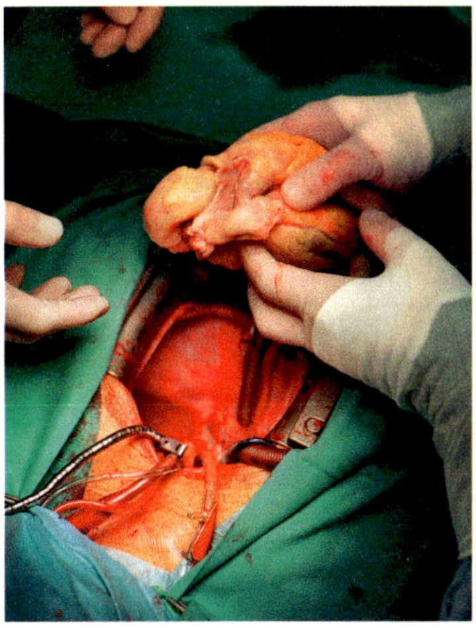

4 Herztransplantation

Aufgaben und Versuche Blutkreislauf

V1 Blutgefäße zeichnen

Material: Dauerpräparate von Arterien und Venen; Mikroskop; Zeichenmaterial

Durchführung: Mikroskopiere die Dauerpräparate und fertige jeweils eine mikroskopische Zeichnung an.

Aufgabe: Beschrifte die Zeichnungen. Nutze die Abbildungen auf Seite 58.

V2 Untersuchung eines Schweineherzens

Material: frisches Schweineherz vom Schlachthof oder Fleischer; größere Glasschale; scharfes Messer oder Skalpell

Durchführung: Das Schweineherz wird in die Glasschale gelegt und von außen betrachtet. Schneide das Herz in der Längsrichtung durch. Der Schnitt muss so geführt werden, dass Vorkammern und Herzkammern geöffnet werden.

Aufgaben:

a) Beschreibe Lage und Aufgabe der Herzklappen.

b) Die Herzklappen sind mit deutlich sichtbaren Sehnenfäden an der Innenwand des Herzmuskels befestigt. Erläutere die Aufgabe dieser Sehnenfäden.

c) Die Wand der linken Herzkammer ist etwas dicker als die Wand der rechten Herzkammer. Erkläre die unterschiedliche Dicke der Herkammerwände.

A3 Bewegung unterstützt den Blutfluss

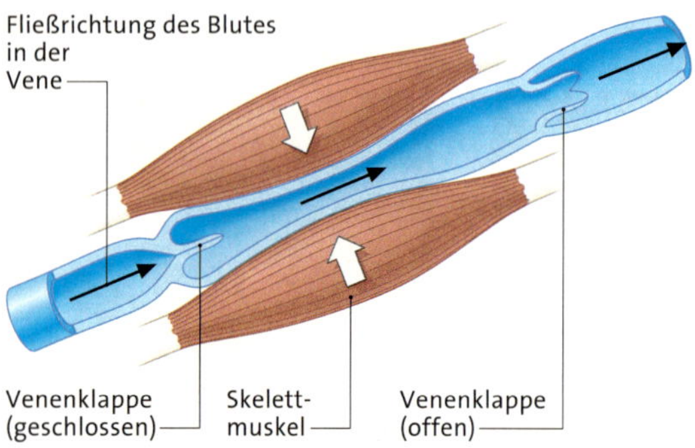

Bei langem Sitzen am Schreibtisch oder im Flugzeug kann es zu geschwollenen Füßen und Unterschenkeln kommen. Wenn man die Beine bewegt, gehen die Schwellungen zurück. Untersuchungen haben ergeben, dass die Skelettmuskulatur den Rückfluss des Blutes zum Herzen unterstützt.

Aufgaben:

a) Beschreibe die mögliche Wirkung von Skelettmuskeln auf den Blutfluss in den Venen.

b) Leite Verhaltensregeln für die Arbeit im Büro oder in der Schule ab.

V4 Puls- und Blutdruckmessung

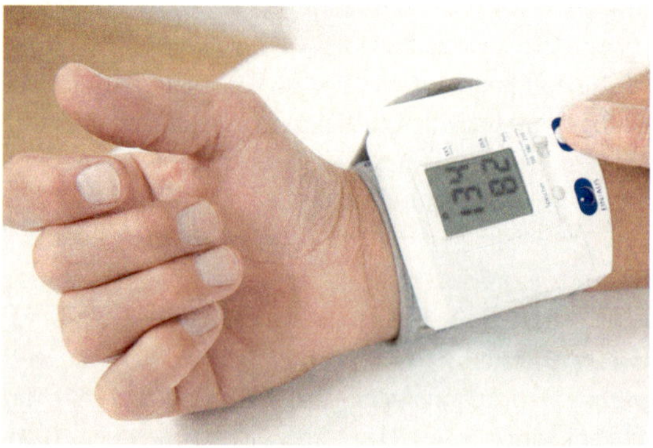

Material: digitales Blutdruckmessgerät

Durchführung: Die Messungen werden in Zweiergruppen durchgeführt. Eine Person misst, die andere protokolliert. Jede Messung wird dreimal wiederholt. Vor Beginn der Messungen wird als Messprotokoll eine Tabelle angelegt.

Messung des Blutdrucks und des Pulses mit einem digitalen Messgerät: Lege der Versuchsperson die Manschette am Handgelenk an, sodass es etwa 1 Zentimeter unterhalb der Handwurzel sitzt. Die Person soll während der Messung ganz ruhig sitzen und nicht sprechen. Drücke den Startknopf und warte bis der vollautomatische Messvorgang beendet ist. Lies die Blutdruckwerte und die Pulsfrequenz auf dem Display ab. Miss den Blutdruck der Versuchsperson erneut nach zehn Kniebeugen oder Liegestützen.

Aufgaben:

a) Protokolliere deine Messergebnisse in der Tabelle.

b) Erläutere Ursachen verschiedener Werte mit und ohne Belastung.

c) Vergleiche die Werte von sportlich aktiven Versuchspersonen mit denen von anderen.

A5 Blut kann seine Farbe ändern

Je nachdem, wie viel Sauerstoff das Blut aufgenommen hat, verändert es seine Farbe. Sauerstoffreiches Blut ist leuchtend rot, sauerstoffarmes Blut dagegen dunkelrot.

Aufgaben:

a) Zeichne ein stark vereinfachtes Schema des menschlichen Blutkreislaufes und kennzeichne mit Buntstiften die Farbe des in den einzelnen Abschnitten vorliegenden Blutes.

b) Plane ein Experiment mit dem die Farbveränderung von frischem Blut sichtbar gemacht werden kann.

A6 Wirkung von Ausdauertraining

	Mo	Di	Mi	Do	Fr	Sa	So	Mo	Di	Mi	Do
Ruhepuls	78		77		77		72		72		
Belastungspuls	154	Pause	157	Pause	145	Pause	140	Pause	141	Pause	Pause
Erholungspuls	90		92		90		80		85		
	Fr	**Sa**	**So**	**Mo**	**Di**	**Mi**	**Do**	**Fr**	**Sa**	**So**	
Ruhepuls	74		71		69		68			69	
Belastungspuls	142	Pause	139	Pause	135	Pause	135	Pause	Pause	134	
Erholungspuls	86		80		79		75			75	

Lauftagebuch ab Trainingsbeginn

Die Tabelle zeigt das Lauftagebuch eines 13-jährigen Jungen. Um seine Ausdauer zu trainieren, ist er zum Joggen gegangen. Direkt vor jedem Lauf hat er den Ruhepuls und direkt danach den Belastungspuls gemessen. Drei Minuten nach dem Lauf hat er zusätzlich den Erholungspuls gezählt.

Aufgaben:

a) Übertrage die Werte der Tabelle in ein Tabellenkalkulationsprogramm.

b) Erstelle ein Punktediagramm.

c) Interpretiere die dargestellten Ergebnisse.

d) Informiere dich über die Anpassung des Herzens an Ausdauersport.

A7 »Wärmebild« eines Arms

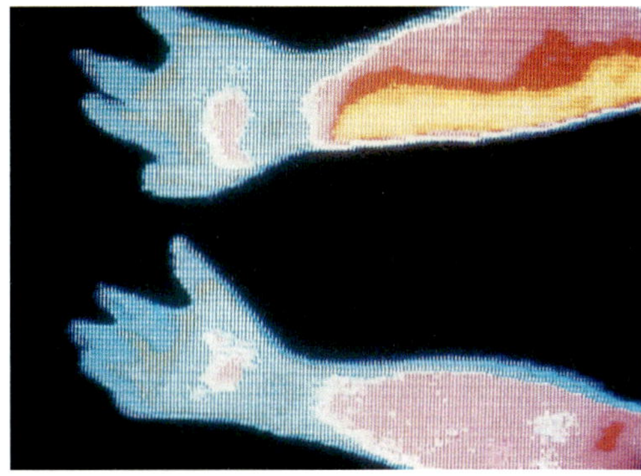

Eine Spezialfolie kann Temperaturunterschiede durch unterschiedliche Farben anzeigen. Wenn man beispielsweise einen Arm auf diese Folie legt, entsteht in wenigen Sekunden ein farbiger Abdruck des Arms. Die verschiedenen Farben lassen erkennen, dass die Haut nicht überall gleich warm ist. Wo die Haut stärker durchblutet ist, sind höhere Temperaturen festzustellen als an Stellen von geringerer Durchblutung. Das obere Foto zeigt den Abdruck eines Armes auf einer derartigen Spezialfolie. Das untere Foto zeigt den Arm desselben Menschen, nachdem er zehn Minuten vorher eine Zigarette geraucht hat.

Aufgaben:

a) Beschreibe das Versuchsergebnis.

b) Informiere dich im Internet, welcher Bestandteil im Zigarettenrauch die Ursache für diese Veränderung ist.

c) Erläutere die Gefährdung von Herz und Blutkreislauf durch das Rauchen. Bereite einen Kurzvortrag zu diesem Thema vor. Beziehe die unten stehende Abbildung mit ein.

2 Wie das Immunsystem unser Leben schützt

2.1 Das Immunsystem – eine hoch spezialisierte Abwehr

Der menschliche Körper steht in ständigem Kontakt mit Bakterien, Viren und Pilzsporen. Darunter sind auch viele Krankheitserreger. Die meisten von ihnen können jedoch erst gar nicht in den Körper eindringen. Für viele Erreger ist bereits die verhornte Außenschicht der Haut ein unüberwindliches Hindernis. Leichter wäre ein Eindringen durch die Schleimhäute. Diese werden jedoch durch Flüssigkeiten aus Drüsen benetzt. So findet sich in der Tränenflüssigkeit das Enzym *Lysozym*, das Bakterien zerstört.

Einigen Krankheitserregern gelingt es dennoch, diese natürlichen Barrieren zu überwinden. Über die Atemwege und andere Körperöffnungen, durch Wunden oder Insektenstiche gelangen sie in den Körper. Trotzdem kommt es nur selten zum Ausbruch einer Infektionskrankheit, denn der Körper kann sich gegen die Erreger zur Wehr setzen. Wie geschieht das?

Die Abwehr körperfremder Stoffe ist Aufgabe des **Immunsystems.** Dabei handelt es sich um ein komplexes Netzwerk aus Organen, Zellen und Molekülen. Eine zentrale Bedeutung haben die **Weißen Blutzellen.** Sie bewegen sich wie Amöben und verändern dabei ihre Form. Auf diese Weise können sie durch Zellzwischenräume kriechen und die Blutkapillaren verlassen. Sie gelangen dann in die mit **Lymphe** gefüllten Zwischenräume der Gewebe. Diese farblose Flüssigkeit tritt zum Beispiel an Schürfwunden aus und sammelt sich in Druck- oder Brandblasen. Die Weißen Blutzellen umfließen körperfremde Stoffe, auf die sie treffen, nehmen sie auf und verdauen sie. Daher werden sie **Fresszellen** genannt. Sie kommen im gesamten Körper vor, besonders häufig jedoch in den **Lymphknoten,** die in Rumpf und Hals liegen und über **Lymphgefäße** miteinander verbunden sind. Im oberen Brustraum ist das Lymphsystem mit dem Blutkreislauf verbunden.

Fresszellen können ganz unterschiedliche Fremdkörper vernichten, beispielsweise Bakterien und Viren. Weil die Fresszellen nicht auf einen bestimmten Erreger spezialisiert sind, nennt man diesen Abwehrmechanismus die **unspezifische Immunabwehr.**

In manchen Fällen vermehren sich Erreger so schnell, dass die unspezifische Abwehr überfordert ist. Dann kommt ein anderer Mechanismus des Immunsystems ins Spiel, die **spezifische Immunabwehr.** Daran sind ebenfalls Weiße Blutzellen beteiligt, die **Lymphozyten** genannt werden. Man unterscheidet verschiedene Gruppen dieser Zellen. Die **B-Lymphozyten** reifen im Knochenmark, die **T-Lymphozyten** im Thymus. Dieses lymphatische Organ liegt hinter dem Brustbein. Es ist nur bei Kindern und Jugendlichen voll ausgebildet und wird im Erwachsenenalter langsam zurückgebildet. Wie erfolgt die spezifische Abwehr durch Lymphozyten?

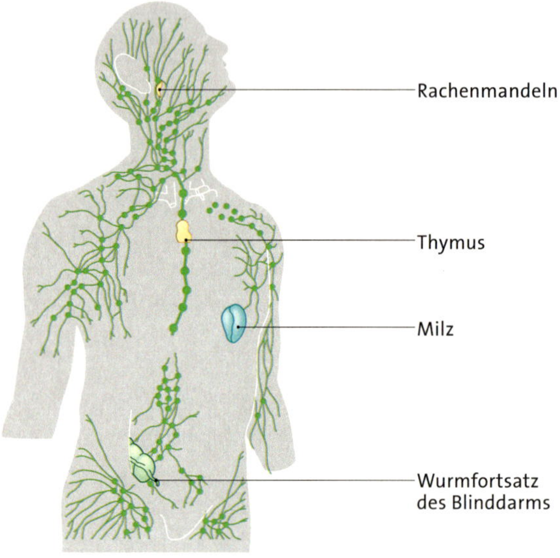

1 Lymphsystem

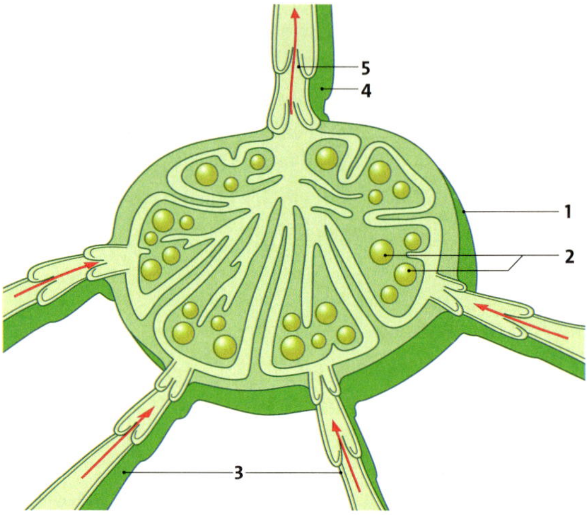

2 Lymphknoten. 1 Außenkapsel; 2 Knötchen mit Weißen Blutzellen; 3 zuführende Lymphgefäße; 4 abführendes Lymphgefäß; 5 Klappe

An der Oberfläche von Zellen und Viren befinden sich bestimmte Eiweißstoffe, die als **Antigene** bezeichnet werden. Fresszellen und von Viren infizierte Körperzellen lagern diese Antigene außen auf der Zellmembran an: Sie »präsentieren« die Antigene. Lymphozyten, die mit den Antigenen in Kontakt kommen, erkennen diese als körperfremd. Daraufhin erzeugt eine Untergruppe der Lymphozyten, die **T-Helferzellen,** Botenstoffe, die von B- und T-Lymphozyten erkannt werden. Bestimmte B-Lymphozyten, die **Plasmazellen,** beginnen sich daraufhin zu vermehren und große Mengen spezifischer **Antikörper** zu produzieren. Dies sind Eiweißstoffe, die sich mit den Antigenen der Krankheitserreger verbinden können. Durch diese **Antigen-Antikörper-Reaktion** werden die Erreger unschädlich gemacht – Bakterien können sich nicht mehr teilen und Viren werden daran gehindert, in Wirtszellen einzudringen. Fresszellen bauen dann die Erreger ab. Zur Abwehr von Virusinfektionen entstehen auch so genannte **Killerzellen.** Diese Untergruppe der T-Lymphozyten erkennt und zerstört von Viren befallene Körperzellen durch bestimmte Enzyme.

Die spezifische Abwehr des Immunsystems braucht eine gewisse Zeit, meist mehrere Tage, bis genügend Antikörper oder Killerzellen gebildet sind, um eine Infektion erfolgreich zu bekämpfen. Manche Krankheiten, zum Beispiel viele Kinderkrankheiten, bekommt man aber nur einmal im Leben. Dies liegt daran, dass die Information über den Aufbau von Antigenen und den dazu passenden Antikörpern langfristig gespeichert werden kann. Dies übernehmen die **Gedächtniszellen,** die ebenfalls zu den Lymphozyten gehören. Erkennen sie Antigene, mit denen das Immunsystem bereits einmal zu tun hatte, können in kurzer Zeit die spezifischen Antikörper oder Killerzellen neu bereitgestellt werden. Der Körper ist gegen diese Art von Erregern **immun** geworden – die Krankheit bricht nicht mehr aus. Bei manchen Erregern verändern sich allerdings die Antigene im Laufe der Zeit so stark, dass die Gedächtniszellen sie nicht mehr erkennen können. Deshalb kann man beispielsweise immer wieder einen Schnupfen bekommen.

1 Nenne die am Immunsystem beteiligten Organe und erläutere die Funktion des Lymphsystems. Nutze dazu die Abbildungen 1 und 2.

2 Erläutere den Unterschied zwischen unspezifischer und spezifischer Abwehr.

3 Beschreibe mit Hilfe der Abbildung 4 den Mechanismus der spezifischen Abwehr.

4 Wende das Erschließungsfeld Struktur und Funktion auf die Antigen-Antikörper-Reaktion an.

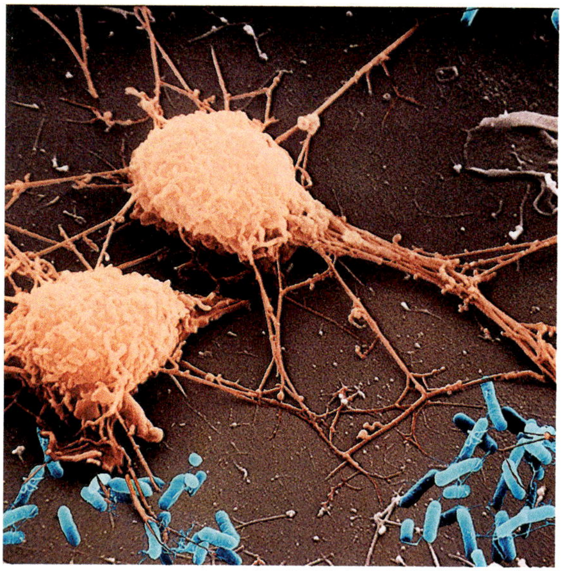

3 Fresszellen (orange) vertilgen Bakterien (blau)

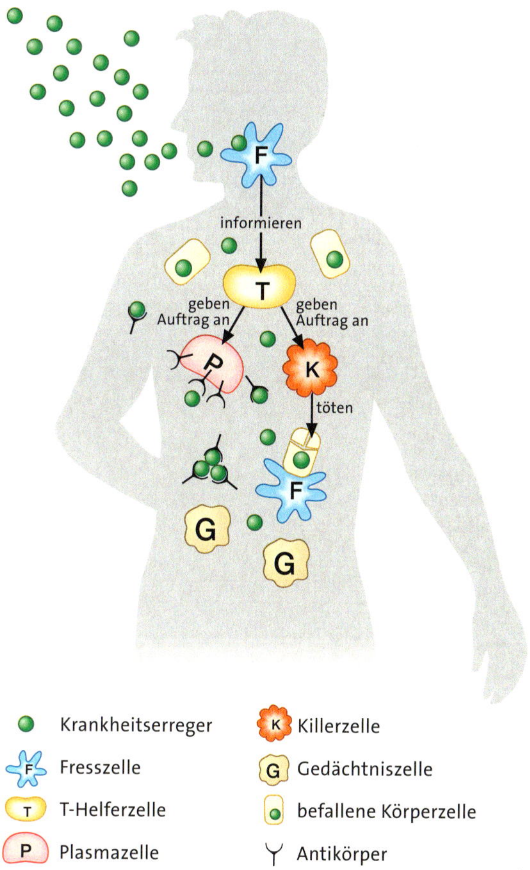

4 Spezifische Immunabwehr

2.2 Aktive und passive Immunisierung

Bis ins 20. Jahrhundert gehörten die Pocken zu den Geißeln der Menschheit. Wer sich angesteckt hatte, bekam zunächst hohes Fieber. Am Körper bildeten sich kleine Pusteln, die Pocken. Überlebende der schweren Virusinfektion behielten für den Rest ihres Lebens entstellende Narben im Gesicht.

Die Pocken waren im 18. Jahrhundert auch in England verbreitet. Dort beobachtete damals der Arzt Edward JENNER, dass die Menschen auf dem Lande nie an Pocken erkrankten, wenn sie früher einmal die viel leichter verlaufenden Kuhpocken gehabt hatten. Diese Krankheit kommt normalerweise bei Rindern vor. Im Mai 1796 wagte JENNER ein Experiment: Er hatte an den Händen einer jungen Magd die typischen Pusteln der Kuhpocken erkannt. Aus einem dieser Bläschen entnahm er etwas Flüssigkeit und impfte damit einen achtjährigen Jungen. Dieser bekam daraufhin leichtes Fieber und einige wenige Pusteln. Bald verschwanden diese Symptome wieder. Anschließend infizierte JENNER den Jungen dann mit Flüssigkeit aus den Pusteln eines Patienten mit menschlichen Pocken. Wie der Arzt erwartet hatte, erkrankte der Junge nicht. Der Kontakt mit den Kuhpocken hatte ihn immun gemacht. Bald setzte sich die Pockenschutzimpfung weltweit durch. Heute gelten die Pocken als ausgerottet. Wie wirkt diese **Schutzimpfung?**

Die Antigene des Kuhpocken-Virus sind ähnlich aufgebaut wie die des menschlichen Pocken-Virus. Wird ein Mensch mit dem Kuhpocken-Erreger geimpft, erzeugt das Immunsystem Antikörper und entsprechende Gedächtniszellen. Diese Immunität ist auch gegen den Erreger der menschlichen Pocken wirksam.

Die Pocken sind allerdings ein Sonderfall. Zu den meisten Erregern von Infektionskrankheiten gibt es keine harmlosen Varianten. Deshalb müssen in der Regel erst Impfstoffe entwickelt werden, bevor eine vorsorgliche Schutzimpfung erfolgen kann. Dazu verändert man die Erreger oder ihre Antigene zunächst so weit, dass sie für den Körper unschädlich werden. Durch die Impfung wird das Immunsystem dann dazu angeregt, Antikörper zu bilden. Wie bei einer tatsächlich überstandenen Infektionskrankheit entstehen auch in diesem Fall Gedächtniszellen. Diese setzen bei einer erneuten Infektion mit dem gleichen Erreger die Antikörperbildung sofort in Gang, sodass die Krankheit nicht zum Ausbruch kommen kann. Weil der Körper die Abwehr gegen die Infektion durch die Schutzimpfung selbst entwickelt, spricht man von einer **aktiven Immunisierung.** Der volle Impfschutz, die *Grundimmunisierung,* wird in vielen Fällen erst nach mehreren Impfungen erreicht. Dies gilt beispielsweise für Impfungen gegen Tetanus oder Hepatitis B. Häufig lässt der Impfschutz im Laufe der Zeit nach, weil die entsprechenden Gedächtniszellen nicht mehr neu gebildet werden.

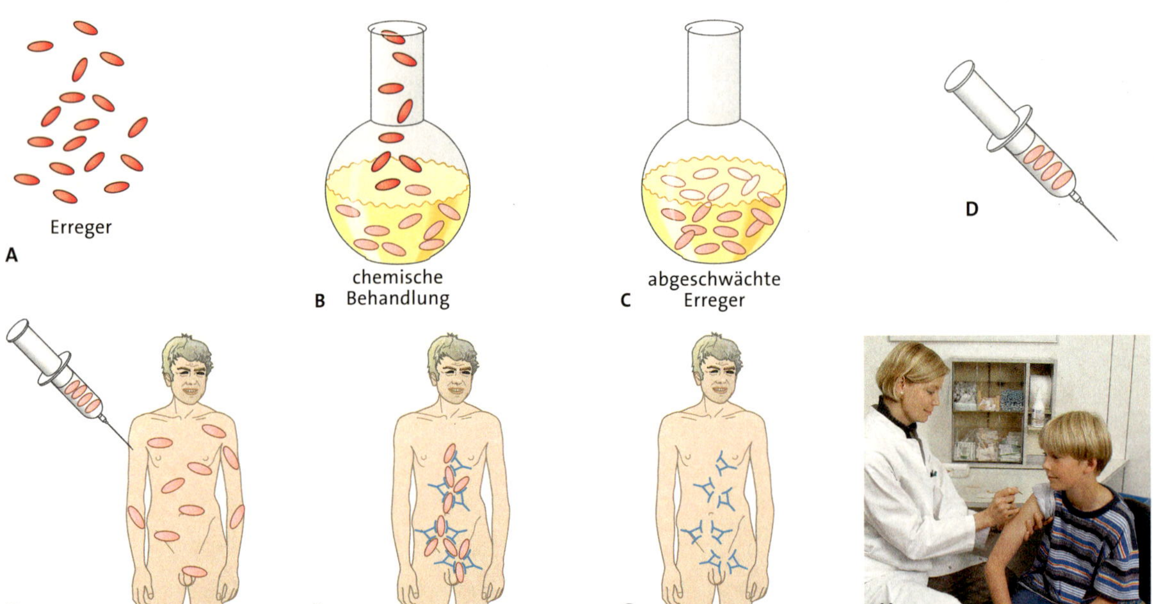

1 Aktive Immunisierung (Schema). A–C Behandlung zur Abschwächung der Erreger; **D** fertiger Impfstoff; **E** Impfung; **F** Bildung von Antikörpern; **G** Bildung von Gedächtniszellen; **H** Schutzimpfung durch den Arzt

Dann sind in bestimmten Abständen *Auffrischimpfungen* erforderlich.

In Deutschland gibt es keinen Impfzwang. Allerdings veröffentlicht die Ständige Impfkommission am Robert-Koch-Institut in Berlin regelmäßig Empfehlungen, welche Bevölkerungsgruppe sich bestimmten Impfungen unterziehen sollte. Diese Empfehlungen passt die Kommission den jeweils aktuellen Gefährdungen immer wieder an. Insbesondere Kinder und Jugendliche werden heute gegen eine Reihe von Infektionskrankheiten vorsorglich geimpft. Damit möglichst wenige Impftermine wahrgenommen werden müssen, verabreicht man oft Kombinationsimpfstoffe, die eine gleichzeitige Immunität gegen mehrere Erkrankungen verleihen, zum Beispiel Masern, Mumps, Röteln. Die erfolgten Impfungen werden in ein international gültiges Dokument eingetragen, den Impfausweis. Ärzte können den Eintragungen unter anderem entnehmen, wann und mit welchem Impfstoff die Immunisierungen durchgeführt wurden. Auf diese Weise lassen sich Mehrfachimpfungen vermeiden und Termine für Auffrischimpfungen einhalten.

Eine besondere Impfung wird Mädchen vor dem ersten Geschlechtsverkehr empfohlen, die *HPV*-Impfung (wirksam gegen Humane Papillom-Viren). Diese Impfung schützt vor Gebärmutterhalskrebs. Weitere Impfungen werden besonders gefährdeten Personengruppen empfohlen. So erhalten zum Beispiel Tierärzte und Förster Impfungen gegen Tollwut. Auch vor Reisen in die Tropen werden bestimmte Impfungen fällig, etwa gegen Typhus, Cholera und Gelbfieber.

Eine besondere Form der Impfung ist die **passive Immunisierung,** die auch Heilimpfung heißt. Sie kann bei Patienten angewandt werden, die sich wegen fehlenden Impfschutzes eine lebensbedrohende Infektionskrankheit zugezogen haben. In diesem Fall kann man ein Serum mit den spezifischen Antikörpern spritzen. Dadurch wird das Immunsystem unterstützt und die Heilung beschleunigt. Die Antikörper gewinnt man meist dadurch, dass man abgeschwächte Erreger in das Blut von Tieren bringt. Später werden die dort gebildeten Antikörper isoliert und daraus ein Heilserum hergestellt.

1 Erläutere anhand von Abbildung 1 das Prinzip der aktiven Immunisierung.

2 Vergleiche die Eintragungen in deinem Impfausweis mit den Empfehlungen in Abbildung 2. Erläutere, dass sich deine Impfungen nicht in allen Punkten mit denen der Empfehlungen decken müssen.

ab 3. Lebensmonat	Diphterie (1.), Wundstarrkrampf (Tetanus, 1.), Keuchhusten (Pertussis, 1.), Hirnhaut- und Kehlkopfentzündung (1.), Kinderlähmung (Poliomyelitis, 1.), Hepatitis B (1.)
ab 4. Lebensmonat	Diphterie (2.), Wundstarrkrampf (2.), Keuchhusten (2.), Hirnhaut- und Kehlkopfentzündung (2.), Kinderlähmung (2.), Hepatitis B (2.)
ab 5. Lebensmonat	Diptherie (3.), Wundstarrkrampf (3.), Hirnhaut- und Kehlkopfentzündung (3.), Keuchhusten (3.), Kinderlähmung (3.), Hepatitis B (3.)
ab 12.–15. Lebensmonat	Diphterie (4.), Wundstarrkrampf (4.), Keuchhusten (4.), Hirnhaut- und Kehlkopfentzündung (4.), Kinderlähmung (4.), Hepatitis B (4.), Masern, Mumps, Röteln (1.), Windpocken (1.)
ab 16.–24. Lebensmonat	Masern, Mumps, Röteln (2.), Windpocken (2.)
ab 6. Lebensjahr	Diptherie, Wundstarrkrampf, Keuchhusten (Auffrischimpfungen)
9.–17. Lebensjahr	Diphterie, Wundstarrkrampf, Keuchhusten, Kinderlähmung, Hepatitis B (Auffrischimpfungen); HPV (Mädchen)

2 Impfkalender für Kinder und Jugendliche (nach Empfehlungen der Ständigen Impfkommission für 2007)

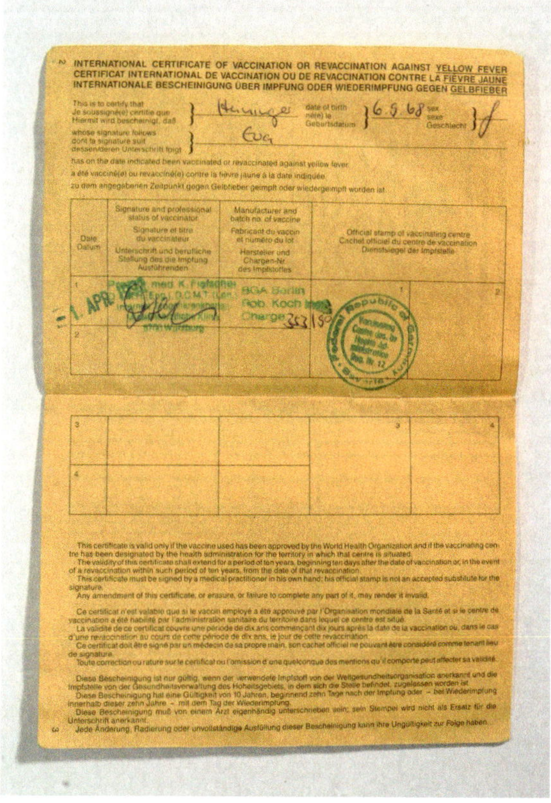

3 Impfausweis

2.3 Allergien – Überreaktionen des Immunsystems

Wenn im Vorfrühling die ersten schönen Tage kommen und Bäume und Sträucher zu blühen beginnen, zieht es die meisten Menschen hinaus ins Freie. Doch manche bleiben lieber zu Hause, denn sie leiden jetzt wieder an *Heuschnupfen:* Sobald sie sich längere Zeit draußen aufhalten, beginnen die Augen zu tränen, die Nase läuft, sie müssen häufig niesen, Kopfschmerzen und Mattigkeit stellen sich ein. In manchen Fällen kommt es auch zu asthmatischen Beschwerden: Atemnot durch Verengung der Bronchien. Bei Kindern und Jugendlichen können diese Symptome so heftig sein, dass die Leistungsfähigkeit in der Schule deutlich herabgesetzt ist.

Heuschnupfen ist eine **Allergie,** die durch den Kontakt mit Pollenkörnern hervorgerufen wird. Während Nicht-Allergiker keine Beschwerden haben, reagiert das Immunsystem bei Allergikern überempfindlich auf diese körperfremden Stoffe. Solche Stoffe, die Allergien auslösen können, werden als **Allergene** bezeichnet. Voraussetzung für die Ausbildung einer Allergie ist eine Phase der **Sensibilisierung.** Dabei kommt es zum Erstkontakt mit den Antigenen des Allergens. B-Lymphozyten teilen sich daraufhin und erzeugen große Mengen spezifischer Antikörper. Bei Nicht-Allergikern sorgen Unterdrücker-Zellen, eine Untergruppe der T-Lymphozyten, dafür, dass die Antikörper nur in geringem Umfang gebildet werden. Diese Regulation der Antikörperproduktion erfolgt bei Allergikern nicht oder nur unzureichend. Die Antikörper überschwemmen dann das Immunsystem und binden sich langfristig an eine besondere Form der Weißen Blutzellen, die **Mastzellen.** Nun ist der Körper sensibilisiert. Erfolgt ein erneuter Kontakt mit dem Allergen, tritt die allergische Reaktion ein: Die Antigene des Allergens verbinden sich mit den Antikörpern auf den Mastzellen. Diese reagieren auf den Allergenkontakt mit der massenhaften Abgabe bestimmter Stoffe, unter denen sich auch der Botenstoff **Histamin** befindet. Histamin verursacht unter anderem die Erweiterung kleiner Blutgefäße und die Entstehung von Entzündungen. Erste Symptome einer allergischen Reaktion durch die Histaminausschüttung sind meist Rötungen, Schwellungen, erhöhte Schleimproduktion sowie ein unangenehmer Juckreiz. Mastzellen und Histamin sind nicht an allen Allergieformen beteiligt. In manchen Fällen kommt es durch andere Fehlfunktionen des Immunsystems zu der allergischen Reaktion.

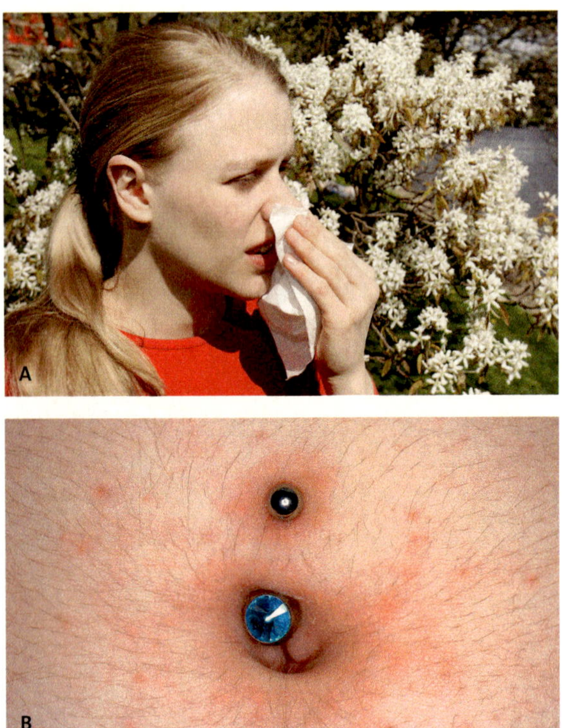

1 Allergische Reaktionen. A Heuschnupfen; **B** Kontaktallergie durch Nickel

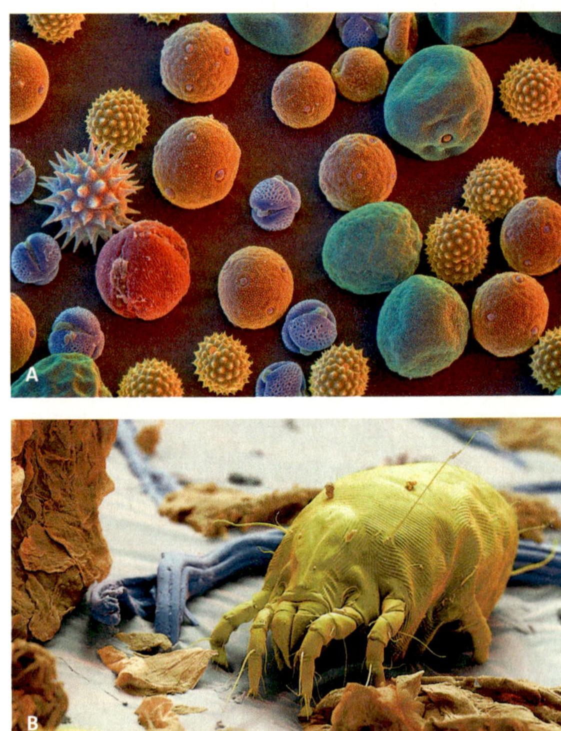

2 Auslöser von Allergien. A Pollenkörner; **B** Hausstaubmilben (elektronenmikroskopische Bilder)

Nicht nur Pollenkörner können allergische Symptome hervorrufen. Viele Menschen leiden an einer *Nahrungsmittelallergie*, die manchmal schon durch bloßen Hautkontakt oder das Einatmen von Nahrungsdüften ausgelöst wird. Weitere Allergieauslöser können Schimmelpilzsporen, Tierhaare, Hausstaubmilben, Insektenstiche, Reinigungsmittel und Medikamente sein. Von einer *Kontaktallergie* spricht man, wenn allergische Hautreaktionen zum Beispiel durch das Tragen von Schmuck, etwa aus Nickel, hervorgerufen werden. Viele allergische Beschwerden verstärken sich bei häufigem Allergenkontakt. In einigen Fällen kann dadurch sogar ein lebensbedrohlicher Schock durch massiven Blutdruckabfall ausgelöst werden.

Nicht jede Allergie ist ohne weiteres auf den Kontakt mit einem bestimmten Allergen zurückzuführen. In solchen Fällen muss ein *Allergietest* beim Hautarzt durchgeführt werden. Dabei wird die Haut mit mehreren in Frage kommenden Allergenen in Kontakt gebracht. Zeigt sich an einer Stelle eine Reaktion, kann man diese dann einem bestimmten Allergen zuordnen.

Manche Allergien lassen sich durch Medikamente unterdrücken. Häufig ist eine solche Behandlung jedoch mit unerwünschten Nebenwirkungen verbunden. Vielfach können Allergiker den Beschwerden entgehen, indem sie den Kontakt mit Allergenen meiden. Bei einer Nahrungsmittelallergie müssen die Betroffenen auf bestimmte Nahrungsmittel verzichten, zum Beispiel Nüsse, Zitrusfrüchte oder Milch. Liegt eine Hausstauballergie vor, die durch die Ausscheidungen kleiner Milben hervorgerufen wird, sollten Teppiche, Vorhänge und Matratzen durch Materialien ersetzt werden, in denen sich diese Tiere nicht einnisten können.

Die Neigung zu allergischen Reaktionen ist mit großer Wahrscheinlichkeit genetisch bedingt. Allerdings ist seit einigen Jahrzehnten eine deutliche Zunahme von Allergieerkrankungen zu beobachten. Dies lässt vermuten, dass auch Umwelteinflüsse sowie veränderte Ernährungsgewohnheiten die Ausbildung von Allergien begünstigen.

1 Erläutere anhand von Abbildung 4 die Entstehung einer allergischen Reaktion.

2 Erläutere den Begriff »Heuschnupfen-Zeit«. Nutze dazu den Pollenflugkalender in Abbildung 3.

3 Die Symptome von Heuschnupfen treten vor allem bei trockenem, sonnigem Wetter auf. Begründe.

4 Eine Methode zur Behandlung von Allergien ist die Hyposensibilisierung. Recherchiere, worin diese Behandlung besteht und bereite einen Kurzvortrag vor.

Pollenart	Jan	Feb	Mär	Apr	Mai	Jun	Jul	Aug	Sep	Okt	Nov	Dez
Hasel		■										
Erle		■	■									
Ulme			■	■								
Weide			■	■								
Birke				■								
Esche				■								
Hainbuche				■								
Pappel				■								
Eiche					■							
Rotbuche					■							
Gräser						■	■					
Wegerich						■	■					
Roggen						■						
Spitzwegerich						■	■					
Linde							■					
Beifuß								■				

3 Pollenflugkalender

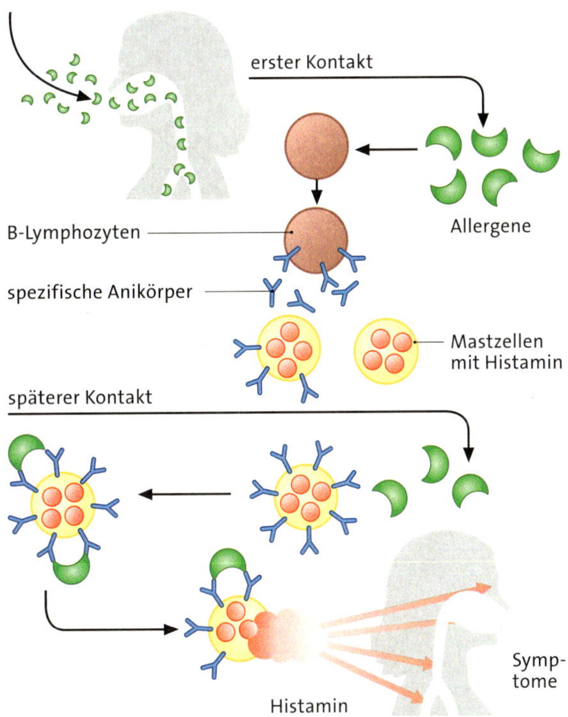

4 Entstehung einer allergischen Reaktion

Zusammenfassung Blutkreislauf des Menschen und Immunsystem

Erschließungsfeld Struktur und Funktion

Betrachtet man das Blut-Kreislaufsystem lassen sich zahlreiche Struktur-Funktions-Zusammenhänge ableiten. So ist das Herz ein kräftiger Hohlmuskel, der sich rhythmisch zusammen zieht und dabei pro Herzschlag etwa 100 Milliliter sauerstoffreiches Blut in den Körperkreislauf pumpt.

Auch der Bau der Blutgefäße steht in Zusammenhang mit ihrer Funktion. Das Herz pumpt das Blut mit hohem Druck in die Arterien. Sie haben deshalb dicke Wände. In den Venen ist der Blutdruck dagegen sehr gering. Hier saugt zum einen das Herz bei seinen Pumpbewegungen Blut aus den Venen an, zum anderen wird die dünnere Venenwand durch danebenliegenden Arterien etwas zusammengepresst. Außerdem besitzen Venen sogenannte Venenklappen als Rückschlagventile, sodass das Blut nur in Richtung des Herzens fließen kann. Kapillargefäße dienen dem Stoffaustausch mit dem umliegenden Gewebe. Sie haben besonders dünne Wände. Solche Kapillaren umgeben auch die Lungenbläschen. Sie nehmen hier Sauerstoff durch die Wand des Lungenbläschen auf und geben Kohlenstoffdioxid ab.

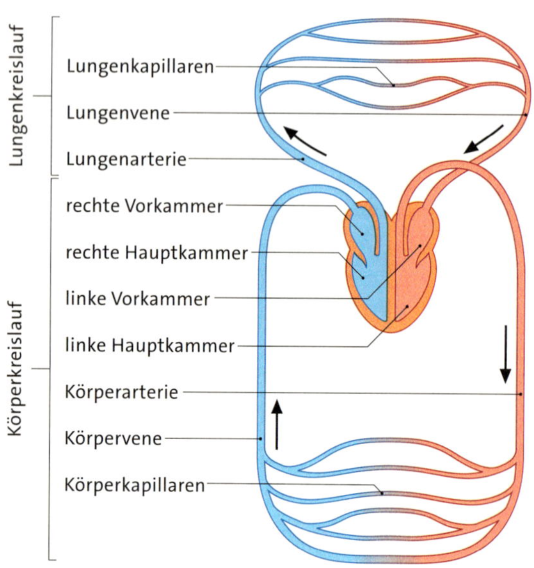

1 **Bau des Herz-Kreislaufsystems**

Das Immunsystem ist eng mit dem Blut- und Kreislaufsystem verbunden und schützt den Körper vor Krankheitserregern. Zu den Organen des Immunsystems zählen die Lymphbahnen, die Lymphknoten, sowie Milz, Thymus und Knochenmark.

Bei der unspezifischen Abwehr werden die Krankheitserreger von Fresszellen unschädlich gemacht. Bei diesen Fresszellen handelt es sich um Weiße Blutzellen, die sich wie eine Amöbe bewegen können und ihre Form verändern. So können diese Zellen die Kapillargefäße des Blutsystems verlassen und in Zwischenräume der Gewebe und in das Lymphsystem eindringen.

Die spezifische Immunantwort beruht auf dem Erkennen von körperfremden Antigenen, der Erzeugung spezifischer Antikörper und dem Einsatz von Killerzellen. Die Lymphozyten können sich an Bakterien oder Viren anlagern und an deren Oberfläche bestimmte Eiweißstrukturen erkennen. Zu diesen Antigenen produzieren sie dann passende Antikörper. Die Antikörper passen wie ein Schlüssel zu einem bestimmten Schloss und lagern sich an die Antigene an. Es kommt zur Antigen-Antikörperreaktion. Durch die mehrfachen Bindungen verklumpen die Erreger und können sich entweder nicht mehr teilen oder nicht mehr in eine Körperzelle eindringen. Diesen Vorgang nutzt man bei einer aktiven Immunisierung durch eine Schutzimpfung aus. Hier wird der Körper mit abgeschwächten oder abgetöteten Krankheitserregern beziehungsweise mit den wesentlichen Antigenstrukturen in Kontakt gebracht. Das Immunsystem baut dann Antikörper auf und legt Gedächtniszellen an.

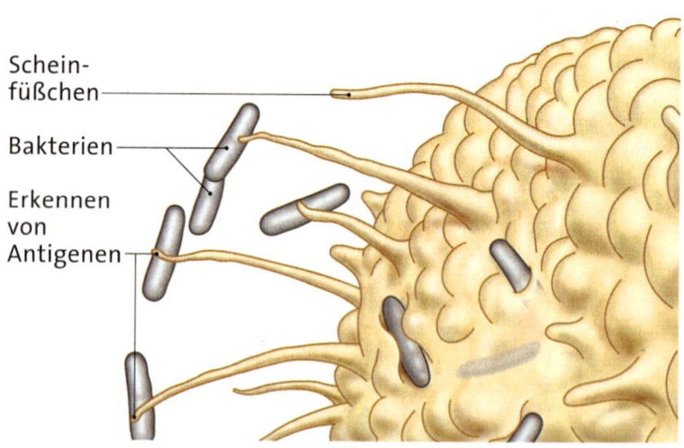

2 **Fresszelle erkennt und vernichtet Bakterien**

Wissen vernetzt | Blutkreislauf des Menschen und Immunsystem

A1 Bau des Herzens

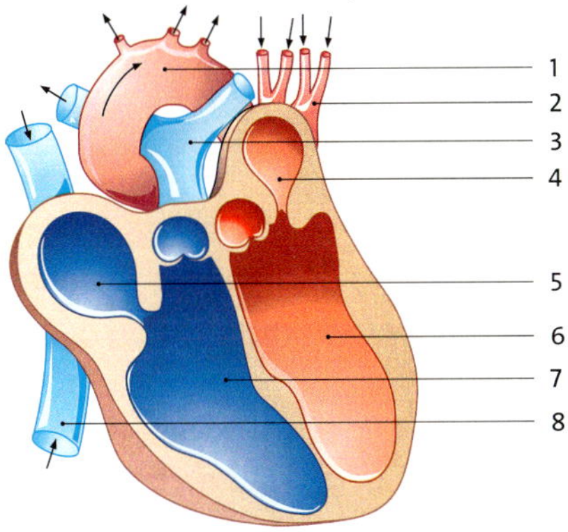

Die schematische Abbildung stellt eine Momentaufnahme des Herzens dar.

Aufgaben:

a) Ordne den Ziffern die entsprechenden Begriffe zu.
b) Beschreibe die Vorgänge im abgebildeten Herzen. Berücksichtige dabei besonders die Arbeitsweise von Vor- beziehungsweise Hauptkammern und Klappen.
c) Die Herzwand ist links deutlich dicker als rechts. Erläutere.

A2 Blut

Aufgabe: Suche Fehler in folgenden Aussagen und berichtige sie.

a) Arterien transportieren das Blut vom Herzen weg.
b) Kapillaren sind feine Haargefäße.
c) In allen Arterien fließt sauerstoffreiches Blut.
d) Venen transportieren das Blut zum Herzen hin.
e) Venen besitzen Taschenklappen, um den Rückfluss des Blutes zu verhindern.

A3 Blutbestandteile

Aufgabe: Ordne den Blutbestandteilen Rote Blutzellen, Weiße Blutzellen, Blutplättchen und Blutplasma die nachfolgend aufgeführten Baumerkmale und Funktionen zu (Mehrfachnennungen sind möglich): Zellbruchstücke, Hämoglobin, Blutgerinnung, Antikörperbildung, Zellkern, linsenförmig, 90 % Wasser, Sauerstofftransport, ohne feste Form, enthält Fibrinogen, Abwehr von Krankheitserregern, Nährstofftransport, Eiterbildung, Kohlenstoffdioxidtransport.

A4 Abwehrreaktion

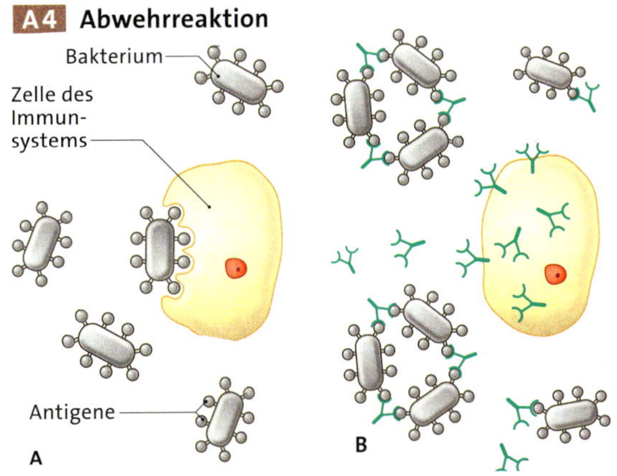

In der Abbildung sind zwei Stadien aus einer Abwehrreaktion des menschlichen Immunsystems dargestellt.

Aufgaben:

a) Beschreibe die dargestellten Vorgänge.
b) Ergänze deine Beschreibung mit den Vorgängen, die zwischen diesen beiden Stadien ablaufen.

A5 Immunisierung

Bildung von Antikörpern im Schafblut

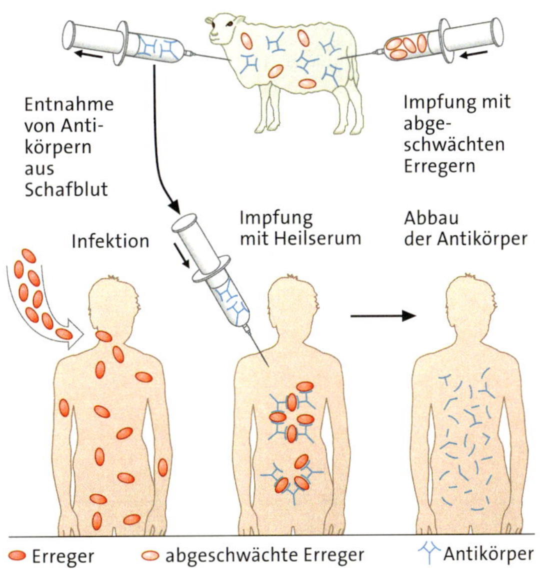

Aufgaben:

a) Beschreibe das 1890 von BEHRING entwickelte Verfahren der passiven Immunisierung und vergleiche es mit dem der aktiven Immunisierung.
b) Nenne Vor- und Nachteile der beiden Verfahren.

Ernährung, Verdauung und Ausscheidung

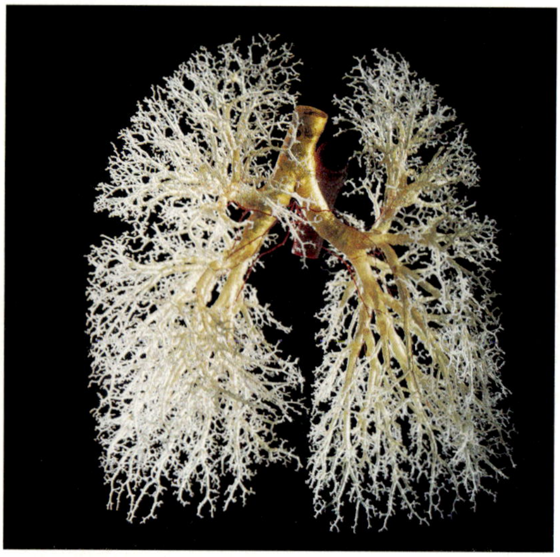

Der Bronchialbaum

In manchen Biologiesammlungen gibt es einen »Bronchialbaum«. Recherchiert, wie man ein solches Präparat herstellt. Beschreibt seinen Aufbau und geht auf den Zusammenhang zwischen Struktur und Funktion ein.

Eine Kerze brennt

Führt das Experiment wie abgebildet durch. Beschreibt die Ergebnisse. Stellt selbst Fragen und sucht Erklärungen. Stellt einen Zusammenhang zwischen diesem Experiment und der Atmung her.

Kann man sich von Schokolade allein ernähren?

Vergleicht die beiden Kreisdiagramme. Versucht, die in der Überschrift gestellte Frage zu beantworten. Formuliert auf Grund der Kreisdiagramme weitere Fragen und sucht Antworten.

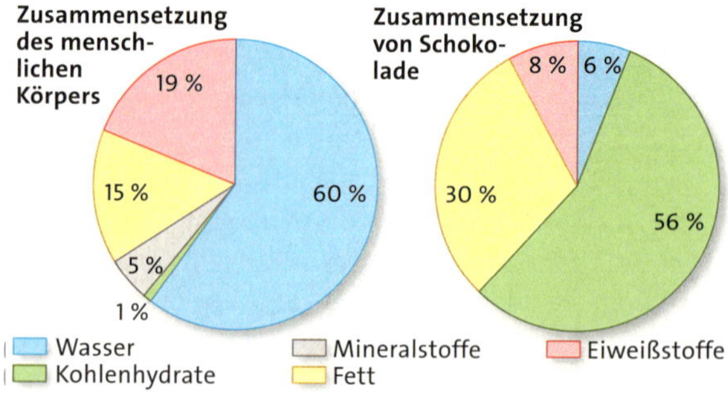

Jim HAWKINS versteckt sich in dem Apfelfass

In dem berühmten Piratenroman von Robert L. STEVENSON »Die Schatzinsel« belauscht der junge Jim HAWKINS auf dem Deck des Segelschiffes die Piraten mit ihrem Anführer, den einbeinigen John SILVER.

»Now, just after sundown, when all my work was over, and I was on my way to my berth, I thought that I'd like an apple. I ran on deck. ...

I climbed into the apple barrel, and found out that there were only few apples left; but when I was sitting down there in the dark, I heard the sound of the waters and felt the rocking movement of the ship. I had either fallen asleep, or was going to do so, when a heavy man sat down next to the barrel. It shook when he leaned his shoulders against it, and I just wanted to jump up when the man began to speak. It was Silver's voice, and I lay there listening and shaking, out of curiosity and fear.«

berth: Koje; **barrel:** Fass; **rocking:** schaukelnd; **movement:** Bewegung; **either or:** entweder oder; **heavy:** schwer; **voice:** Stimme; **curiosity:** Neugierde; **fear:** Angst; **depend on:** abhängen von

Übersetzt in Partnerarbeit den Text, vielleicht sogar im Englisch-Unterricht. Besprecht in der Gruppe, aus welchem Grund damals auf dem Deck von Segelschiffen eine »apple barrel« stand. Recherchiert im Internet und in der Literatur.

Sind Vitamine und Mineralstoffe lebensnotwendig?

Der abgebildete Korb enthält viel Obst und Gemüse, das uns mit wichtigen Vitaminen und Mineralstoffen versorgt. Sortiert die angegebenen Beispiele nach wasserlöslichen und fettlöslichen Vitaminen sowie nach Mineralstoffen. Erarbeitet in Gruppenarbeit eine Tabelle, in der ihr Wirkstoff, Vorkommen, Wirkung und Wissenswertes zu den einzelnen Bespielen zusammenfasst. Stellt eure Ergebnisse in der Klasse vor.

Vitamin C lässt sich relativ einfach mit Ascorbinsäure-Teststreifen (aus der Apotheke) nachweisen. Dazu müsst ihr die zu testenden Lebensmittel frisch anschneiden und das Teststäbchen an die feuchte Schnittfläche drücken. Die Färbung verrät euch nach einer Minute den Anteil an Vitamin C. Stellt Vermutungen an, welche Obst- und Gemüsesorten besonders viel Vitamin C enthalten. Überprüft eure Vermutungen in einem Experiment. Vergesst nicht, den Versuch zu protokollieren.

1	Vitamin A, B 2, B 6, B 12, D, E, Calcium
2	Vitamin B 6, E, Calcium
3	Vitamin B 2, B 6, B 12, Folsäure
4	Folsäure, Magnesium
5	Vitamin C
6	Vitamin A

1 Ernährung und Verdauung

1.1 Die drei Nährstoffgruppen

Die vielfältigen Nahrungsmittel liefern alle Stoffe, die der Mensch zur Deckung des Energiebedarfs und zum Auf- und Abbau körpereigener Substanzen braucht. Die Hauptbestandteile dieser Lebensmittel gehören zu drei Stoffgruppen: Kohlenhydrate, Fette und Eiweiße. Da sie einen wichtigen Beitrag zur Ernährung leisten, bezeichnet man sie als **Nährstoffe.**

Kohlenhydrate nehmen wir in verschiedenen Formen auf, vorwiegend als Zucker oder als Stärke. Die Bausteine aller Kohlenhydrate sind Einfachzucker. Diese setzen sich aus den Elementen Kohlenstoff, Sauerstoff und Wasserstoff zusammen, die in einer annähernd ringförmigen Struktur miteinander verknüpft sind. Traubenzucker oder Glucose wird als Sechserring dargestellt, der Fruchtzucker, die Fructose, hingegen als Fünferring. Diese wichtigen Zuckerverbindungen kommen in vielen Früchten vor. Durch die Verknüpfung von zwei Zuckerbausteinen entstehen Zweifachzucker. Malzzucker oder Maltose besteht aus zwei Molekülen Glucose und kommt in keimenden Getreidekörnern vor. Der Rohrzucker, die Saccharose, setzt sich aus Glucose und Fructose zusammen. Haushaltszucker ist industriell aufgereinigter Rohrzucker, der zum Beispiel aus Zuckerrüben oder Zuckerrohr stammt.

Bei komplexen Kohlenhydraten, den Vielfachzuckern werden sehr lange Ketten von Zuckerbausteinen gebildet, die auch Verzeigungen enthalten können. Pflanzliche Stärke besteht aus langen, unverzweigten Ketten von Glucosemolekülen, die schraubig aufgewunden sind. Für Pflanzen ist Stärke ein Speicherstoff und deshalb in Speicherorganen wie Kartoffeln und Getreidekörnern enthalten. Ein wichtiger Speicherstoff der Tiere ist Glykogen, dessen Glucosebausteine auch zu langen Ketten verbunden sind, die aber viele Verzweigungen enthalten. Während der Verdauung baut unser Körper Stärke zu Glucose ab, kann diese als Energielieferant nutzen oder in der Leber daraus Glykogen als Speicherstoff aufbauen. Da Einfachzucker bei der Verdauung ohne weitere Zerlegung direkt ins Blut übertreten können, stehen sie sofort als Energielieferanten zur Verfügung und werden schnell verbraucht. Stärke hingegen sorgt für eine länger anhaltende Sättigung und gleichmäßigere Versorgung mit Glucose, da die langen Ketten erst in kleinere Bausteine aufgespalten werden müssen.

Bei den **Fetten** oder Lipiden unterscheidet man feste Fette und flüssige Öle, die tierischer oder pflanzlicher Herkunft sein können. Fette bestehen aus den Bausteinen Glycerin und Fettsäuren. Wie die Kohlenhydrate sind sie aus den Elementen Kohlenstoff, Sauerstoff und Wasserstoff aufgebaut. Dabei ist jedes Glycerinmolekül mit drei kettenförmigen Fettsäuremolekülen verbunden.

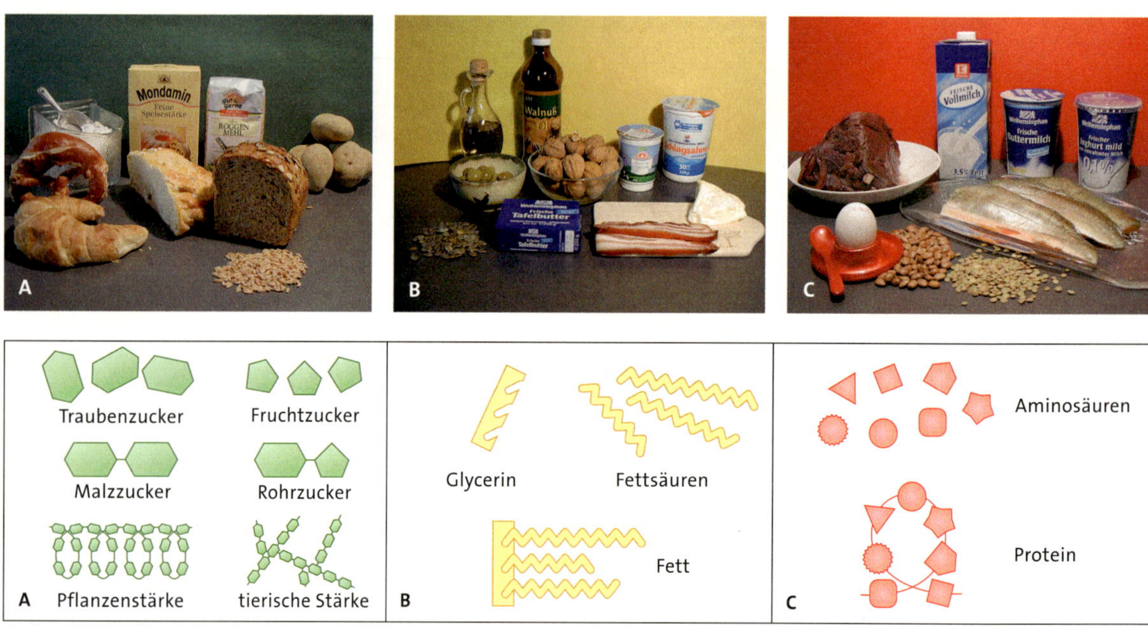

1 Die drei Nährstoffgruppen. **A** Kohlenhydrate; **B** Fette; **C** Proteine

In pflanzlichen und tierischen Fetten kommen elf verschiedene Fettsäuren vor. Aufgrund ihres chemischen Aufbaus unterscheidet man gesättigte oder ungesättigte Fettsäuren. Je nach Art und Menge der gebundenen Fettsäuren sind die Fette bei Raumtemperatur flüssig oder fest. Bei flüssigen Ölen ist der Anteil an ungesättigten Fettsäuren höher. Einige dieser Fettsäuren kann der Körper nicht selbst herstellen, sondern muss sie mit der Nahrung aufnehmen. Sie bezeichnet man als **essenzielle Fettsäuren.** Diese sind vorwiegend in pflanzlichen Ölen wie Distel-, Walnuss-, Lein- oder Sonnenblumenöl vorhanden. Pflanzliche Fette findet man vor allem in Samen oder Früchten, da sie die Funktion von Speicherlipiden haben. Tierische Fette sind in Lebensmitteln wie Butter, Sahne, Käse oder Wurst und fettem Fisch enthalten. Fette werden langsamer verdaut als Kohlenhydrate, sodass ihre Energie über einen längeren Zeitraum freigesetzt wird. Im menschlichen Körper dienen Fette auch als Energiespeicher und zur Wärmeisolation.

In der Nahrung sind außerdem Eiweißstoffe enthalten, die man auch als **Proteine** bezeichnet. Ihre Bausteine sind 20 verschiedene Aminosäuren, die zu langen Ketten verbunden sind. Neben den Elementen Kohlenstoff, Wasserstoff und Sauerstoff enthalten die Aminosäuren auch die Elemente Stickstoff und Schwefel. Die Vielfalt der im Körper vorhandenen Proteine wird durch unterschiedliche Kombinationen der Aminosäuren in den Ketten erreicht, die dann spezifische räumliche Strukturen annehmen.

Die Nahrungsproteine werden hauptsächlich als Baustoffe für körpereigene Eiweiße verwendet. Zur Energiegewinnung dienen sie nur, wenn die anderen Energiequellen erschöpft sind. Proteine sind in tierischen Produkten wie Fleisch, Fisch, Wurst, Eiern, Milch und Milchprodukten enthalten. Reich an pflanzlichen Proteinen sind vor allem Sojabohnen, Erbsen, Linsen, Mais, Nüsse und Mandeln.

Die Proteine der Nahrung sind für den Menschen verschieden gut verwertbar. Je ähnlicher die Zusammensetzung des aufgenommenen Proteins zu der des Menschen ist, desto effizienter kann der Aufbau von Körperproteinen erfolgen. Deshalb haben die Nahrungsproteine eine unterschiedliche biologische Wertigkeit für den Menschen. Von den 20 Aminosäuren kann der menschliche Stoffwechsel zwölf ineinander umwandeln und selbst herstellen. Acht Aminosäuren hingegen müssen über die Nahrung aufgenommen werden. Diese werden als **essenzielle Aminosäuren** bezeichnet und kommen häufiger und ausgewogener in tierischen als in pflanzlichen Proteinen vor.

1 Erstelle eine Liste von Lebensmitteln, die besonders reich an Fett sind. Verwende dazu die Abbildungen 1 und 2.

2 Vergleiche die Zusammensetzung der Nahrungsmittel in Abbildung 2 miteinander.

3 Untersuche die Zutatenlisten von Fruchtjogurt, Müsliriegeln und Schokolade. Nenne die dort zu findenden Bezeichnungen für »Zucker«.

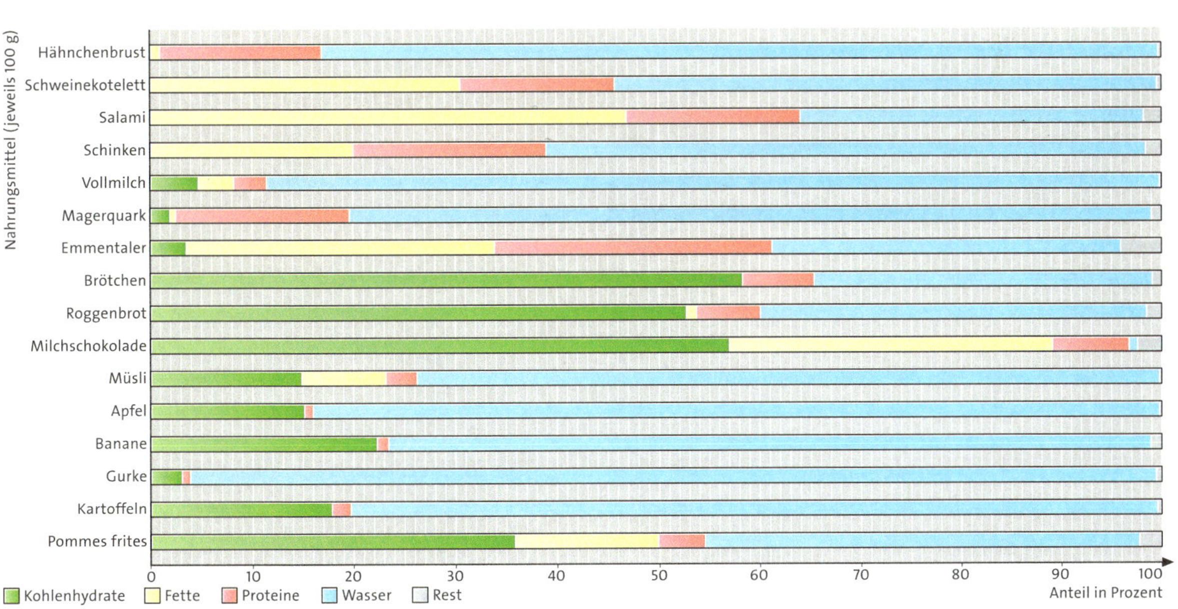

2 **Zusammensetzung verschiedener Nahrungsmittel**

Aufgaben und Versuche Nährstoffnachweise

V1 Nachweis von Stärke mit Iod-Kaliumiodid-Lösung

Material: Bechergläser; Wasser; Messer; Stärke; Glasstab; Iod-Kaliumiodid-Lösung; verschiedene Lebensmittel (z. B. Kartoffeln, Bananen, Äpfel, Käse, Nudeln, Mehl, Reis, Fleisch)

Durchführung: Fülle zwei Bechergläser gleich hoch mit Wasser. Gib in eines eine Messerspitze Stärke und rühre mit einem Glasstab um. Versetze jedes Becherglas mit zwei Tropfen Iod-Kaliumiodid-Lösung.
Prüfe mit einer Iod-Kaliumiodid-Lösung Lebensmittel auf Stärke, indem du die Lösung direkt auf die Lebensmittel gibst.

Aufgabe: Beschreibe deine Beobachtungen.
Nenne Lebensmittel, die Stärke enthalten.

V2 Nachweis von Traubenzucker mit Glucose-Teststreifen

Material: Bechergläser; Wasser; Messer; Traubenzucker; Glasstab; Glucose-Teststreifen; verschiedene Lebensmittel (z. B. verschiedene Fruchtsäfte, Malzbier, Milch, Banane, Rosinen, Weißbrot, Kartoffel, Fleisch); Küchenreibe

Durchführung: Fülle zwei Bechergläser gleich hoch mit Wasser. Gib in eines eine Messerspitze Traubenzucker und rühre mit einem Glasstab um.
Tauche kurz einen Glucose-Teststreifen in jedes Becherglas.
Prüfe mit weiteren Glucose-Teststreifen Lebensmittel auf Traubenzucker, indem du die Teststreifen direkt in die flüssigen Lebensmittel hältst. Zerkleinere feste Lebensmittel mit der Küchenreibe und mische sie in einem Becherglas mit etwas Wasser, bevor du den Teststreifen hineinhältst.

Aufgabe: Beschreibe deine Beobachtungen am Testbezirk des Glucose-Teststreifens. Nenne Lebensmittel, die Traubenzucker enthalten.

A3 Nachweis von Traubenzucker mit der Fehling-Probe (Lehrerexperiment)

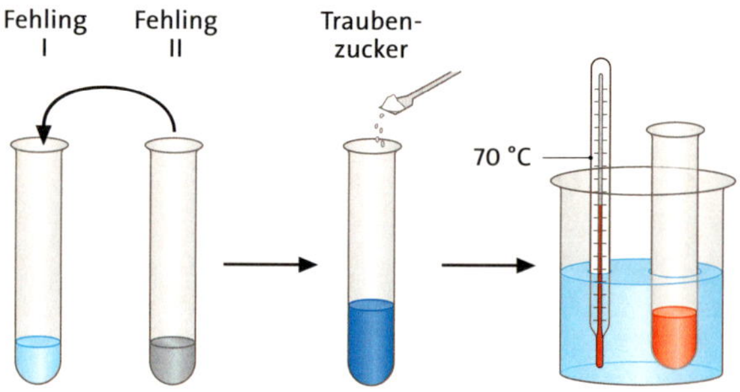

Bei der Fehling-Probe benutzt man zwei Lösungen, Fehling I und Fehling II. Dabei handelt es sich um eine verdünnte Kupfersulfatlösung und eine Tartrat- oder Natriumhydroxidlösung. Sie werden in gleichen Mengen in ein Reagenzglas gegeben. Dabei entsteht eine dunkelblaue Lösung. Nun wird Traubenzucker zugegeben und das Gemisch im Wasserbad erhitzt. Man verwendet ein Wasserbad, weil beim direkten Erhitzen in der Flamme ein starker Siedeverzug auftreten kann.

Aufgabe: Erstelle von dem abgebildeten Versuch ein Versuchsprotokoll (Material, Durchführung, Beobachtung, Ergebnis).

V4 Nachweis von Fetten mit der Fettfleck-Probe

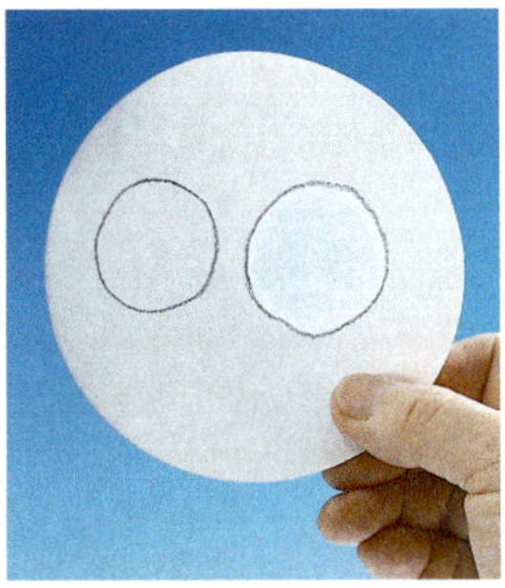

Material: Löschpapierblätter; Wasser; Öl; verschiedene Lebensmittel (z. B. Butter, Wurst, Käse, Brot, Speck, Milch oder Kondensmilch, Banane); Mörser; Pistill; Heptan oder Waschbenzin; Trichter; Filtrierpapier; Reagenzgläser

Durchführung: Gib auf ein Blatt Löschpapier einen Tropfen Wasser und einen Tropfen Öl. Halte die Blätter nach dem Trocknen gegen das Licht (Fettfleck-Probe). Prüfe nun mit der Fettfleck-Probe Lebensmittel auf Fett. Gib dazu zunächst die Butter direkt auf das Löschpapierblatt. Zerkleinere danach feste Lebensmittel im Mörser mit etwas Heptan oder Waschbenzin. Gieße dann das Gemisch aus dem Mörser in einen Trichter, der mit Filtrierpapier bestückt ist. Fange die filtrierte Flüssigkeit in einem Reagenzglas auf und gib einen Tropfen davon auf das Löschpapierblatt.

Aufgabe: Beschreibe jeweils deine Beobachtungen und nenne die Lebensmittel, die Fette enthalten.

A5 Nachweis von Fetten in Öl und Milch

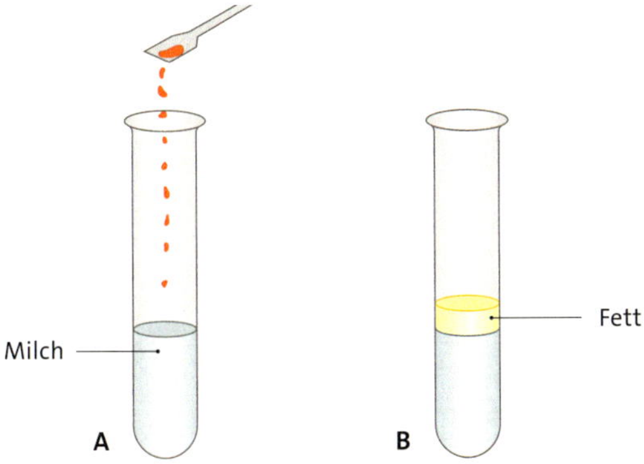

Man gibt zu Öl oder Milch im Reagenzglas eine winzige Spatelspitze von Sudan(III)-Pulver. Dann schüttelt man kräftig. Sudan(III)-Pulver löst sich in Fetten.

Aufgabe: Erstelle von dem abgebildeten Versuch ein Versuchsprotokoll (Material, Durchführung, Beobachtung, Ergebnis).

V6 Nachweis von Eiweißstoffen mit Eiweiß-Teststreifen

Material: Bechergläser; Wasser; Bunsenbrenner; Eiklar; Glasstab; Eiweiß-Teststreifen; verschiedene Lebensmittel (zum Beispiel Quark, Käse, Haferflocken, Kartoffel, Apfel); Küchenreibe

Durchführung: 1. Fülle zwei Bechergläser gleich hoch mit Wasser. Gib in eines etwas Eiklar und rühre mit einem Glasstab um. Tauche kurz einen Teststreifen in jedes Becherglas.
2. Prüfe Lebensmittel auf Eiweißstoffe, indem du sie mit der Küchenreibe zerkleinerst. Mische sie in einem Becherglas mit Wasser, bevor du den Teststreifen hineinhältst.
3. Gib in zwei Bechergläser die gleiche Menge Eiklar und verrühre jeweils mit etwas Wasser. Erhitze ein Becherglas bis zum Kochen, lasse es abkühlen und führe dann in beiden Ansätzen den Nachweis für Eiweißstoffe durch.

Aufgaben:

a) Beschreibe deine Beobachtungen zu 1. und 2.

b) Vergleiche die Ergebnisse mit den Beobachtungen zu 3. und erläutere.

A7 Nachweis von Eiweißstoffen mit der Biuretprobe

Ein Chemiker kann Eiweißstoffe mit der Biuret-Probe nachweisen. Er gibt dabei zu dem zu untersuchenden Lebensmittel im Reagenzglas Kupfersulfat, eine wässerige, verdünnte Natronlauge und erhitzt vorsichtig.

Aufgabe: Beschreibe das Versuchsergebnis. Nenne die zu erwartenden Versuchsergebnisse beim Prüfen von Butter, Weizenmehl, Banane, Fischstäbchen und Wurst.

1.2 Die Bedeutung der Nährstoffe

Nach einer langen Wanderung ist man müde und hungrig. Woran liegt das? Für die ständige Bewegung braucht der Körper Energie. Das Hungergefühl nach der Wanderung zeigt an, dass die Energiereserven des Körpers aufgebraucht sind und mit Nahrung wieder aufgefüllt werden müssen. Es gibt aber auch Menschen, die sich bereits morgens nach dem Aufstehen mit gutem Appetit an den Frühstückstisch setzen. Obwohl sie die ganze Nacht geschlafen haben, also »nichts« getan haben, sind sie beim Aufwachen hungrig. Wie lässt sich das erklären?

Viele Körperfunktionen laufen auch ab, wenn man sich in völliger Ruhe befindet. Atmung, Blutkreislauf und Aufrechterhaltung der Körpertemperatur sind Vorgänge, die auch während des Schlafes aufrecht erhalten werden müssen. Diese Lebensfunktionen benötigen ständig Energie, die von außen zugeführt werden muss. Energie ist an einen Energieträger gebunden und kommt in verschiedenen Energieformen vor, wie zum Beispiel Wärmeenergie, Bewegungsenergie oder chemischer Energie. Alle Energieformen lassen sich ineinander umwandeln, dabei geht ein Teil der enthaltenen Energie als Wärme verloren. Die Maßeinheit für Energie ist das Joule (J) oder Kilojoule (kJ). Die Energiemenge, die ein Mensch im Liegen in einem Raum mit einer Temperatur von 20 Grad Celsius durchschnittlich benötigt, wird **Grundumsatz** genannt. Er liegt zwischen 5000 und 8000 Kilojoule pro Tag und ist unter anderem abhängig vom Alter und Geschlecht.

Für jede weitere Leistung, die ein Mensch vollbringt, braucht er zusätzliche Energie. Diese Energiemenge, die über den Grundumsatz hinaus benötigt wird, bezeichnet man als **Arbeits-** oder **Leistungsumsatz.** Er wird vor allem durch die Muskeltätigkeit bestimmt, zum Beispiel beim Wandern. Mit jeder Muskeltätigkeit ist ein zusätzlicher Energiebedarf verbunden. Der Leistungsumsatz ist bei verschiedenen Tätigkeiten sehr unterschiedlich: Beim Spazierengehen beträgt er ungefähr 500, beim Lauftraining hingegen 2650 Kilojoule pro Stunde.

Der **Gesamtenergiebedarf** setzt sich aus Grund- und Leistungsumsatz zusammen. Die benötigte Energie

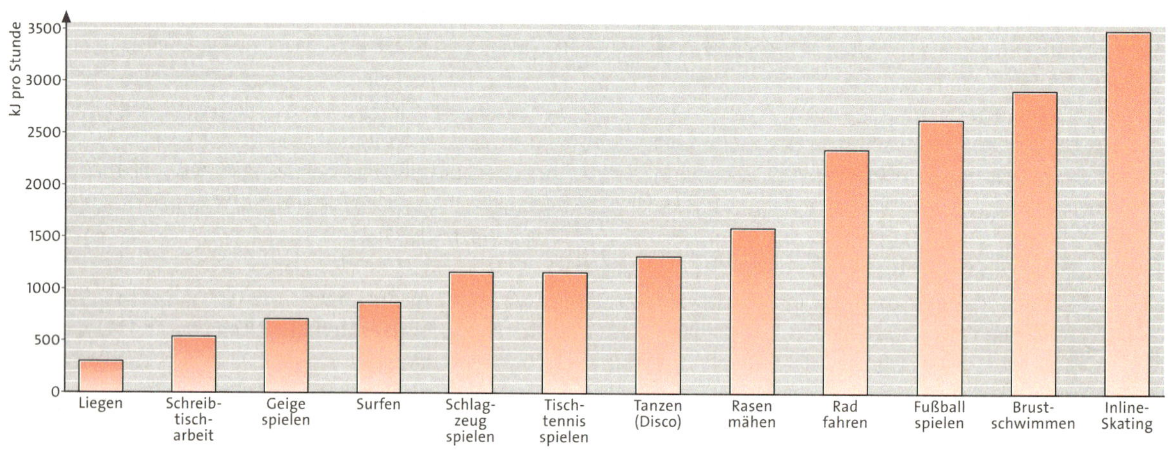

1 Energieaufwand eines Erwachsenen (70 Kilogramm) für verschiedene Tätigkeiten

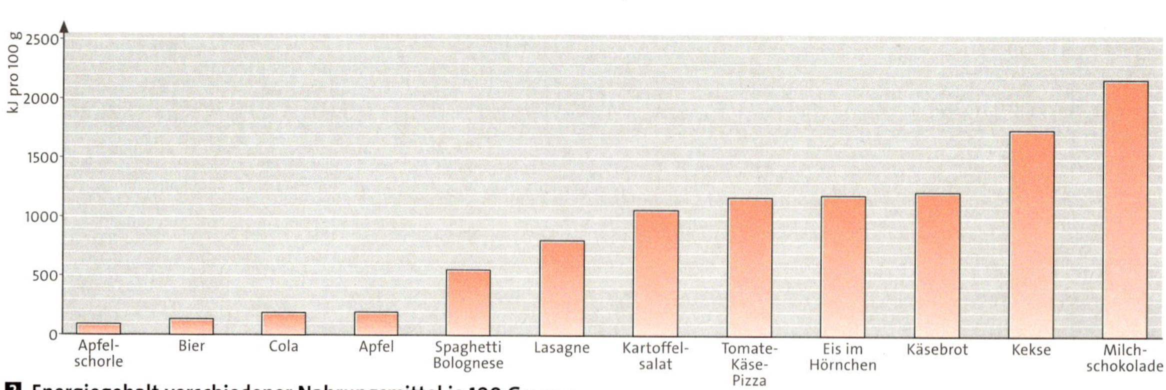

2 Energiegehalt verschiedener Nahrungsmittel je 100 Gramm

stammt aus der Nahrung. Sie wird in den Zellen aus Kohlenhydraten und Fetten durch Energieumwandlung für die Körperfunktionen nutzbar gemacht. Fette und Kohlenhydrate sind also Brennstoffe oder Betriebsstoffe.

Muskelbewegungen benötigen besonders viel Energie. Bei der Verbrennung von Glucose zu Kohlenstoffdioxid und Wasser in der Zellatmung wird die gespeicherte chemische Energie in den Muskeln in Bewegungsenergie umgewandelt. Die Bewegungsvorgänge werden von den Nervenzellen im Gehirn gesteuert. Diese Zellen benötigen für ihre Tätigkeit ebenfalls Energie, die der Körper durch die Verbrennung von Kohlenhydraten liefert. Ein Teil der Energie wird als Wärme frei, die einerseits zur Aufrechterhaltung der Körpertemperatur verwendet wird, andererseits aber ungenutzt in die Umgebung abstrahlt. Der Körper kann nur eine sehr begrenzte Menge an Kohlenhydraten speichern. Sind die Speicher aufgefüllt, werden die überschüssig aufgenommenen Kohlenhydrate in der Leber zu Fett umgebaut und im Fettgewebe gespeichert. Auch mit der Nahrung über den Energiebedarf hinaus aufgenommene Fette werden im Fettgewebe als Energiereserven gespeichert. Bei Bedarf können Fette wieder mobilisiert werden. Sie gehen in den Körperstoffwechsel als körpereigene Fette ein oder werden im Energiestoffwechsel verbraucht.

Um den Energiegehalt von Stoffen zu ermitteln, wird eine bestimmte Stoffmenge vollständig mit Sauerstoff oxidiert und die dabei freiwerdende Wärmemenge gemessen. Daraus resultiert der **physikalische Brennwert** dieses Stoffes. Der **physiologische Brennwert** eines Stoffes ergibt sich aus der Energiemenge, die im Körper beim vollständigen Abbau frei wird. Für Kohlenhydrate und Fette sind physikalischer und physiologischer Brennwert gleich, wobei der Energiegehalt von Fetten bei gleicher Masse mehr als doppelt so groß ist wie bei Kohlenhydraten. Proteine werden nicht vollständig zu Kohlenstoffdioxid und Wasser abgebaut. Stattdessen entsteht der noch Energie enthaltende Harnstoff, sodass der physiologische Brennwert von Proteinen geringer als der physikalische Brennwert ist.

Ein Baby braucht für sein Wachstum und seine Entwicklung ebenfalls Energie, die es über die Nahrung erhält. Nach etwa fünf Monaten hat es sein Geburtsgewicht verdoppelt, nach zwölf Monaten verdreifacht. Alle Organe haben im Wachstum an Größe und Gewicht zugenommen. Aber auch bei Erwachsenen finden vergleichbare Vorgänge statt: Man kann am eigenen Körper beobachten, wie Haare und Nägel wachsen, wie die Haut sich schuppt. Genauso werden Blut und Muskelsubstanz ständig erneuert. Dazu benötigt der Organismus **Baustoffe.** Im Baustoffwechsel werden aus den Nährstoffen dann körpereigene Stoffe aufgebaut. Kohlenhydrate sind zum Beispiel am Aufbau von Sehnen, Bändern und Knorpel beteiligt. Fette sind notwendig, um neue Zellmembranen herzustellen. Der größte Teil des menschlichen Körpers besteht jedoch aus Proteinen, zum Beispiel die Muskulatur, Nägel und Haare. Eiweißstoffe aus den Nahrungsmitteln werden zu körpereigenen Proteinen umgewandelt. Diese dienen vorwiegend als Baustoffe und werden nur im Energiestoffwechsel verwendet, wenn alle anderen Energiereserven ausgeschöpft worden sind. Auch der Baustoffwechsel benötigt Energie, denn bei der Umwandlung von körperfremden zu körpereigenen Substanzen wird chemische Energie genutzt, die ebenfalls aus der Nahrung stammt.

1 Berechne den Energiegehalt typischer Portionen der in Abbildung 2 aufgeführten Nahrungsmittel und vergleiche mit den Energieaufwänden aus Abbildung 1.

2 Erläutere Abbildung 3.

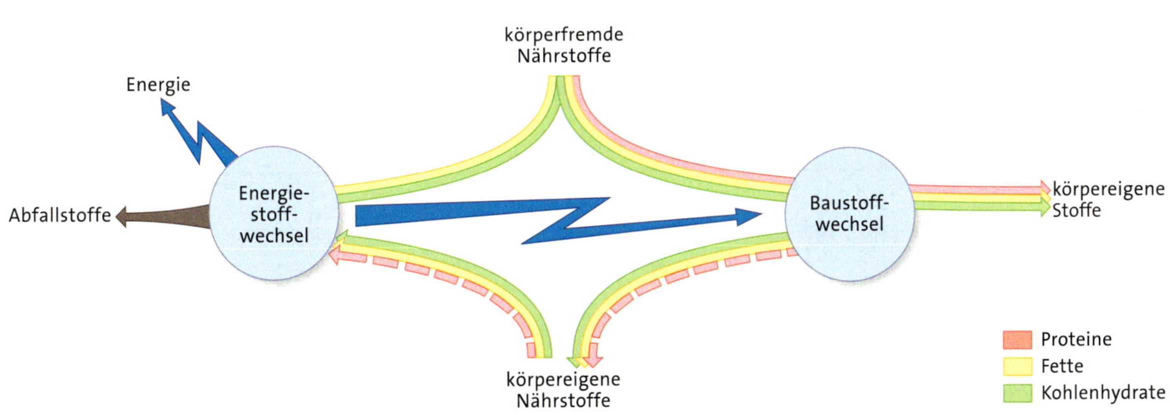

3 Der Weg der Nährstoffe im Körperstoffwechsel des Menschen

1.3 Die Nahrung enthält weitere wichtige Stoffe

Von Nährstoffen allein kann man nicht leben. Für den Stoffwechsel benötigt der Mensch verschiedene zusätzliche Substanzen, die der Körper selbst nicht aufbauen kann. Diese Stoffe müssen mit der Nahrung regelmäßig zugeführt werden. Bei einigen Stoffen reichen schon geringe Mengen aus, um den täglichen Bedarf zu decken.

Vitamine sind organische Verbindungen, die unser Körper nicht selbst bilden kann. Eine ausgewogene Ernährung enthält alle Vitamine in ausreichender Menge. Ohne Vitamine läuft in unserem Körper nichts: Sie sind für den reibungslosen Ablauf biochemischer Prozesse im Körper wie beispielsweise den Aufbau unterschiedlicher Zelltypen und den Energiestoffwechsel zuständig. Bei einer Unterversorgung kommt es zu Stoffwechselstörungen. Überdosierungen sind dagegen nur in wenigen Fällen gefährlich. Man kennt heute 13 verschiedene Vitamine, die vorwiegend in pflanzlicher Kost enthalten sind. Sie werden mit Großbuchstaben gekennzeichnet, denen teilweise eine Ziffer angefügt ist. Die meisten Vitamine sind wasserlöslich, nur wenige sind fettlöslich. Vitamine sind empfindlich. Sie können durch Hitze, Sauerstoff, UV-Licht oder durch Säuren zerstört werden.

Mineralstoffe werden von Pflanzen mit dem Wasser aus dem Boden aufgenommen, sind somit vorwiegend in pflanzlicher Nahrung vorhanden. Unser Körper benötigt Mineralstoffe nur in geringen Mengen. Bei einem Bedarf von ca. einem Gramm pro Tag spricht man von **Mengenelementen** (Kalium, Chlor, Natrium, Phosphor, Calcium und Magnesium), bei einem Tagesbedarf im Milligrammbereich von **Spurenelementen** (Eisen, Iod und Fluor). Die Aufgaben der Mineralstoffe im Körper sind vielfältig: Natrium ist notwendig für die Erregbarkeit von Muskeln und Nerven, ebenso Kalium, Calcium und Chlor. Calcium ist zudem wichtig für den Knochen- und Zahnaufbau, Iod für das Wachstum und Eisen für die Blutbildung.

Ballaststoffe sind unverdauliche Bestandteile pflanzlicher Nahrung. Sie bestehen zum Beispiel aus Cellulose, dem Hauptbestandteil der Zellwände. Ballaststoffreiche Nahrung muss länger gekaut werden, dadurch werden mehr Verdauungssäfte gebildet. Die Nahrung verweilt länger im Magen und man ist deshalb länger satt. Ballaststoffe werden von Bakterien im Dickdarm teilweise abgebaut. Dabei entstehen die Vitamine B_2, H und K. Um eine gesunde Darmbewegung aufrechtzuerhalten, sollten täglich 30 bis 50 Gramm Ballaststoffe mit der Nahrung aufgenommen werden.

1 Vervollständige die Tabelle mit den entsprechenden Angaben zu den Vitaminen B_6 und B_{12} sowie den Mineralstoffen Phosphor, Natrium und Magnesium.

2 Die Vitamine C und D sind den meisten Menschen bekannt. Informiere dich über Mangelerscheinungen, die früher bei unzureichender Zufuhr dieser Vitamine auftraten. Bereite dazu ein Kurzreferat vor.

Stoff	Funktion	Vorkommen	Tagesbedarf	Mangelerscheinung
Vitamin A	notwendig für den Sehvorgang, hält Haut und Schleimhäute gesund, stärkt das Immunsystem	Leber, Butter, Eier, Vollmilch; Provitamin A (Carotinoide) in Karotten, Kohl, Tomaten	1 mg	trockene Haut, spröde Haare und Nägel, Nachtblindheit, Wachstumsstörungen
Vitamin B_1	notwendig für den Kohlenhydratstoffwechsel und die Funktion des Nervensystems, des Herzens sowie der Verdauung	Schweinefleisch, Leber, Fisch, Vollkornbrot, Hülsenfrüchte, Kartoffeln	1,2 mg	Appetitlosigkeit, Reizbarkeit, Entzündung des Nervensystems (Beri-Beri), Herzmuskelschwäche
Vitamin C	Aufbau von Bindegewebe und Knochen, fördert die Wundheilung, verbessert die Eisenaufnahme, Antioxiddationsmittel	Obst (Zitrusfrüchte, Kiwi), Gemüse (Paprika, Broccoli)	75 mg	Müdigkeit, Leistungsabfall, schlechte Wundheilung, erhöhte Krankheitsanfälligkeit, Skorbut
Vitamin D	fördert Entwicklung von Knochen und Zähnen	fetter Fisch (Hering, Lachs), Ei, Leber, Milchprodukte; wird unter UV-Licht in der Haut gebildet	0,005 mg	Knochen werden weich und biegsam (Rachitis, Osteomalazie)
Vitamin E	hemmt Entzündungen, schützt Zellwände und DNS, Antioxidationsmittel	hochwertige Pflanzenöle, Nüsse, Eidotter, Butter, Blattgemüse	13 mg	nur bei krankhafter Störung der Fettaufnahme und bei Frühgeborenen: Müdigkeit, schlechte Wundheilung, Arteriosklerose
Calcium	Aufbau und Erhalt von Knochen und Zähnen, Nerven- und Muskelfunktion	Milchprodukte, dunkelgrünes Gemüse, Hülsenfrüchte	1200 mg	vermindertes Wachstum, Verlust von Knochensubstanz, Muskelkrämpfe
Eisen	Bestandteil des Blutfarbstoffs Hämoglobin	Fleisch, Eier, Hülsenfrüchte, Getreidekörner	15 mg	Blutarmut, erhöhtes Infarktrisiko, Müdigkeit

1 Lebensnotwendige Vitamine und Mineralstoffe

1.4 Gesunde Ernährung

An vielen Schulen werden Projekte zum Thema »Gesunde Ernährung« durchgeführt. Kinder erfahren dort, wie man mit einfachen Mitteln schmackhafte und gesunde Speisen zubereiten kann. Warum sind solche Unterrichtsinhalte erforderlich? Heute ist das Angebot an Lebensmitteln riesig – aber nicht alles, was in den Supermarktregalen liegt, trägt zu einer gesunden Ernährung bei, auch wenn die Werbung anderes verspricht.

Wie sollte denn die »richtige« Ernährung aussehen? Unsere Lebensmittel enthalten in der Regel Kohlenhydrate, Fette, Eiweißstoffe sowie Vitamine und Mineralstoffe. Bei Erwachsenen gilt ein Verhältnis von 60 Prozent Kohlenhydraten, 10 Prozent Eiweißstoffen und nicht mehr als 30 Prozent Fett als günstig, um dem Körper sowohl Baustoffe als auch energiereiche Stoffe im richtigen Maß zuzuführen. Außerdem sollte die Kost ballaststoffreich sein und alle nötigen Vitamine und Mineralstoffe in ausreichender Menge enthalten. Dies alles wird am besten durch eine vielfältige und abwechslungsreiche Ernährung erreicht, die verschiedene Nahrungsmittel geschickt kombiniert. Eine solche Ernährung nennt man auch **ausgewogen.** Der Ernährungskreis bietet eine gute Hilfe bei der Zusammensetzung abwechslungsreicher und ausgewogener Speisen. Man wird jedoch auch nicht krank, wenn man einmal an einem Tag nur Käsebrote isst und sich an einem anderen nur von Kuchen ernährt. Die Wochenbilanz sollte allerdings stimmen.

Die Basis einer gesunden Ernährung sind Kartoffeln und Getreideprodukte. Vollkornprodukte sollten bevorzugt werden, weil sie viele Ballaststoffe und reichlich Vitamine und Mineralstoffe enthalten. Wichtig ist daneben ein großer Anteil von Obst und Gemüse, möglichst als Rohkost. Viele Vitamine sind zum Beispiel gegenüber Wärme, Licht und Sauerstoff empfindlich und deshalb in den stark verarbeiteten industriellen Fertigprodukten verloren gegangen. Vielfach werden sie dann wieder künstlich zugesetzt, doch sind sie in naturbelassenen Nahrungsmitteln in ihrem biologischen Umfeld für den Körper besser verwertbar. Zusammen sollten diese pflanzlichen Lebensmittel rund drei Viertel der Nahrungsmenge ausmachen.

Nur das restliche Viertel sollten Lebensmittel tierischer Herkunft sein: täglich Milch und Milchprodukte, ein- bis zweimal wöchentlich Fisch und Fleisch, Wurst und Eier nur in Maßen. Diese Lebensmittel enthalten zwar wertvolle Mineralstoffe, wie zum Beispiel Calcium in Milch, Iod in Seefisch, Eisen und B-Vitamine in Fleisch und Wurst, doch ist der Bedarf an diesen Stoffen schnell gedeckt.

Um alle Stoffwechselvorgänge optimal zu gewährleisten, müssen dem Körper täglich etwa 1,5 Liter Flüssigkeit zugeführt werden, am besten als Mineralwasser. Bei Genuss zuckerhaltiger Getränke treten Probleme mit der Zahnhygiene auf, sodass schnell Karies entsteht. Außerdem werden die enthaltenen, zusätzlichen Kohlenhydrate oft nicht benötigt und dann als Fett abgelagert.

1 Selbst gemacht und stolz darauf

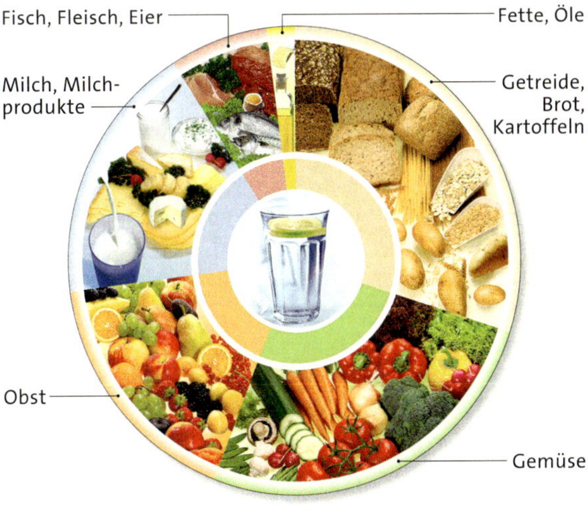

2 Der Ernährungskreis.
Anteile in Massenprozenten ohne Getränke

Verzehrt man regelmäßig ein Übermaß an Süßigkeiten, Chips, Pommes frites und Cola-Getränken, so werden mehr Kohlenhydrate und Fette aufgenommen als verbraucht. Der Körper speichert diese Stoffe, und das Fett wird als energiereiche Reserve für Notzeiten eingelagert. Im Laufe der Zeit entsteht dadurch Übergewicht. Starkes Übergewicht belastet den Kreislauf und das Herz. Durch Ablagerungen verengen sich Blutgefäße und die Durchblutung wird erschwert.

Esssucht ist durch regelmäßiges Zuvielessen mit zwanghaften und unkontrollierbaren Heißhungeranfällen gekennzeichnet. Das Essen ist bei Esssüchtigen keine Reaktion auf Hunger, sondern meist auf unangenehme Gefühle wie Angst, Ärger und Langeweile.

Auch bei anderen **Essstörungen** kreisen die Gedanken der Betroffenen ständig um die Themen »Essen« und »Körpergewicht«. Viele junge Mädchen haben in einem bestimmten Alter das Problem, sich zu dick zu fühlen. Durch die Hormone in der Pubertät werden die Hüften breiter und das Fettgewebe am Gesäß und den Oberschenkeln nimmt zu. Das ist ein ganz normaler Vorgang. Doch in Modezeitschriften und in der Werbung werden nur superschlanke Models gezeigt, denen viele junge Leute nacheifern. Schlankheit wird oft gleichgesetzt mit Schönheit, Erfolg und Beliebtheit. Häufig versuchen Jugendliche mit Radikaldiäten den hormonell bedingten Fettansatz zu verhindern. Doch der Körper stellt sich schnell auf geringe Nahrungsmengen ein und nutzt sie besser aus. Isst man dann nach der **Diät** normal weiter, ist das Anfangsgewicht schnell wieder erreicht und wird oft überschritten. Dieser *Jo-Jo-Effekt* führt zu weiteren Diäten und erneuter Gewichtszunahme. Manchmal führt der Wunsch, schlank zu sein, zu einem extremen Essverhalten. Die Betroffenen verweigern weitgehend die Nahrungsaufnahme und vermindern zusätzlich durch extreme sportliche Betätigung ihr Körpergewicht. Hierbei handelt es sich um eine ernst zu nehmende Erkrankung, die **Magersucht,** bei der es wegen des starken Untergewichts zu lebensbedrohlichen Komplikationen kommen kann.

Das gilt auch für die **Bulimie.** Bulimiker legen große Vorräte an Lebensmitteln an, die sie dann bei Fressanfällen unkontrolliert in unvorstellbaren Mengen in sich hineinstopfen. Danach wird alles wieder erbrochen – möglichst so, dass niemand etwas davon bemerkt. Solche Menschen leiden seelisch und körperlich sehr unter ihrer Ess- und Brechsucht. Sie brauchen genau wie Magersüchtige fachliche Hilfe, um ihre Probleme zu verarbeiten und zu einem gesunden Essverhalten zurückzufinden.

Durch abwechslungsreiches und ausgewogenes Essverhalten und regelmäßigen Sport kann jeder dazu beitragen, sein individuelles Wohlfühlgewicht zu erreichen und damit seine eigene Gesundheit zu unterstützen.

1 Erläutere Abbildung 3. Berechne und bewerte deinen persönlichen Body Mass Index (BMI).

2 Diskutiert in der Klasse, ob jeder Vierzehnjährige mit einem Body Mass Index über 24 oder unter 16 ess- oder magersüchtig ist.

3 Informiere dich im Internet über Ziele und Aktivitäten der Slow Food-Bewegung. Diskutiert in der Klasse.

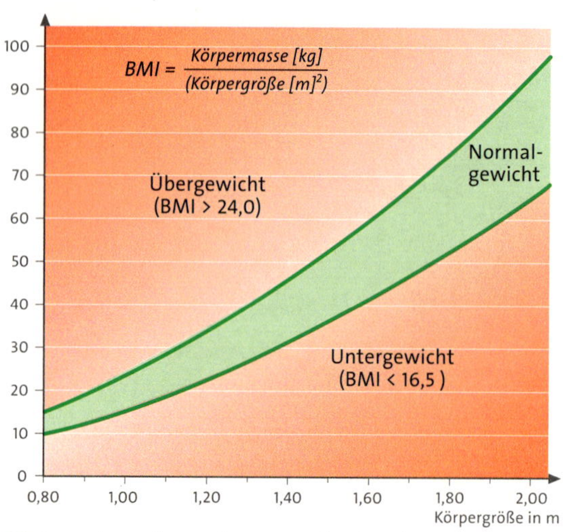

3 **Bewertung des Body Mass Index (BMI) für etwa 14jährige Jugendliche**

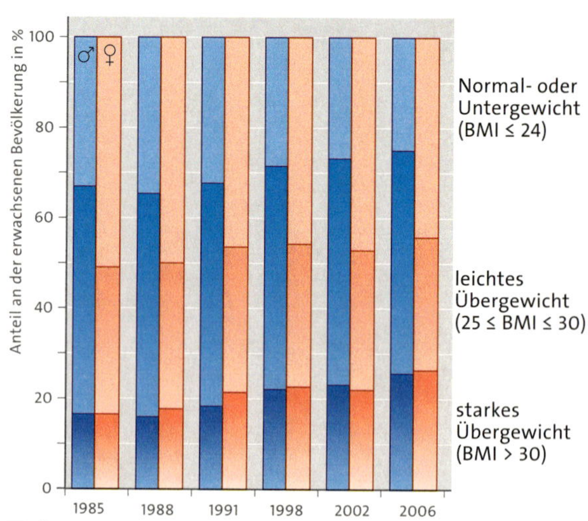

4 **Übergewicht in Deutschland 1985 bis 2006**

Methode Ernährungspläne auswerten

Um zu beurteilen, ob deine Ernährung wirklich abwechslungsreich und ausgewogen ist, kannst du einen Ernährungsplan auswerten. Dazu schreibst du zum Beispiel von deinem Frühstück zu Hause und in der Schule alle Lebensmittel auf. Daneben notierst du die entsprechende Menge in Gramm. Diese kannst du mit Hilfe einer Küchenwaage bestimmen. Um diese Werte zu verwenden, musst du die Zusammensetzung der Lebensmittel kennen. Du kannst die Tabelle auf dieser Seite nutzen oder andere Tabellen aus Fachbüchern oder von der Ernährungsberatung.

LINDA

1. Frühstück

1 Brötchen 40 g
Butter 20 g
Marmelade 20 g
Milch (entrahmt) 150 g
Kakaopulver 5 g

2. Frühstück

Mischbrot 50 g
Butter 10 g
Leberwurst (mager) 15 g
Apfel 100 g
Banane 100 g
Orangensaft 330 g

JAN

1. Frühstück

1 Brötchen 40 g
Butter 20 g
Schoko-Nuss-Aufstrich 40 g
Cornflakes 150 g
Kuhmilch 50 g
Zucker 20 g

2. Frühstück

1 Brötchen 40 g
Butter 20 g
gekochter Schinken 55 g
Cola 330 g
Chips 50 g
Schoko-Müsli-Riegel 25 g

Bestimme, wie viel Gramm Kohlenhydrate, Fette und Proteine in deinem ersten und zweiten Frühstück enthalten sind.

Berechne dann die Abweichung zu folgender Empfehlung für ein ausgewogenes Frühstück für Schülerinnen und Schüler: 18 g Proteine, 27 g Fett, 96 g Kohlenhydrate. Beurteile dein Frühstück.

1 Bestimme jeweils den Kohlenhydrat-, Fett- und Proteinanteil im ersten und zweiten Frühstück von Linda und Jan.

2 Berechne für Linda und Jan, um wie viel Gramm die einzelnen Nährstoffe, die insgesamt im ersten und zweiten Frühstück enthalten sind, von den Empfehlungen abweichen. Bewerte.

Lebensmittel	Proteine g	Fett g	Kohlenhydrate g
Brötchen (40 g)	2,8	0,4	23,2
Mischbrot (50 g)	3,5	0,5	26
Butter (20 g)	0,2	16,6	–
Marmelade (20 g)	–	–	13,2
Schoko-Nuss Aufstrich (20 g)	1,6	5,8	11,86
Milch, entrahmt (150 g)	6	–	7,5
Kakaopulver (5 g)	1	1,25	1,9
Leberwurst, mager (15 g)	2,55	3,15	0,3
Schinken, gekocht (55 g)	10,5	11	–
Salami (20 g)	3,56	9,94	–
Apfel (100 g)	0,3	–	12
Banane (100 g)	1,1	0,2	18,8
Vollmilchjogurt (200 g)	10	8	10
Cornflakes (150 g)	12	1,5	124,5
Zucker (20 g)	–	–	20
Kuhmilch (50 g)	1,75	1,75	2,5
Orangensaft (330 g)	0,66	–	9,24
Orangenlimonade (330 g)	–	–	39,6
Cola (330 g)	–	–	36,3
Schoko-Müsli-Riegel (25 g)	1,5	3,4	16,3
Milchwaffel (25 g)	2	8	13
Chips (50 g)	2,75	15,75	20,3

1.5 Ernährungsgewohnheiten in anderen Teilen der Welt

Nicht alle Kinder mögen am liebsten Pommes oder Spaghetti mit Tomatensauce. In Kambodscha gelten zum Beispiel geröstete Spinnen und in Ecuador gebratenes Meerschweinchen als besondere Spezialität. Auf einer Weltreise lassen sich viele verschiedene Ernährungsgewohnheiten entdecken.

Den Inuit aus Alaska steht als Eiweiß- und Vitaminquelle hauptsächlich Fisch sowie Wal- und Robbenfleisch zur Verfügung. Hirse und Mais sind die Hauptnahrungsmittel in dem afrikanischen Staat Tansania. Hieraus wird ein dicker Brei gekocht, der morgens, mittags und abends als Nahrung dient. Die gläubigen Buddhisten in Bhutan und Indien bevorzugen die vegetarische Lebensweise, da das Töten von Tieren zur Fleischgewinnung aus religiösen Gründen vermieden wird. Reis ist hier das häufigste Nahrungsmittel. Zum Naschen dient Zuckerrohr, denn die Stängel enthalten viel Zucker. Während bei uns Sojabohnen meist als Tierfutter dienen, liefern sie in Japan vielfältige Gerichte. In Europa und den USA wird trotz vielfältigem Nahrungsangebot sehr viel Fastfood gegessen.

1 Geröstetes Spinnenbein als Köstlichkeit

1. Erläutere die Abhängigkeit der Ernährung verschiedener Völker von ihrem Lebensraum oder ihrer Religion.
2. Nicht alle Menschen auf der Erde haben genügend zu essen. Informiere dich über Hungergebiete und suche nach Ursachen für den Mangel. Finde auch heraus, welche Einrichtungen hungernden Menschen helfen.

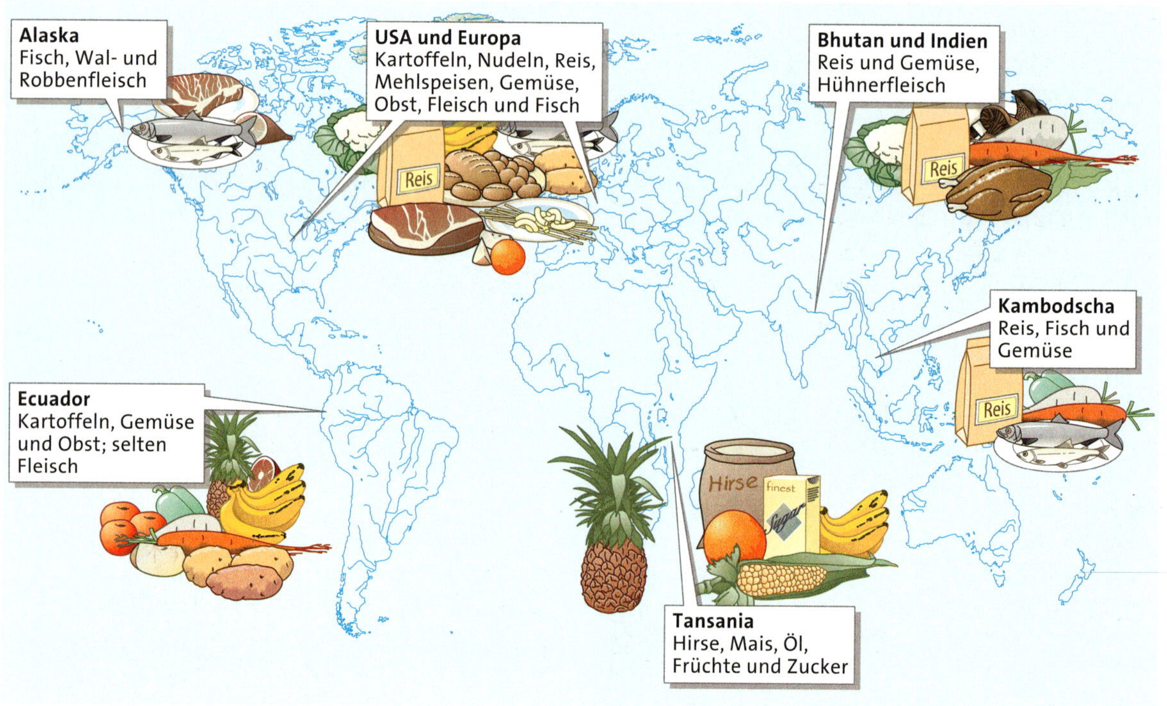

2 Grundnahrungsmittel in aller Welt

1.6 Verdauung

Ein Käsebrot enthält alle Nährstoffe. Das Brot selbst besteht aus Getreide, also aus Kohlenhydraten. Butter oder Margarine liefern Fette und der Käse Proteine. Was passiert mit den Nährstoffen im Körper, nachdem ein Stück von dem Käsebrot abgebissen wurde?

Zunächst wird der Bissen mit den Zähnen zerkleinert. Beim anschließenden Kauen entsteht ein Nahrungsbrei. Hierzu tragen verschiedene Speicheldrüsen bei, indem sie eine Flüssigkeit, den **Speichel,** absondern. Schon beim Anblick oder Geruch guten Essens »läuft einem das Wasser im Mund zusammen«. Dabei können pro Tag bis zu eineinhalb Liter Speichel gebildet werden. Kaut man Brot über eine längere Zeit, schmeckt es süß. Untersucht man den Speichel auf seine Inhaltsstoffe, so findet man ein **Enzym,** das Stärke in kleinere Zuckerbausteine zerlegt. Enzyme sind Eiweißstoffe, die den Ablauf chemischer Reaktionen im Körper beschleunigen. Das Enzym, das Stärke im Mund spaltet, nennt man *Amylase,* den entstehenden Zucker Malzzucker. Die Zerlegung von Nährstoffen wie der Stärke durch Enzyme bezeichnet man als Verdauung. Sie beginnt also schon in der Mundhöhle.

Durch den Speichel gleitfähig gemacht, lässt sich der Speisebrei leicht hinunterschlucken. Dabei gelangt er in die **Speiseröhre.** Beim Schlucken legt sich der Kehldeckel auf den Kehlkopfeingang und verschließt dadurch die Luftröhre. Gleichzeitig wird die Atmung für den Moment unterbrochen. So wird verhindert, dass Nahrungsteilchen in die vor der Speiseröhre liegende Luftröhre geraten. Durch die Speiseröhre gelangt der Nahrungsbrei – selbst wenn man sich auf den Kopf stellen würde – in den Magen. Muskeln, die sich in der Wand der Speiseröhre befinden, werden in bestimmten Abständen zusammengezogen, sodass der Nahrungsbrei gegen die Schwerkraft bewegt wird. Die Speiseröhre durchquert das Zwerchfell und mündet in den Magen.

Der **Magen** ist ein muskulöser schlauchförmiger Hohlraum. Er ist dehnbar und hat ein Fassungsvermögen von bis zu zwei Litern. Eine kräftige Muskulatur erzeugt wellenförmige Bewegungen, die man **Peristaltik** nennt. Dadurch wird der Nahrungsbrei durchmischt und die Nahrungsteilchen aneinander zerrieben. Wurde die Nahrung nicht genügend gekaut, dauert das Zerkleinern im Magen viel länger. Kohlenhydrate halten sich ein bis zwei Stunden im Magen auf, Proteine verlassen den Magen nach etwa vier Stunden und größere Fettmengen werden erst nach sechs bis acht Stunden an den Darm weitergegeben.

1 **Guten Appetit!**

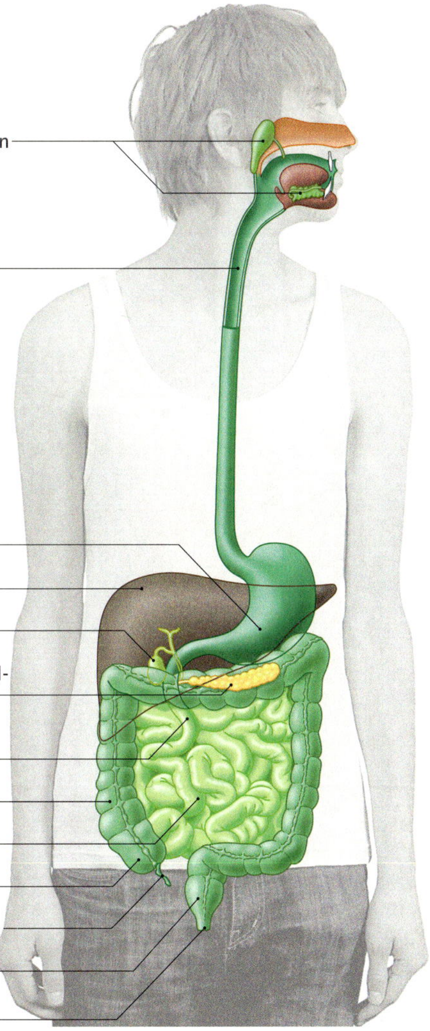

2 **Verdauungsorgane**

Noch bevor der Nahrungsbrei den Magen erreicht, ist **Magensaft** gebildet worden. Seine Produktion wird wie die des Speichels durch Geruch und Geschmack der Speisen ausgelöst. Magensaft besteht aus Salzsäure und Eiweiß spaltenden Enzymen. Diese Stoffe werden von zahlreichen Drüsenzellen abgesondert, die sich in der innersten Schicht des Magens, der Magenschleimhaut, befinden. Salzsäure wird in den Belegzellen gebildet. Sie wird in das Mageninnere abgegeben und tötet dort die meisten Bakterien und andere Kleinstlebewesen ab, die mit der Nahrung in den Magen gelangt sind.

Die Salzsäure verändert auch die im Nahrungsbrei vorhandenen Proteine, so dass diese leichter verdaut werden können. Hierfür produzieren die Hauptzellen das zunächst unwirksame *Pepsinogen.* Erst im Magen wird es durch die Wirkung von Salzsäure in das funktionsfähige Enzym *Pepsin* umgewandelt. Dieses spaltet nun Proteine in kürzere Aminosäureketten. Wieso verdaut der Magen sich nicht selbst? In der Magenwand befinden sich neben den Beleg- und Hauptzellen auch noch Nebenzellen. Sie sondern einen zähflüssigen Schleim ab, der den gesamten Mageninnenraum überzieht. Da dieser gegen Salzsäure unempfindlich ist, verhindert die Schleimschicht eine Selbstverdauung des Magens.

Wenn alle Nahrungsteilchen einen Durchmesser von etwa einem halben Millimeter aufweisen und der Nahrungsbrei gut durchmischt ist, öffnet sich am Magenausgang ein ringförmiger Muskel, der Magenpförtner. Er reguliert die Weitergabe des Nahrungsbreies, indem er stets nur kleine Portionen des Mageninhaltes an den drei bis vier Meter langen **Dünndarm** weiterleitet. Der Dünndarm ist innen mit einer Schleimhaut ausgekleidet. Diese weist viele bis zu einem Zentimeter hohe Falten auf, die ringförmig in das Darminnere hineinragen. Durch das periodisch erfolgende Zusammenziehen zweier Muskelschichten entsteht die Darmperistaltik. Sie sorgt dafür, dass der Nahrungsbrei langsam weiter bewegt wird.

Der Dünndarm ist der Ort des endgültigen Abbaus der Nährstoffe. Die hierfür erforderlichen Enzyme werden größtenteils von der **Bauchspeicheldrüse** gebildet. Sie liegt unterhalb des Magens und mündet zusammen mit dem Gallengang in den **Zwölffingerdarm,** den ersten Abschnitt des Dünndarms. Die Bauchspeicheldrüse liefert pro Tag etwa eineinhalb bis zwei Liter **Bauchspeichelsaft.** Dieser enthält einen Stoff, der die Salzsäure des Magens im Speisebrei neutralisiert. Die im Bauchspeichelsaft enthaltenen Enzyme *Trypsin* und *Chymotrypsin* zerlegen Proteine in kurze Peptidketten. Der Bauchspeichelsaft

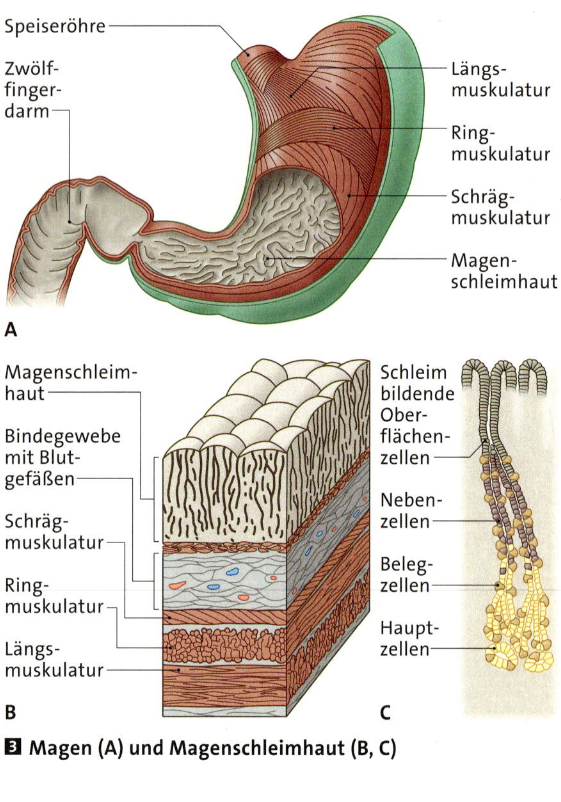

3 Magen (A) und Magenschleimhaut (B, C)

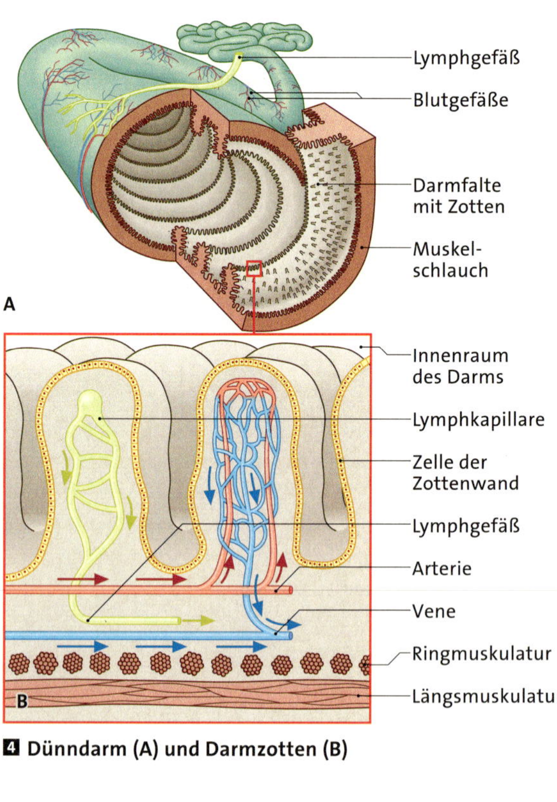

4 Dünndarm (A) und Darmzotten (B)

enthält auch das Enzym *Amylase,* das noch nicht verdaute Stärke in Malzzucker spaltet. Für den Fettabbau produziert die Bauchspeicheldrüse *Lipasen.* Sie zerlegen Fette in Glycerin und Fettsäuren. Zu diesem Verdauungsvorgang wird **Gallenflüssigkeit** benötigt, die von der Leber hergestellt wird. Sie sorgt dafür, dass die Fette in feinste Tröpfchen aufgeteilt werden, wodurch die Oberfläche extrem vergrößert wird. Man nennt diesen Vorgang Emulgierung. Emulgierte Fetttröpfchen können von den Lipasen besser angegriffen und schneller zerlegt werden.

Die Bauchspeicheldrüse liefert aber nicht alle Enzyme für die Verdauung im Darm. Auf den zahlreichen Querfalten der inneren Dünndarmwand befinden sich Millionen von kleinen Ausstülpungen, die **Darmzotten.** Dadurch wird eine enorme Oberflächenvergrößerung erreicht. In Vertiefungen zwischen den Zotten liegen zahlreiche Drüsenzellen. Sie bilden täglich bis zu drei Liter Verdauungssaft, der verschiedene Enzyme enthält. Diese zerlegen nun alle noch unvollkommen abgebauten Nährstoffe in ihre Bausteine. Einige von ihnen spalten die kurzen Peptidketten in Aminosäuren auf, andere zerlegen die Zweifachzucker.

Im Dünndarm nimmt der Körper schließlich die Grundbausteine der Nahrung auf. Diesen Vorgang nennt man **Resorption.** Die Darmzotten durchzieht ein dichtes Kapillarnetz von Blut- und Lymphgefäßen. Während Kohlenhydrate, Aminosäuren, Mineralstoffe und wasserlösliche Vitamine direkt in die Blutgefäße gelangen, werden Glycerin, Fettsäuren und fettlösliche Vitamine zunächst vom Lymphsystem aufgenommen und gelangen erst später in den Blutkreislauf. Die Blutgefäße, die vom Dünndarm abzweigen, münden in die Pfortader. Diese Vene führt die resorbierten Nährstoffbausteine zur Leber.

Der Dünndarm mündet in den **Dickdarm.** Der unterhalb der Einmündungsstelle liegende Dickdarmteil endet blind und heißt **Blinddarm.** An ihm befindet sich ein wurmartiger Fortsatz. In den Dickdarm gelangen unverdauliche Nahrungsreste, zu denen auch die Ballaststoffe gehören. Beim Eintritt in den Dickdarm ist der Darminhalt sehr dünnflüssig. Allein über die Verdauungssäfte werden dem Nahrungsbrei mehr als acht Liter Wasser täglich zugesetzt. Damit dieses Wasser dem Körper nicht verloren geht, wird es hier zurückgeführt und der Nahrungsbrei stark eingedickt.

Der verfestigte Kot wird im **Enddarm** gesammelt und von Zeit zu Zeit ausgeschieden. Der After ist ein ringförmiger Schließmuskel, über den diese Kotausscheidung gesteuert wird.

1 Erstelle eine Tabelle, in der du die einzelnen Verdauungsabschnitte den Enzymen und Verdauungsprozessen zuordnest.

2 Erläutere am Beispiel der Darmzotten das Erschließungsfeld Struktur und Funktion.

3 Gib eine Begründung dafür, dass der Körper die Nährstoffe in ihre Bausteine zerlegen muss, bevor er sie nutzen kann.

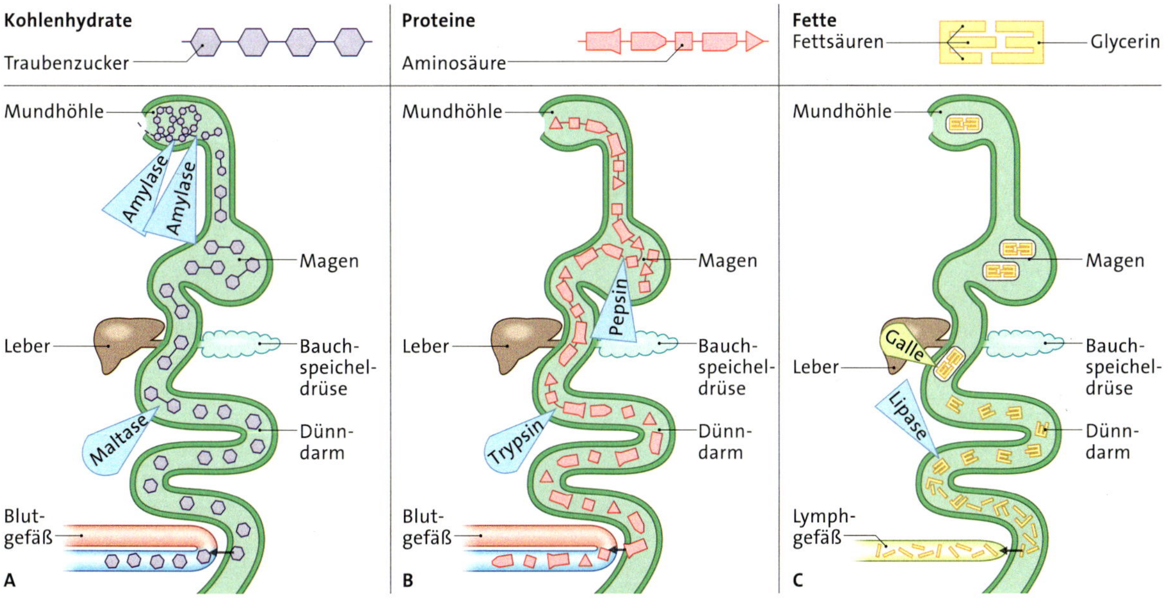

5 **Verdauung der Nährstoffe.** **A** Kohlenhydrate; **B** Proteine; **C** Fette

1.7 Die Leber

Im rechten Oberbauch, geschützt durch Rippen, liegt die größte Drüse des menschlichen Körpers, die **Leber.** Sie hat eine Masse von etwa 1500 Gramm. Äußerlich wird sie durch eine Furche in einen rechten größeren und einen linken kleineren Lappen gegliedert. Innen bilden die Leberzellen kleinere Einheiten, die sechseckigen **Leberläppchen.** Die Blutversorgung der Leber erfolgt über eine Arterie und eine besondere Vene, die **Pfortader.** Die Pfortader ist die Verbindung zwischen Darm und Leber. Ihr Blut enthält die resorbierten Nährstoffe. Diese werden von den Leberzellen in körpereigene Stoffe umgebaut.

Hierzu verfügt die Leber über besondere Enzyme. So wird zum Beispiel Traubenzucker zu Glykogen zusammengesetzt. Dies ist ein Vielfachzucker, der nur bei Tieren und Menschen vorkommt. Glykogen wird in Leber- und Muskelzellen gelagert und dient als Energiespeicher. Aus Aminosäuren stellt die Leber Bluteiweißstoffe und den Blutgerinnungsstoff Fibrinogen her. Außerdem kann sie Aminosäuren auch in Traubenzucker oder in Fettsäuren umwandeln. Aus einem Teil der ihr zugeführten Fettsäuren baut die Leber Cholesterin auf. Es wird zum Beispiel für den Aufbau einiger Hormone, von Zellmembranen und **Gallensaft** benötigt. Der Gallensaft wird in den Leberzellen gebildet, über den Gallengang der Gallenblase zugeführt und dort eingedickt und gespeichert.

Einige Stoffe werden in der Leber auch abgebaut, zum Beispiel Rote Blutzellen, überschüssige Aminosäuren, Alkohol und Medikamente. Beim Abbau von Aminosäuren entsteht giftiges Ammoniak. Es wird von den Leberzellen in einen ungiftigen Stoff, den Harnstoff, umgewandelt und dann über die Nieren ausgeschieden. Abbauprodukte der Roten Blutzellen und einiger Medikamente werden nicht über die Niere, sondern über den Gallensaft in den Darm entsorgt. Darüber hinaus ist die Leber auch noch Speicherorgan, nicht nur für das Glykogen, sondern auch für einige Vitamine und Mineralstoffe, zum Beispiel Eisen. Da die Leber an vielen Stoffwechselvorgängen beteiligt ist, wird sie häufig als »Zentrallabor« des Körpers bezeichnet.

Entzündet sich die Leber, tritt ein Teil des Gallensaftes in das Blut über. Es kommt zur Gelbfärbung der Haut, zur Gelbsucht.

Ständiger Alkoholmissbrauch fügt der Leber schweren Schaden zu. Dabei lagert die Leber zunächst Fett ein. Sie vergrößert sich und nimmt eine gelbe Farbe an. Man bezeichnet sie jetzt als Fettleber. Wird weiterhin Alkohol getrunken, sterben Leberzellen ab. Es kommt zur Schrumpfleber. Allmählich setzt dann eine Leberverhärtung ein, die zur Leberzirrhose führt. Dieses Stadium kann sich unbemerkt über viele Jahre hinziehen, ehe es zum völligen Zusammenbruch der Leberfunktion kommt. Schwere Lebererkrankungen können auch durch verschiedene Hepatitis-Viren verursacht werden und zu Leberzirrhose oder Leberkrebs führen.

1 Erstelle eine Skizze, die die Aufnahme, Verteilung, Speicherung und Abgabe von Stoffen aus der Leber zeigt.

2 Erläutere am Beispiel der Leber den Begriff »Stoffwechsel«.

3 Informiere dich über die verschiedenen Typen von Hepatitis-Viren und ihre Verbreitung.

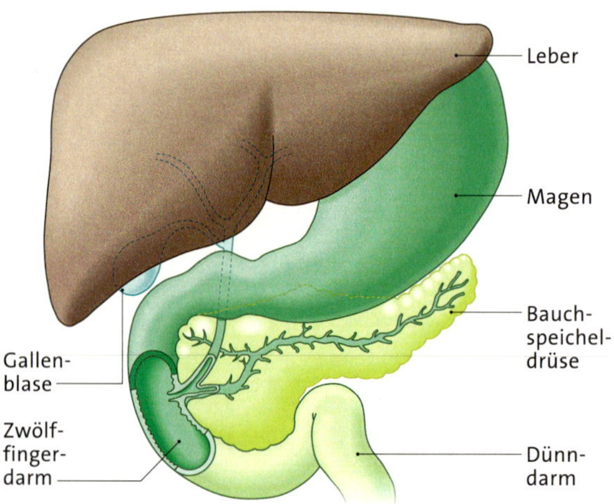

1 Lage von Leber, Gallenblase und Bauchspeicheldrüse

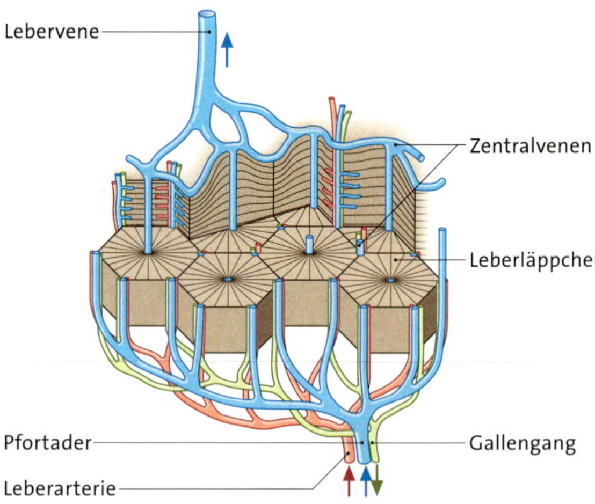

2 Leberläppchen

Aufgaben und Versuche Verdauung

V1 Die Verdauung von Eiweiß

Material: frisches Hühnerei; Pepsinlösung (1 %); Salzsäure (1 %); Gasbrenner; Rundkolben (200 ml); 4 Reagenzgläser; Reagenzglasständer; Pipetten; Petrischale; Schere; Pinzette; Wasserbad (37 °C)

Durchführung: Schlage das Ei auf, trenne das Eigelb ab und fange das Eiklar in einer Petrischale auf. Entferne mit Hilfe von Pinzette und Schere die Hagelschnüre. Gib das Eiklar in den Rundkolben, füge 30 ml Wasser hinzu und erhitze unter ständigem Schütteln über einer Gasflamme, bis eine milchige Trübung auftritt. Kühle den Kolben mit der trüben Eiweißlösung unter Leitungswasser ab. Beschrifte vier Reagenzgläser mit Zahlen. Gib in alle vier Reagenzgläser 5 ml der trüben Eiweißlösung und in das erste 5 ml Wasser, in das zweite 3 ml Wasser und 2 ml Pepsinlösung, in das dritte 2 ml Wasser und 3 ml Salzsäure und in das vierte 2 ml Pepsinlösung und 3 ml Salzsäure. Verschließe alle Reagenzgläser mit einem Stopfen und schüttele sie gut durch. Stelle sie für 30 bis 45 Minuten in ein auf etwa 37 °C erwärmtes Wasserbad oder in einen Wärmeschrank.

Aufgabe: Protokolliere und erläutere deine Beobachtungen.

V2 Galle wirkt auf Fett ein

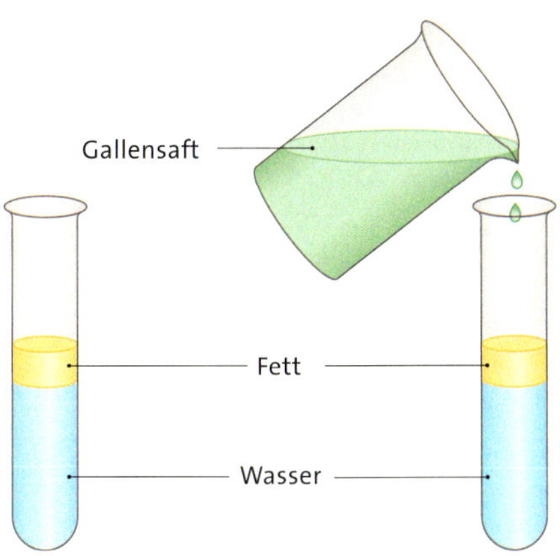

Material: Speiseöl; Ochsengalle (aus der Apotheke); 2 Reagenzgläser; Reagenzglasständer; Reagenzglasstopfen; Messzylinder; Pasteurpipette

Durchführung: Fülle in beide Reagenzgläser jeweils zehn Tropfen Speiseöl und ca. 5 ml Wasser. Gib in eines der Reagenzgläser zusätzlich 5 ml Gallensaft. Verschließe beide Reagenzgläser mit einem Stopfen und schüttele sie kräftig. Stelle sie dann für ca. fünf Minuten in einen Reagenzglasständer.

Aufgabe: Vergleiche das Versuchsergebnis in den beiden Reagenzgläsern. Nenne die Bedeutung der Galle bei der Verdauung von Fett.

V3 Stärkeverdauung im Dünndarm

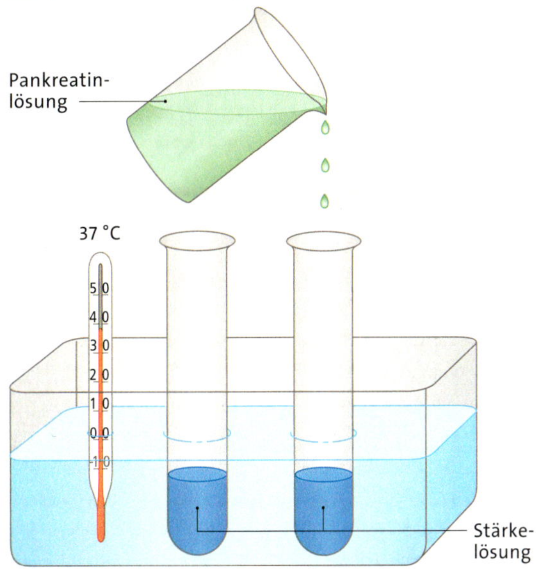

Material: 1 %ige Pankreatinlösung (aus der Apotheke); 1 %ige Stärkelösung Iod-Kaliumiodid-Lösung; 5 %ige Sodalösung; 2 Reagenzgläser; Reagenzglasständer; Pasteurpipetten; Wasserbad

Durchführung: Fülle zwei Reagenzgläser mit je 5 ml Stärkelösung und 2 ml Sodalösung; füge bis zur Blaufärbung ein bis zwei Tropfen Iod-Kaliumiodid-Lösung hinzu. Gib in eines der Reagenzgläser zusätzlich 3 ml Pankreatinlösung, in das andere 3 ml Wasser. Stelle die Gläser in ein Wasserbad von 37 °C.

Aufgaben:

a) Erkläre die Beobachtung, dass die Blaufärbung in einem der Reagenzgläser immer schwächer wird, bis sie schließlich verschwunden ist.

b) Vergleiche die Wirkung des Pankreatins mit der des Mundspeichels.

2 Bau und Funktion der Lungen

2.1 Atmung und Gaswechsel

Halten sich viele Menschen in einem geschlossenen Raum wie einem Klassenzimmer auf, fällt nach einiger Zeit das Arbeiten schwer. Man wird müde und kann sich nicht mehr richtig konzentrieren. Dann muss der Raum gelüftet werden. Beim Öffnen der Fenster gelangt »frische« Luft in das Zimmer und ersetzt die »verbrauchte« Luft. Worin unterscheiden sich »frische« Luft und »verbrauchte« Luft?

Frischluft enthält 78 Prozent Stickstoff, 21 Prozent Sauerstoff, 0,04 Prozent Kohlenstoffdioxid und geringe Mengen weiterer Gase. Die ausgeatmete Luft enthält eine unveränderte Stickstoffmenge, jedoch nur noch 16 bis 17 Prozent Sauerstoff, dafür aber etwa 4 Prozent Kohlenstoffdioxid. Beim Atmen entnimmt der Körper der Luft also Sauerstoff und gibt Kohlenstoffdioxid ab. Diesen Vorgang bezeichnet man als **Gaswechsel.** Alle Gewebe des Körpers, vor allem die Zellen des Gehirns und die Muskeln, benötigen für ihren Stoffwechsel Sauerstoff und geben Kohlenstoffdioxid als Abfallstoff ab. Wenn man in einem geschlossenen Raum atmet, wird der Sauerstoffgehalt der Raumluft immer geringer und der Kohlenstoffdioxidgehalt steigt. Diese Luft kann also dem Körper nicht mehr genügend Sauerstoff zuführen und die Leistungsfähigkeit des Menschen sinkt.

Ein Jugendlicher atmet etwa zwanzigmal in der Minute ein und aus. Bei körperlicher Anstrengung oder Aufregung atmet er schneller. Die Menge an Luft, die er beim Atmen seinem Körper zuführt, beträgt in Ruhe etwa acht Liter pro Minute, bei höchster Anstrengung bis zu 120 Liter. Einatmen und Ausatmen sind ständige Bewegungen. Das Lungengewebe enthält jedoch keine Muskeln. Wie kommen die Atembewegungen zustande? Beim Einatmen spannen sich die *Zwischenrippenmuskeln* an. Dadurch hebt sich der Brustkorb und erweitert sein Volumen. Wie bei einem Blasebalg, der gedehnt wird, strömt Luft ein. Kehrt der Brustkorb in seine Ausgangslage zurück, verringert sich sein Rauminhalt und die Luft wird herausgepresst. Diese Form der Atembewegung nennt man **Brustatmung.** Die Lungenflügel sind von einer Haut, dem *Lungenfell*, bedeckt. Dieses liegt eng dem *Rippenfell* an, das den Brustkorb auskleidet. Brust- und Rippenfell können an bestimmten Stellen aneinander vorbeigleiten und sich so während der Atmung verschieben.

Die Größe des Brustraumes kann auch durch Bewegungen des *Zwerchfells* verändert werden. Dieser Muskel überwölbt den Bauchraum wie die Decke einer Kuppel und trennt ihn vom Brustraum. Wenn sich der Zwerchfellmuskel zusammenzieht, flacht sich die Wölbung ab, der Brustraum vergrößert sich und Luft wird in die Lungen gesaugt. Entspannt sich das Zwerchfell, verstärkt sich die Wölbung wieder, der Brustkorb wird kleiner und die Luft wird herausgepresst. Diese Form der Atembewegung nennt man **Bauchatmung.** Auch bei tiefem Ausatmen bleibt Restluft in der Lunge, die ein Verkleben des zarten Lungengewebes verhindert.

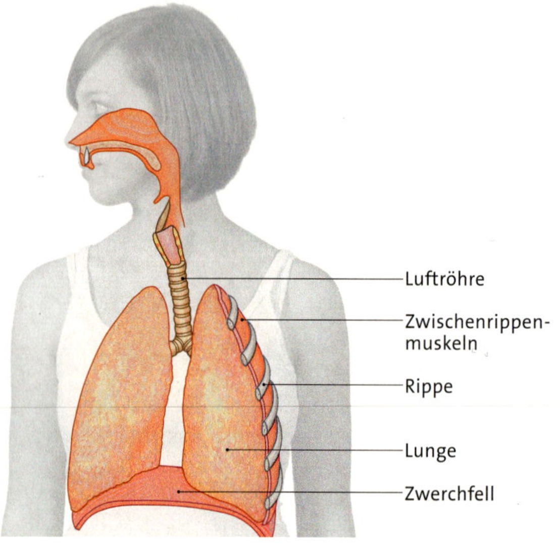

1 Lage der Lungen

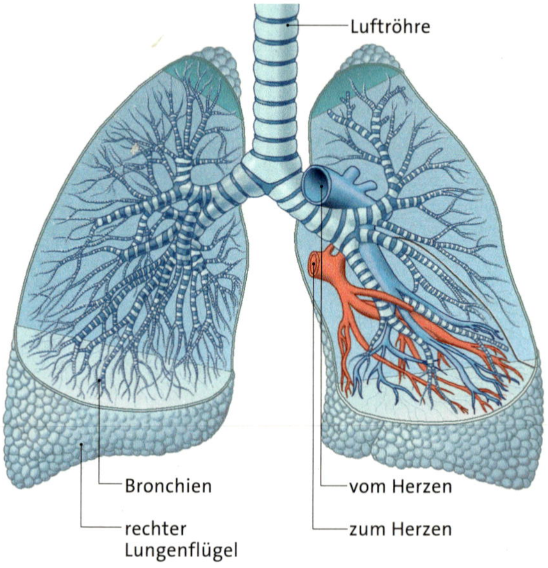

2 Aufbau der Lunge

Die Luft wird durch die Nase oder den Mund eingeatmet. Durch die Nase zu atmen ist gesünder, weil die Luft an den Nasenschleimhäuten von Staub und Krankheitserregern gereinigt und außerdem angefeuchtet und erwärmt wird. Vom Rachenraum gelangt die Luft durch den Kehlkopf in die Luftröhre. Beim Schlucken verschließt der Kehlkopfdeckel die Luftröhre, damit keine Nahrungsteile hinein gelangen. Wenn dies trotzdem einmal geschieht, kann der Fremdkörper meist durch kräftiges Husten wieder hinausgeschleudert werden.

Die Luftröhre verzweigt sich in zwei Röhren, die **Bronchien** genannt werden. Sie führen in die beiden Lungenflügel, wo sie sich immer weiter bis in feinste Verästelungen teilen, die man als **Bronchiolen** bezeichnet. An den Enden sitzen traubenförmig angeordnet winzige **Lungenbläschen.** Ihre zarte Haut ist von einem Netz feinster Blutkapillaren umspannt. Mehr als 300 Millionen Lungenbläschen bilden eine innere Oberfläche von fast 100 Quadratmetern. Das schwammige Lungengewebe ist sehr empfindlich, da die Lungenbläschen durch Verkleben oder Zusammenfallen geschädigt werden können.

Die eingeatmete Luft gelangt durch die Bronchien und Bronchiolen bis in die Lungenbläschen. Dort tritt der Sauerstoff durch die Lungenbläschenwand in die Blutkapillaren über, da das Blut der Lungenarterie sauerstoffarm ist. Auf dem entgegengesetzten Weg gibt das Blut Kohlenstoffdioxid an die Luft in den Bläschen ab, denn das arterielle Blut ist mit Kohlenstoffdioxid aus dem Zellstoffwechsel angereichert. Beim Ausatmen gibt der Körper das Kohlenstoffdioxid ab. Der Antrieb für den Gasaustausch ist der Konzentrationsunterschied der Atemgase zwischen Lungenbläschen und Blut, der durch Diffusion angeglichen wird. Die Lungenvene führt nun sauerstoffreiches, kohlenstoffdioxidarmes Blut zum Herzen.

Die Atemwege sind an ihren Innenwänden mit einer dünnen Schleimschicht überzogen. Dort kleben beispielsweise Staubteilchen fest. Die Zellen dieser Innenwände tragen feine Flimmerhärchen. Diese treiben durch ihre ständigen Bewegungen den Schleim aus den Atemwegen heraus bis zum Kehlkopf, wo er dann regelmäßig ausgehustet oder verschluckt wird. So reinigen sich die Atemwege selbst.

1 Beschreibe den Weg der Atemluft.

2 Begründe den Ratschlag, durch die Nase statt durch den Mund einzuatmen.

3 In Garagen findet man oft den Hinweis, Motoren nicht bei geschlossenen Toren laufen zu lassen. Begründe diese Aufforderung. Bedenke dabei, dass durch unvollständige Verbrennung im Automotor Kohlenstoffmonooxid entsteht. Hämoglobin bindet Kohlenstoffmonooxid sehr stark und gibt es nicht wieder ab.

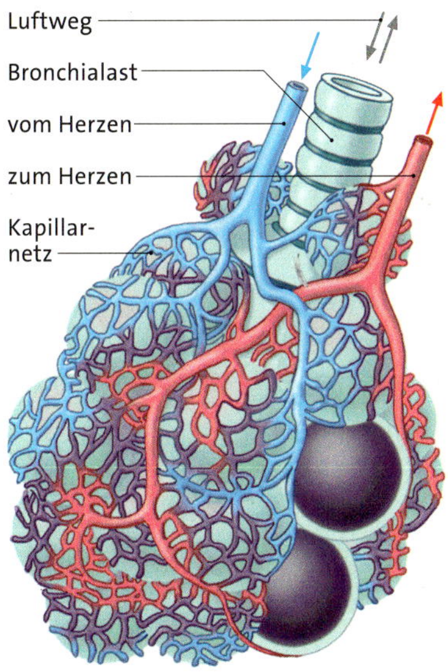

3 Bronchiole und Lungenbläschen

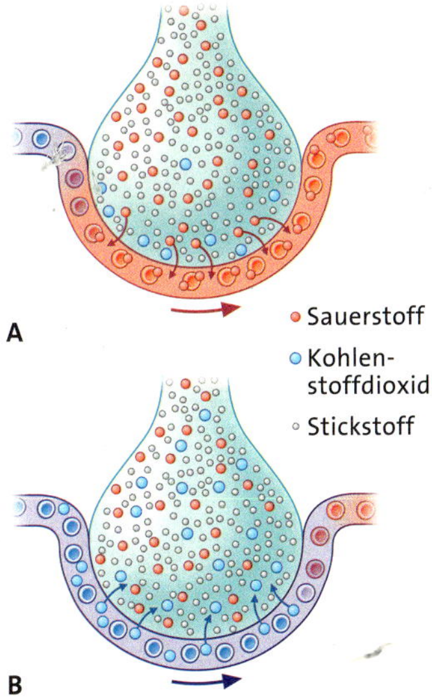

4 Gaswechsel. A Einatmen; **B** Ausatmen

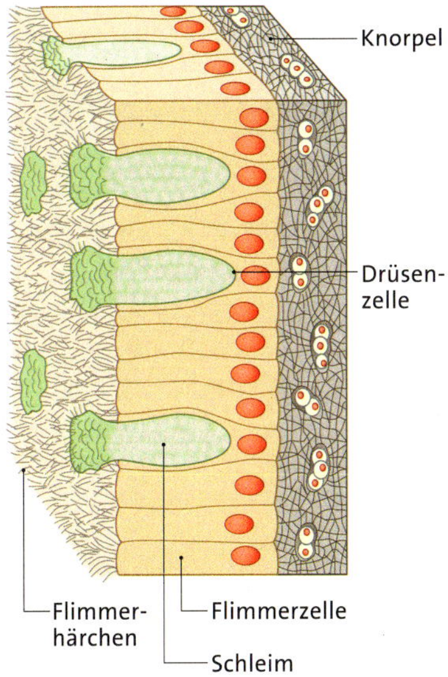

5 Schleimhaut der Bronchien

Aufgaben und Versuche Atmung

V1 Brust- und Bauchatmung

Durchführung: Lege die gespreizten Hände so auf den Brustkorb, dass sich die Fingerspitzen in der Mitte berühren. Atme tief ein und aus und beobachte die Fingerspitzen. Atme danach so ein, dass die Hände **nicht** bewegt werden. Beobachte dabei Bauch und Brustkorb.

Aufgaben:

a) Beschreibe die Muskelbewegungen, die das Einatmen bewirken.

b) Begründe, die Bewegungen des Bauchs bei der Bauchatmung.

V2 Nachweis von Kohlenstoffdioxid (Lehrerversuch)

Material: Gaswaschflasche mit »Kalkwasser« (Calciumhydroxid-Lösung), *ätzend*; Gummischlauch

Durchführung: Ausatmungsluft wird vorsichtig durch eine Gaswaschflasche gepustet, die Kalkwasser enthält.

Aufgabe: Beschreibe und erkläre die Veränderungen.

V3 Untersuchung einer Schweinelunge

Material: frische Schweinelunge vom Metzger; Becherglas mit Wasser; Pinzette; Schere; Lupe

Durchführung: Suche Verzweigungen der Atemkanälchen. Schneide anschließend kleine Stückchen aus der Lunge. Lasse ein Stückchen Lunge auf das Wasser fallen.

Aufgaben:

a) Beschreibe die Lunge (Farbe, Strukturen) und untersuche sie mit der Lupe.

b) Beschreibe und erkläre das Verhalten des Lungengewebes im Wasser.

V4 Modell eines Lungenbläschens

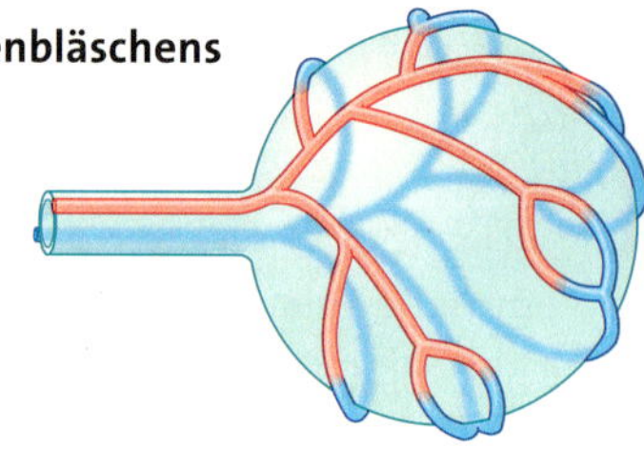

Material: Glasrundkolben oder Glühbirne; Knetmasse (rot und blau, z. B. aus dem Spielzeuggeschäft)

Durchführung: Forme aus der Knetmasse einige Stränge von etwa 3 mm Durchmesser. Lege die Stränge entsprechend der Abbildung auf den Glaskolben und drücke sie fest.

Aufgaben:

a) Beschreibe anhand dieses Modells den Gasaustausch im Lungenbläschen.

b) »Ein Modell kann nie die Wirklichkeit genau wiedergeben. Es dient zur Veranschaulichung von manchen Sachverhalten. Andere Sachverhalte werden dagegen durch ein Modell überhaupt nicht oder sogar falsch gezeigt.« Erläutere diese Aussage am Lungenbläschenmodell.

A5 Zwerchfellatmung

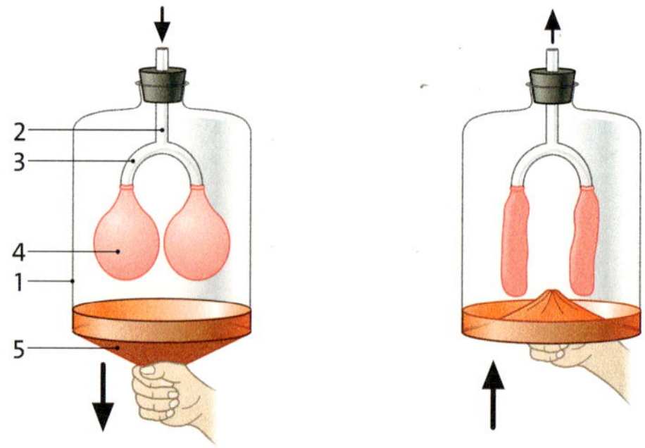

Modell der Zwerchfellatmung

Aufgaben:

a) Beschreibe Aufbau, Durchführung und Ergebnis des Modellversuchs.

b) Ordne die Organe des menschlichen Brustkorbs den entsprechenden Bauteilen des Modells zu.

c) Untersuche kritisch, welche Sachverhalte und Vorgänge bei der Atmung das Modell gut, weniger gut oder überhaupt nicht veranschaulichen kann.

V6 Sauerstoffgehalt der Luft

Sachinformation: Wenn Eisen rostet, entzieht das Metall der Luft Sauerstoff und es entsteht rotes Eisenoxid.

Material: Messzylinder; durchbohrter Gummistopfen; dünnes Glasrohr; Becherglas; Wasser; Eisenwolle

Durchführung: Baue den Versuch entsprechend der Abbildung auf. Feuchte die Eisenwolle etwas an. Lasse den Versuchsaufbau einige Tage stehen.

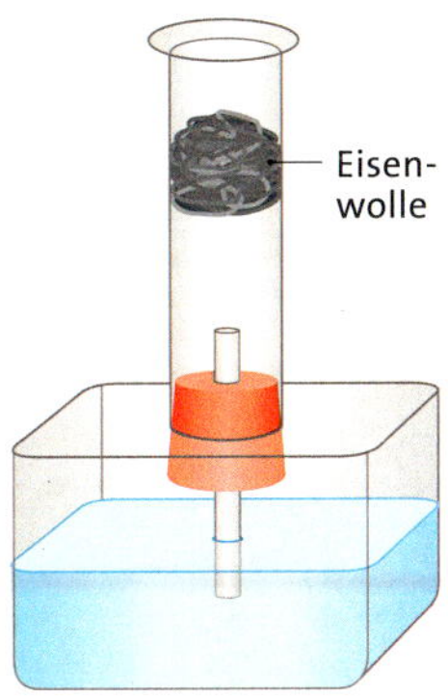

Aufgaben:

a) Beschreibe das Versuchsergebnis und erläutere.

b) Schätze aufgrund des Versuchsergebnisses den Sauerstoffanteil in der Luft und vergleiche mit den Angaben in der Tabelle.

c) Stelle eine begründete Vermutung auf, ob das Eisen auch rosten wird, wenn der Messzylinder mit Luft gefüllt wird, die aus der Lunge ausgeatmet wurde.

Gas	Einatemluft [%]	Ausatemluft [%]
Stickstoff	78,08	78,08
Sauerstoff	20,95	etwa 16
Kohlenstoffdioxid	0,03	etwa 4
Edelgase	0,94	0,94

A7 Sauerstoffbedarf

benötigte Menge an Luft pro Minute in Liter	
im Schlaf	4,7
im Stehen	6,6
im Gehen	17
beim Radfahren (ebene Strecke)	23
beim Schwimmen	43
beim Kurzstreckenlauf	60

Aufgaben:

a) Erläutere die Zahlenwerte in der Tabelle.

b) Berechne die Sauerstoffmenge, die der Körper an einem Tag verbraucht. Gehe von einem Durchschnittswert aus, der von je acht Stunden Schlafen, Stehen und Gehen bestimmt wird.

V8 Vitalkapazität der Lungen

Material: Spirometer (Atemmessgerät)

Durchführung:

a) Miss mit dem Spirometer die Luftmenge, indem du 10-mal normal ein- und ausatmest.

b) Atme beim nächsten Versuch so tief wie möglich ein und so stark wie möglich aus.

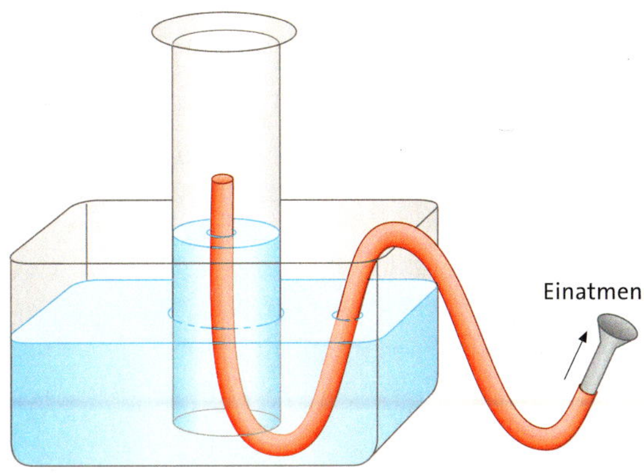

Aufgaben:

a) Die Abbildung zeigt schematisch den Aufbau eines einfachen Spirometers. Erläutere die Funktionsweise.

b) Protokolliere deine Messwerte und vergleiche sie mit denen deiner Mitschüler.

c) Bei maximaler Ausatmung bleiben noch etwa 1,5 Liter Luft in der Lunge. Diese Restluft verhindert, dass die Lunge zusammenfällt. Erläutere unter Verwendung dieser Information die Begriffe Totalkapazität und Vitalkapazität.

d) Erläutere das zu erwartende Ergebnis, wenn ein trainierter Sportler die Spirometermessung durchführt.

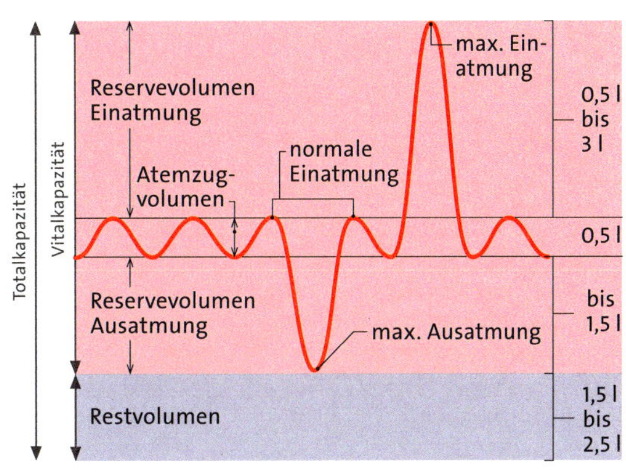

2.2 Erkrankungen der Atemwege

In der kälteren Jahreszeit leiden viele Menschen an **Schnupfen.** Wenn in geheizten Räumen die Luftfeuchtigkeit sinkt, trocknet die Nasenschleimhaut leicht aus. Fehlt die wässrige, schützende Schleimschicht, haben Krankheitserreger bessere Chancen, in die Zellen der Schleimhaut einzudringen. Sind die Zellen infiziert, wird die Nasenschleimhaut stärker durchblutet und scheidet mehr Flüssigkeit aus, so dass die Erreger weggeschwemmt werden. Zusätzlich werden viele Weiße Blutzellen herantransportiert, die Krankheitserreger vernichten. Bei starker Durchblutung schwillt die Nasenschleimhaut an, manchmal erscheint die Nase dann regelrecht verstopft.

Schnupfen kann auch durch eine **Allergie** hervorgerufen werden. Viele Menschen sind zum Beispiel gegen Pollenkörner, Tierhaare oder Pilzsporen allergisch. Die ebenfalls verbreitete Hausstauballergie wird durch den Kot der Hausstaubmilben ausgelöst. Diese Fremdkörper werden von der Nasenschleimhaut in einer Überreaktion abgewehrt. Oft tränen dabei auch die Augen.

Allergien können sich auch auf die Bronchien auswirken. Die Atemwege sind von Muskelfasern umsponnen. Tritt nun eine allergische Reaktion der Bronchialschleimhaut auf, so schwillt diese an, und außerdem können sich die Muskeln verkrampfen. **Bronchialasthma** kann zu lebensbedrohlicher Atemnot führen, weil nur noch wenig Luft durch die verengten Atemkanäle in die Lungenbläschen gelangt. Neben dem beschriebenen **allergischen Asthma** kann Asthma auch andere Auslöser haben. So reagieren einige Asthmatiker überempfindlich auf bestimmte Wetterlagen oder die Feuchtigkeit der Atemluft. Dadurch wird eine Verkrampfung der Bronchien ausgelöst. Zur Behandlung setzt man Sprays ein, die eingeatmet werden und deren Wirkstoffe die Muskeln um die Bronchien entspannen und die Überreaktion der Schleimhäute mildern.

Wird die Schleimhaut der Bronchien durch Erreger infiziert, so wird sie stärker durchblutet, schwillt an und produziert vermehrt Schleim. Die Zahl der Flimmerhärchen reicht dann nicht mehr, um die Schleimansammlungen zum Kehlkopf zu transportieren. Durch **Husten** werden sie nach oben befördert. Bleiben Reste zurück, ist dieser Schleim ein guter Nährboden für Bakterien, und eine **Bronchitis** entwickelt sich. Schwellen die Bronchialschleimhäute weiter an, verengen sich die Atemkanäle, und man »bekommt keine Luft«. Wandern die Krankheitserreger weiter über die Verzweigungen der Bronchien in die Lunge, führt dies zu einer **Lungenentzündung,** in deren Verlauf die empfindlichen Lungenbläschen zerstört werden können. Die Atemwege sind auch durch dauerhaftes Einatmen von Staub, Abgasen aus Verkehr und Industrie, Ozon oder anderen giftigen Substanzen gefährdet. Durch diese Stoffe können ebenfalls Entzündungen von Bronchien und Lunge oder auch **Lungenkrebs** entstehen.

»Willst du eine rauchen?« Jeder dritte Jugendliche im Alter zwischen 13 und 16 Jahren nimmt dieses Angebot an. Wenige Jahre später sind einige von ihnen bereits Gewohnheitsraucher geworden. Viele, die einmal damit angefangen haben, kommen vom Rauchen nicht mehr los. Was ist am Rauchen eigentlich so toll?

Viele rauchen, weil es »in« ist oder weil andere aus der Clique auch rauchen. Dann wagt man es nicht, die Zigarette abzulehnen. Manche wollen zeigen, dass sie sich nichts vorschreiben lassen. Sie glauben, mit dem Rauchen ihre Selbstständigkeit beweisen zu müssen. Andere Jugendliche berichten, dass Rauchen sie entspannt, ihre

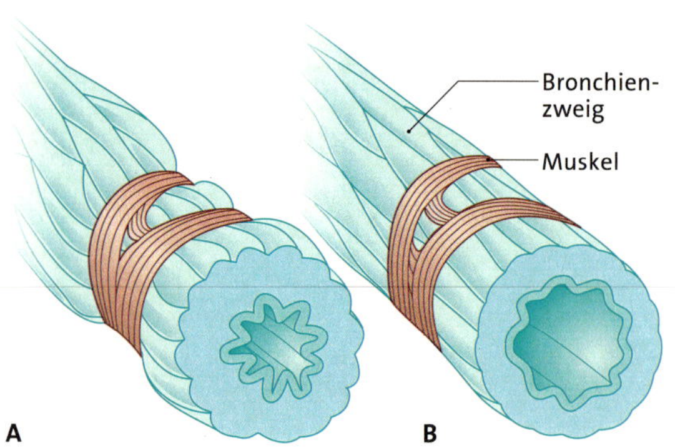

1 Bronchienzweig. **A** verkrampft; **B** entpannt

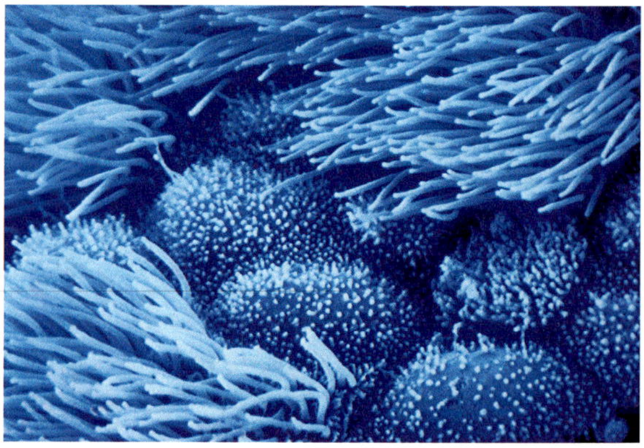

2 Zerstörte Flimmerhärchen der Bronchien

3 Rauchen in der Clique – ein zweifelhaftes Vergnügen

Müdigkeit vertreibt und das Hungergefühl dämpft. Diese Wirkung ist tatsächlich auf das *Nikotin* zurückzuführen, eine Substanz von insgesamt über 1000 Inhaltsstoffen des Zigarettenrauches. Nikotin lässt den Blutdruck ansteigen und das Herz schneller schlagen. Mancher fühlt sich dadurch tatsächlich weniger müde. Nikotin verengt aber auch die feinen Blutgefäße im menschlichen Körper. Die Haut wird weniger durchblutet und man sieht blass aus. Zusätzlich lässt das über den Rauch eingeatmete Gas *Kohlenstoffmonooxid* den Sauerstoffgehalt im Blut sinken, weil es sich leichter und fester als Sauerstoff an das Hämoglobin bindet. Manche spüren deshalb leichten Schwindel oder Übelkeit bei den ersten Lungenzügen.

Da bei Rauchern Nikotin und Kohlenstoffmonooxid die zarten Flimmerhärchen vergiften und die *Teerbestandteile* des Rauches sie außerdem verkleben, entstehen dauerhafte Verschleimungen und Entzündungen der Bronchien, eine *chronische Bronchitis*. Der Körper versucht, die Schleimansammlungen durch häufiges Husten abzustoßen: Es ist ein **Raucherhusten** entstanden. Die ständigen Vergiftungen und Schädigungen des Bronchien- und Lungengewebes können zu Zellveränderungen führen, durch die sich bei Rauchern deutlich häufiger als bei Nichtrauchern Lungenkrebs entwickelt.

Bei tiefen Lungenzügen können Rauchinhaltsstoffe durch die Lungenbläschen in den Blutkreislauf gelangen. Durch jahrelanges Rauchen entstehen krankhafte Veränderungen der Blutgefäße, die durch Ablagerungen verengt werden.

Die mangelhafte Durchblutung kann zum Absterben von Armen und Beinen führen. Eine plötzliche Verstopfung eines wichtigen Gefäßes kann einen Herzinfarkt oder Schlaganfall auslösen.

Das Rauchen in öffentlichen Räumen ist meist verboten, weil inzwischen nachgewiesen ist, dass auch Passivraucher gesundheitliche Schäden erleiden. Kleinkinder sind in dieser Hinsicht besonders gefährdet. Rauchen während der Schwangerschaft schadet dem Baby. Das Nikotin verengt die Blutgefäße der Plazenta und bewirkt eine Mangelversorgung des Ungeborenen. Bedenkt man die gesundheitlichen Gefahren, die mit dem Rauchen verbunden sind, sollte es leicht fallen, gar nicht erst mit dem Rauchen anzufangen.

1 Beschreibe die Wirkung von Nikotin, Teerbestandteilen und Kohlenstoffmonooxid mit Hilfe von Abbildung 2.
2 Diskutiert in der Klasse den Sinn von öffentlichen Rauchverboten.
3 Erläutere die Abbildungen 4 und 5 im Zusammenhang mit kurz- und langfristigen Folgen des Rauchens.

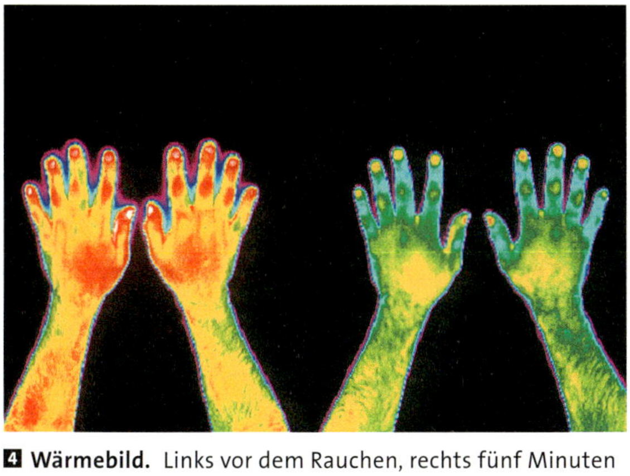

4 Wärmebild. Links vor dem Rauchen, rechts fünf Minuten nach dem Rauchen

5 Gesunde Lunge und Raucherlunge

Methode Ein Gespräch leiten

Tims Klasse hat sich im Unterricht mehrere Wochen lang in verschiedenen Gruppen mit Drogen, dem Suchtverhalten beim Menschen und seinen Folgen beschäftigt. Zum Abschluss setzen sich die Schülerinnen und Schüler in einem Sitzkreis zusammen.

Tim ergreift das Wort: »Wir haben uns in den letzten Stunden ausführlich mit einzelnen Suchtmitteln beschäftigt und wollen nun über die Vor- und Nachteile des **Rauchens** diskutieren.« Tim wurde von der Klasse zum **Diskussionsleiter** gewählt. Er schreibt das Diskussionsthema an die Tafel, damit er während der Diskussion immer wieder darauf verweisen kann, wenn jemand von dem Thema abweicht. Als Tim die Diskussion eröffnet, versuchen gleich mehrere Schülerinnen und Schüler auf einmal loszureden. Tim erinnert sie daran, dass die *Gesprächsregeln* während der Diskussion eingehalten werden müssen. Da sich oft mehrere Schülerinnen und Schüler melden, notiert sich Tim deren Namen und ruft sie nacheinander in der Reihenfolge der Wortmeldungen auf. Diese *Rednerliste* ist wichtig, um für Ordnung während der Diskussion zu sorgen. So können beispielsweise auch Zwischenbemerkungen verhindert werden.

Unterhält sich die Klasse in kleinen Gruppen, muss Tim das unterbinden und bitten, die Meinungen in der gesamten Runde vorzutragen.

Sollte es vorkommen, dass jemand sehr lange vorträgt, muss der Diskussionsleiter darauf hinweisen, dass jeder eine gleich lange *Redezeit* besitzt und der Beitrag zügig zu Ende gebracht werden sollte. Notfalls kann der Diskussionsleiter auch das Wort entziehen. Tim darf bei den einzelnen Beiträgen auch nachfragen oder Fragen anderer zulassen, wenn etwas unklar erscheint oder ein Widerspruch zu vorigen Beiträgen auftritt.

Als Tim merkt, dass die Wortmeldungen immer weniger und zögerlicher werden, fasst er den momentanen Stand kurz zusammen: »Wir kennen jetzt die Vor- und Nachteile des Rauchens. Wäre es eurer Meinung nach möglich, auch in Deutschland ein Rauchverbot an allen Schulen und in den Gaststätten durchzusetzen?« Durch diese neue Sichtweise wird die Diskussion erneut angekurbelt. Zum Schluss der Diskussion fasst Tim die verschiedenen Argumente an der Tafel zu einem *Gesamtergebnis* zusammen. Der Diskussionsleiter muss sich also selbst auch gut in dem Thema der Diskussionsrunde auskennen und sollte sich neutral verhalten.

1 Führt eine Diskussion zum Thema »Rauchen« in eurer Klasse. Informiert euch vorher über Argumente und Statistiken im Internet oder in Fachbüchern.

Aufgaben und Versuche – Gefahren des Rauchens

A1 Berechnung zum Zigarettenkonsum

Auf jeder Zigarettenschachtel findest du Mengenangaben für Nikotin (N) und Teerkondensat (K), die in einer Zigarette enthalten sind.

Aufgaben:

a) Berechne von einer Marke, wie viel Milligramm Teer und Nikotin in den Zigaretten einer Packung enthalten sind.

b) Berechne die Teermenge, die in die Lunge eines Rauchers gelangt, der 20 Jahre lang täglich eine Packung Zigaretten verbraucht.

c) Vergleiche unterschiedliche Marken miteinander.

d) Berechne die Kosten eines Rauchers, der täglich eine Packung Zigaretten raucht – im Monat, im Jahr, in 20 Jahren. Nenne Beispiele, auf welche Weise du als Nichtraucher dieses Geld sinnvoll verwenden würdest.

A2 Forscher schlagen Alarm: Nikotinspuren im Kinderblut

Forscher in New York untersuchten das Blut von gesunden Kindern, deren Mütter oder Väter ca. 10 Zigaretten täglich in Anwesenheit ihrer Kinder rauchen. Man fand im Kinderblut hohe Konzentrationen von Stoffwechselprodukten des Nikotins und des Teerkondensats. Diese Stoffe gelten als Krebserreger und fördern die Entstehung von Asthma. Seit langem ist bekannt, dass Neugeborene von Raucherinnen ein geringeres Geburtsgewicht haben und später unter Entwicklungsstörungen leiden.

Aufgaben:

a) Nenne sinnvolle Verhaltensweisen von Raucherinnen und Rauchern, damit sich Kinder gesund entwickeln können.

b) Erläutere Maßnahmen zum Schutz vor Passivrauchen.

c) Recherchiere weitere Daten und Forschungsergebnisse zum Thema Schwangerschaft und Rauchen. Stelle diese Ergebnisse in Form eines passenden Plakates oder einer Präsentation dar. Diskutiert und präsentiert eure Ergebnisse in der Klasse.

V3 Nachweis von Teerstoffen im Zigarettenrauch

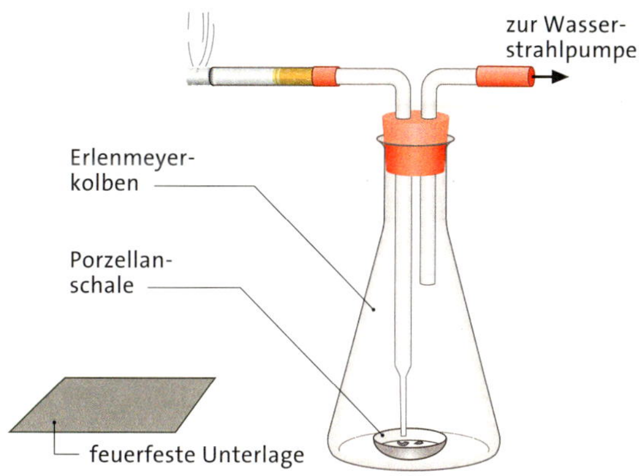

Material: Erlenmeyerkolben; 2 abgewinkelte Glasröhrchen; Porzellantiegel; doppelt durchbohrter Gummistopfen; Gummimanschette; Filterzigarette; Wasserstrahlpumpe oder Luftpumpe mit Wechselventil

Durchführung: Baue unter Zuhilfenahme der Abbildung die Versuchsanordnung nach. Entzünde die Zigarette und sorge mit der Gummiluftpumpe oder der Wasserstrahlpumpe für ein gleichmäßiges Abbrennen der Zigarette.

Aufgaben:

a) Betrachte den Zigarettenfilter vor und nach dem Versuch. Bewerte das Ergebnis.

b) Betrachte die im Porzellantiegel aufgefangenen Bestandteile des Zigarettenrauchs. Bewerte das Ergebnis.

3 Ausscheidung

3.1 Bei Dialysepatienten funktionieren die Nieren nicht

Der Mensch nimmt Nahrung zu sich und verarbeitet sie. Bei diesen Stoffwechselvorgängen entstehen auch Abfallprodukte, die wieder ausgeschieden werden müssen. Ein wesentlicher Teil dieser Stoffe wird über die **Nieren** aus dem Blut herausgefiltert und mit überflüssigem Wasser später als Harn abgegeben. Ohne die Nieren, die wie eine Kläranlage des Blutes funktionieren, wäre der Körper innerhalb kurzer Zeit tödlich vergiftet.

Die Nieren sind Organe mit einer hohen Stoffwechselleistung und empfindlich gegenüber bestimmten Infektionskrankheiten. Bei einer Blasenentzündung sind Bakterien durch die Harnröhre zur Blase gelangt. Falls es den Krankheitserregern gelingt, durch den Harnleiter weiter zur Niere vorzudringen, kann eine Nierenbeckenentzündung oder sogar eine Nierenentzündung die Folge sein. Dabei ist es möglich, dass Nierengewebe zerstört wird. Auch Vergiftungen des Nierengewebes zum Beispiel durch Medikamente oder Alkohol führen häufig zu einer dauerhaften Schädigung der Nieren. Eine leichte Beeinträchtigung der Nierenfunktion kann durch eine spezielle Diät ausgeglichen werden.

Menschen mit sehr schweren Nierenschäden oder Nierenversagen hilft die Transplantation einer gespendeten Niere oder eine künstliche Reinigung des Blutes, die **Dialyse.** Bei dieser Therapie wird das Blut einer Arterie über eine Pumpe in eine Maschine, den *Dialysator,* geleitet. Dort fließt es, umgeben von einer *Dialysemembran,* langsam durch eine Waschflüssigkeit, das *Dialysat.* Dessen Zusammensetzung ist so eingestellt, dass Giftstoffe, Harnstoff, Mineralstoffe und Wasser in der gewünschten Menge aus dem Blut in das Dialysat übertreten. Die Dialysemembran verhindert aufgrund der Porengröße das Übertreten von größeren Blutbestandteilen. Das gereinigte Blut wird über eine Vene zurück in den Körper des Patienten geführt. Der Dialysepatient muss für diese Behandlung drei bis vier Mal in der Woche für etwa fünf Stunden zu einer medizinisch betreuten Dialyseeinrichtung, sodass große familiäre und persönliche Einschränkungen und Belastungen auftreten. Bei Kindern kommt das Problem hinzu, dass nur wenige Dialysestationen eine Kinderdialyse anbieten.

Die Dialyse kann die *Nierenfunktion* nur teilweise ersetzen, denn neben der Entgiftung des Blutes haben die Nieren noch weitere zentrale Aufgaben im Körperstoffwechsel. Sie sind von großer Bedeutung für die Regulation des gesamten Wasser- und Mineralstoffhaushaltes, weil der Körper mittels der abgegebenen Harnmenge den Wasserhaushalt steuern kann.

Welche Funktionen übernehmen die Nieren genau, wie sind sie aufgebaut und aus welchen funktionellen Einheiten setzen sie sich zusammen? Die Nieren sind paarig angeordnete Organe, die auf der Körperrückseite oberhalb der Taille liegen. Sie sind etwa sieben Zentimeter groß, bohnenförmig und haben wegen ihrer starken Durchblutung eine dunkelrote Farbe. Nierenarterie und -vene sind direkt an die großen Blutgefäße des Körpers angeschlossen. Im Längsschnitt der Niere erkennt man die außenliegende, hellere *Nierenrinde* und darunter das dunklere *Nierenmark.* Dieses ragt mit seinen kegelförmigen *Nierenpyramiden* in das *Nierenbecken,* aus dem der *Harnleiter* entspringt und zur Blase führt.

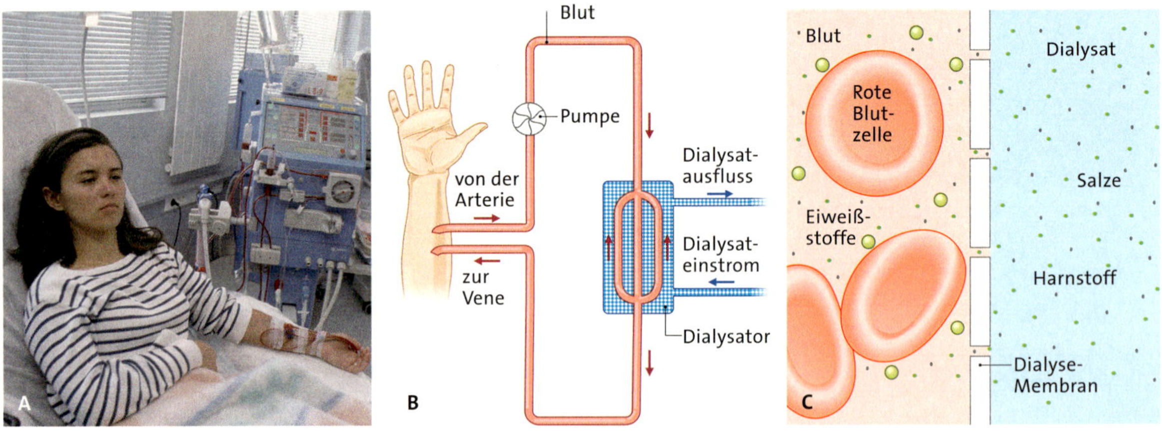

1 Dialyse. **A** Dialysepatientin; **B** Ablauf der Dialyse; **C** Vorgänge an der Dialysemembran

Pro Tag strömen über tausend Liter Blut durch die Nieren. Wie kann dieses kleine Organ die darin mitgeführten Schadstoffe herausfiltern? Jede Niere enthält etwa eine Million funktionelle Einheiten, die **Nephron** genannt werden. Ein Knäuel aus sehr feinen arteriellen Kapillaren liegt in einer doppelwandigen Kapsel, dem **Nierenkörperchen.** Da das Blut durch das enge Kapillarknäuel nur sehr langsam fließen kann, erhöht sich der Blutdruck, und aus dem Blutplasma wird Wasser mit darin gelösten Stoffen durch Poren in den Hohlraum des Nierenkörperchens gepresst. Dieser **Primärharn** enthält Traubenzucker, Mineralstoffe und Harnstoff, ein Abbauprodukt von Proteinen. Größere Blutbestandteile wie Rote Blutzellen und Proteine werden aufgrund der Porengröße zurückgehalten und verbleiben im Blut.

Das folgende **Nierenkanälchen** verläuft in Windungen, die ebenso wie das Nierenkörperchen im Bereich der Nierenrinde liegen. Der gesamte Bereich des Nierenkanälchens ist dicht von Blutkapillaren umsponnen. Schon im kapselnahen Bereich des Kanälchens werden unter Energieaufwand die Stoffe aus dem Primärharn zurückgewonnen, deren Ausscheidung unerwünscht ist: Zusammen mit dem Rücktransport von Mineralstoffen und Traubenzucker ins Blut wird ein Übertreten von Wasser bewirkt, sodass sich die Konzentration der auszuscheidenden Stoffe im Nierenkanälchen erhöht. An die kapselnahen Windungen schließt sich ein Bereich des Kanälchens an, der wie ein zusammengedrücktes »U« erscheint und weit in das Nierenmark hineinreicht. Der absteigende Abschnitt des Kanälchens ist wasserdurchlässig, für Mineralstoffe und Harnstoff aber undurchlässig. Der aufsteigende Abschnitt hingegen ist weitgehend undurchlässig für Wasser, mit Hilfe Energie verbrauchender Transportsysteme können aber Mineralstoffe aus dem Kanälchen in die Umgebung abgegeben werden. Damit steigt dort ihre Konzentration an, sodass aus dem absteigenden Kanälchen Wasser austreten kann. In den kapselfernen Windungen des Nierenkanälchens, die wieder im Bereich der Nierenrinde liegen, und auch im Bereich des Sammelröhrchens findet man weitere Transportstrukturen, sodass dort wiederum Mineralstoffe und Wasser in das Blutgefäßsystem übertreten können.

Die rückgewonnenen Stoffe und das Wasser werden über die Nierenvene wieder dem Körperkreislauf zugeführt. So wird die Menge des Primärharns auf weniger als ein Hundertstel reduziert und ein sehr konzentrierter **Endharn** gebildet. Dieser gelangt über die Sammelröhrchen ins Nierenbecken, wird über den Harnleiter zur Harnblase geleitet und dort gesammelt, bis der Endharn über die Harnröhre ausgeschieden wird. Täglich werden 170 Liter Primärharn gebildet, die etwa 170 Gramm Traubenzucker, 46 Gramm Harnstoff und 1520 Gramm Mineralstoffe enthalten. In den 1,5 Litern Endharn finden sich nur noch 0,5 Gramm Traubenzucker und 18,5 Gramm Mineralstoffe, aber 27 Gramm Harnstoff. Die gelbe Färbung des Endharns entsteht durch die in der Leber gebildeten

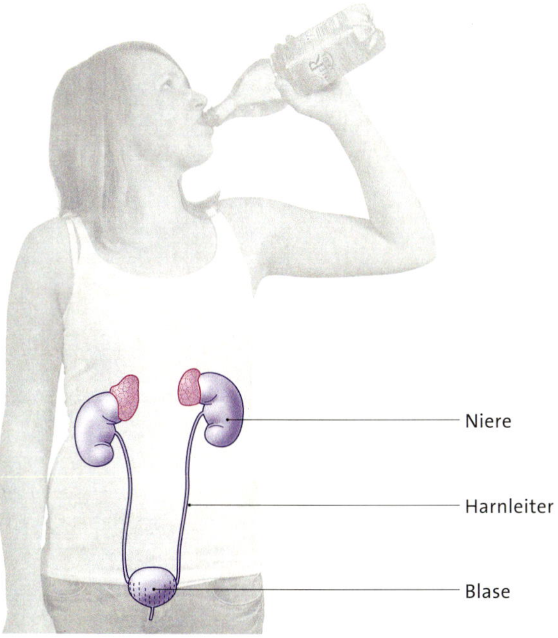

2 Lage der Nieren im Körper

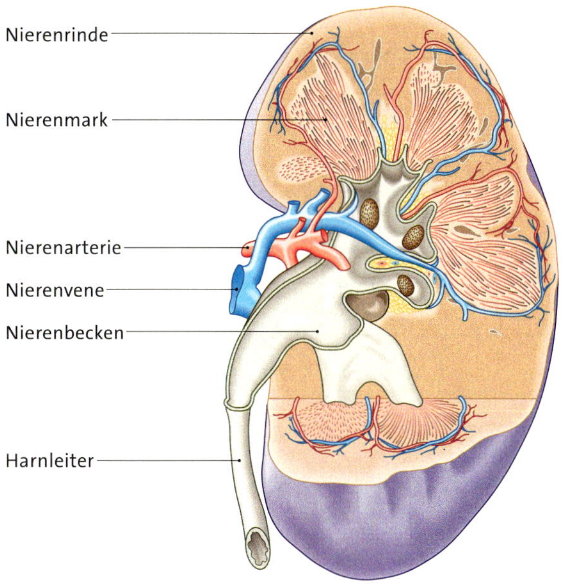

3 Aufbau der Niere

Abbauprodukte des roten Blutfarbstoffes Hämoglobin, die über die Nieren den Körperstoffwechsel verlassen.

Die Zusammensetzung des Urins dient als Diagnosehilfe für Erkrankungen der Niere oder der Blase. Färbung, Trübung, Geruch, Eiweiß- oder Zuckergehalt erlauben dem behandelnden Arzt Rückschlüsse auf die Art der Krankheit. Außerdem lassen sich Abbauprodukte von Medikamenten, Drogen, Dopingmitteln oder auch Hormone im Urin nachweisen.

Die hohe Durchblutung der Nieren dient drei Zwecken: Täglich werden über eintausend Liter Blut gefiltert und von vielen Abfallstoffen befreit. Über die im Blut mitgeführte Glucose wird die notwendige Energie für die Prozesse bei der Rückgewinnung zugeführt. Der Abtransport der wiedergewonnen Stoffe wird gesichert und sie gelangen zurück in den Körperkreislauf.

Die Nieren haben eine zentrale Funktion in der Aufrechterhaltung des Gleichgewichtes im Mineralstoff- und Wasserhaushalt. Die Menge des zurückgewonnenen Wassers wird durch ein Hormon der Hirnanhangdrüse gesteuert. Es reguliert spezielle Transportsysteme für den Wasserrückfluss. Ist der Wassergehalt des Körpers hoch, muss weniger Wasser rückresorbiert werden. Bei geringem Wassergehalt des Körpers gelangt eine größere Wassermenge ins Blut zurück und zudem produziert die Niere dann einen Botenstoff, der im Zwischenhirn ein Durstgefühl auslöst. Neben dem Wasserhaushalt wird auch der Mineralstoffhaushalt durch die Nieren reguliert. Lebensnotwendige Mineralstoffe werden rückresorbiert und stehen dem Körper erneut zur Verfügung.

1 Beschreibe den Vorgang der Dialyse mit Hilfe der Abbildung 1B und 1C.

2 Beschreibe mit Hilfe der Abbildungen 4 und 5 die Funktion der Nieren.

3 Stelle die Zusammensetzung von Primär- und Endharn als Säulendiagramm dar und vergleiche.

4 Berechne, wie oft im Durchschnitt das Blutvolumen eines Erwachsenen (5 Liter) täglich seine Nieren durchströmt.

5 Erstelle ein Kurzreferat zum Thema »Nierensteine«.

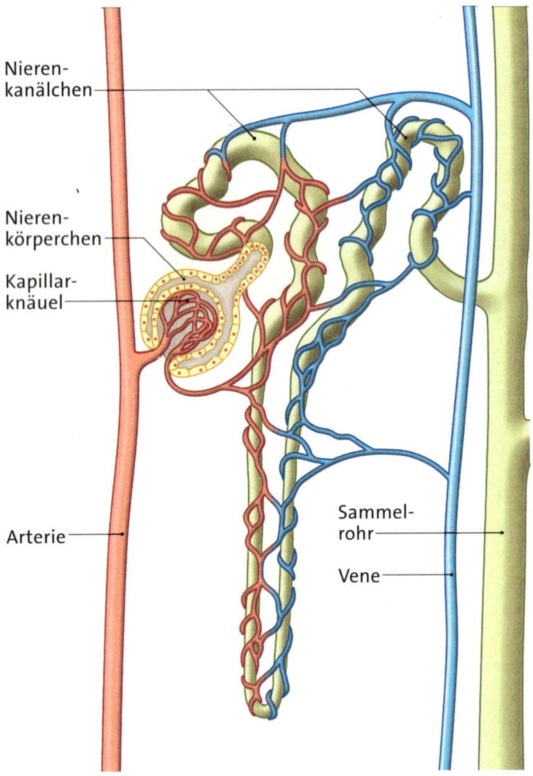

4 Aufbau des Nephrons

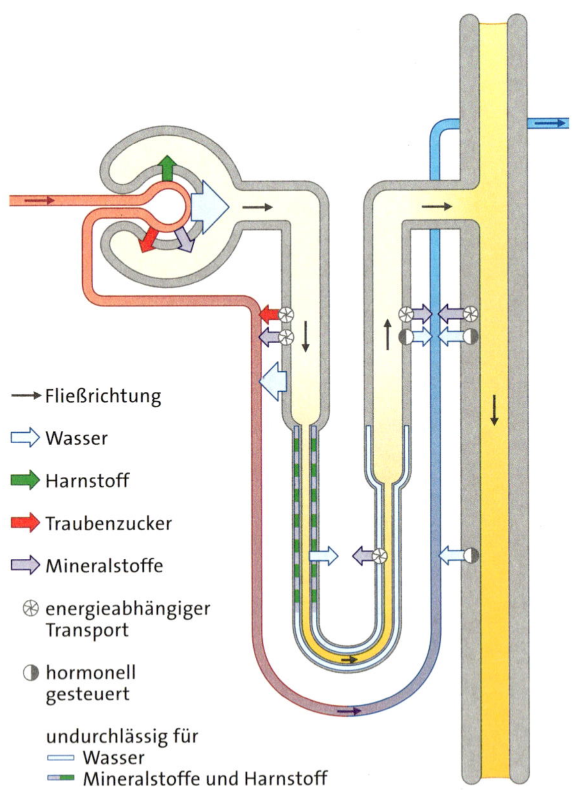

5 Funktionsweise des Nephrons

3.2 Organspenden können Leben retten

Verschiedene Erkrankungen können menschliche Organe so schädigen, dass lebensbedrohliche Zustände eintreten. Die Unterfunktionen von Nieren, Leber, Lunge, Bauchspeicheldrüse oder Herz lassen sich dann durch eine medikamentöse Behandlung allein nicht mehr ausgleichen. Diesen Patienten kann geholfen werden, wenn für eine **Transplantation** (lat. *transplantare*, verpflanzen) ein geeignetes Spenderorgan zur Verfügung steht. Die Organtransplantation ist ein medizinisches Verfahren, bei dem einem Spender Organe entnommen und dann auf einen passenden Empfänger übertragen werden.

Vor mehr als 50 Jahren wurde die erste Niere erfolgreich transplantiert. Es folgten einige Jahre später Übertragungen von Bauchspeicheldrüse, Herz, Lunge und Leber. Kurz vor der Jahrtausendwende gelang erstmals eine kombinierte Herz-Lungen-Leber-Transplantation.

Neben der Organspende ist die **Gewebespende** ein weiterer wichtiger Bereich der Transplantationsmedizin. Übertragbare Gewebe wie Hornhäute, Herzklappen, Knochenmaterial oder Haut werden von Mehrorgan-Spendern entnommen und später bei geeigneten Patienten eingesetzt. Ein neuartiges Verfahren ermöglicht eine Übertragung von funktionstüchtigen Leberzellen des Spenders, die dem Empfänger mit einer Nährlösung in das erkrankte Organ gespritzt werden. 2004 konnten so in Deutschland Patienten geheilt werden, die sonst nur mit einer Lebertransplantation überlebt hätten.

Damit eine Organübertragung erfolgreich verlaufen kann, müssen Organspender und Organempfänger in ihren Gewebemerkmalen weitgehend übereinstimmen. Der menschliche Körper reagiert auf ein fremdes Organ grundsätzlich mit einer Abstoßung durch das eigene Immunsystem. Diese Immunantwort wird durch spezielle Medikamente unterdrückt, sodass ein körperfremdes Organ häufig über viele Jahre funktionstüchtig bleiben kann. Die Organempfänger werden nach Transplantationen weiterhin regelmäßig medizinisch kontrolliert und müssen mit den Nebenwirkungen der ständig benötigten Medikamente leben. Da die Nieren als paarige Organe vorliegen und eine funktionstüchtige Niere für den Körper ausreicht, dürfen enge Verwandte eine *Lebendspende* vornehmen. Dabei wird zum Beispiel einem Elternteil eine Niere entnommen und dem Kind transplantiert. In diesem Fall kann die Abstoßungsreaktion wegen der Ähnlichkeit der Gewebemerkmale enger Verwandter fast vollständig entfallen.

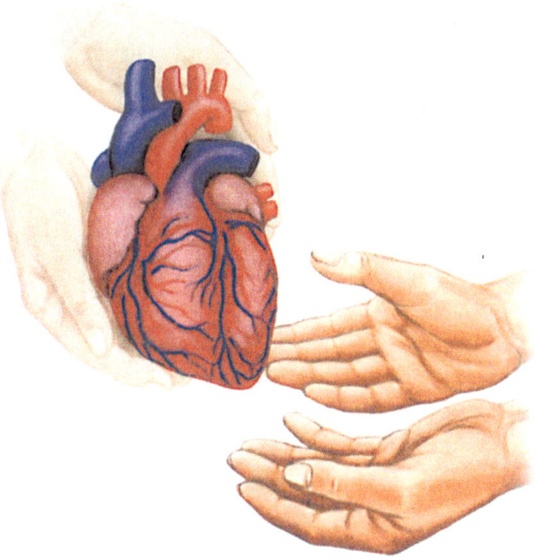

1 **Ich hab mein Herz verschenkt**

Dank des medizinischen Fortschrittes sind die Erfolgsraten bei Transplantationen ständig gestiegen. Beispielsweise sind etwa 87 Prozent der transplantierten Nieren nach einem Jahr noch funktionstüchtig, nach fünf Jahren arbeiten noch etwa 70 Prozent der Spendernieren. Bei der Übertragung der Hornhaut des Auges liegen die Erfolgsraten noch höher. Transplantierte Organe wie Leber, Herz, Lunge und Bauchspeicheldrüse funktionieren nach fünf Jahren noch zu etwa 60 Prozent.

In der Regel stammen Organspenden von Menschen, die zum Beispiel bei Verkehrsunfällen tödlich verunglückt sind. Im **Transplantationsgesetz** von 1997 sind die rechtlichen Grundlagen zur Organspende festgelegt. Aus medizinischer Sicht muss der Organspender bestimmte Bedingungen erfüllen: Es muss sich um einen Patienten handeln, der zu Lebzeiten frei von HIV-Infektionen und Krebserkrankungen gewesen ist. Weiterhin muss der Hirntod vor dem Stillstand des Herz-Kreislaufsystems eingetreten sein. Beim Hirntod, der durch zwei speziell geschulte Ärzte festgestellt werden muss, liegt ein unwiederbringlicher Verlust der Gesamthirnfunktion vor. Das Herz-Kreislaufsystem wird dann künstlich in Gang gehalten, um eine Schädigung der Organe zu vermeiden. Nun beginnt ein genau festgelegter Ablauf, in dem verschiedene Spezialisten mit dem Ziel zusammenarbeiten, die gespendeten Organe mit einer guten Funktion zu übertragen.

Bei der Vermittlung der Organe werden von der europäischen Organvermittlungsstelle Eurotransplant in den

Niederlanden die Daten des Organspenders verwendet, um nach festgelegten Merkmalen den geeignetsten Empfänger zu ermitteln. Eurotransplant führt die Wartelisten aus Deutschland, Österreich, Belgien, Luxemburg, Slowenien, Kroatien und den Niederlanden zusammen. Auswahlkriterien für den Empfänger sind unter anderem Blutgruppe, Gewebeeigenschaften, Dringlichkeit und Wartezeit, die je nach Organ verschieden gewichtet werden. Die Organvermittlung richtet sich nach medizinischen Kriterien – sozialer Status, Einkommen und Geschlecht werden nicht berücksichtigt. Da die Wartelisten für Spenderorgane lang sind, sollte sich jeder zu Lebzeiten mit dem Thema Organspende persönlich auseinandersetzen, denn Organe können Leben retten.

1 Recherchiere im Internet nach den Aufgaben der Deutschen Stiftung Organtransplantation.

2 Begründe, dass die Therapie zur Unterdrückung der Abwehrreaktion gegen das Transplantat den Patienten empfindlich gegenüber Infektionskrankheiten werden lässt.

3 Diskutiert in der Klasse Argumente für beziehungsweise gegen eine Organspende. Nutze dazu auch die Informationen auf Seite 99.

4 Informiere dich über die ersten Herztransplantationen in den 1960er Jahren und berichte.

2 Transportkoffer für Spenderherz

1. Feststellung des Todes
Zwei Ärzte müssen unabhängig vom Transplantationsteam den endgültigen Verlust der Gehirnfunktion feststellen.

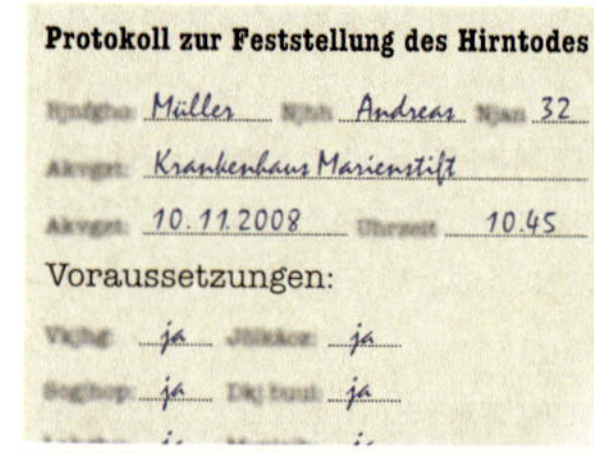

Protokoll zur Feststellung des Hirntodes

Müller Andreas 32

Krankenhaus Marienstift

10.11.2008 10.45

Voraussetzungen:

ja ja

ja ja

2. Gespräch
Besitzt der Verstorbene keinen Organspendeausweis, werden die Angehörigen gebeten, stellvertretend für ihn zu entscheiden.

3. Medizinische Tests
Der mögliche Spender wird auf Krankheiten untersucht, die Organfunktionen überprüft. Blutgruppe und Gewebemerkmale werden festgestellt.

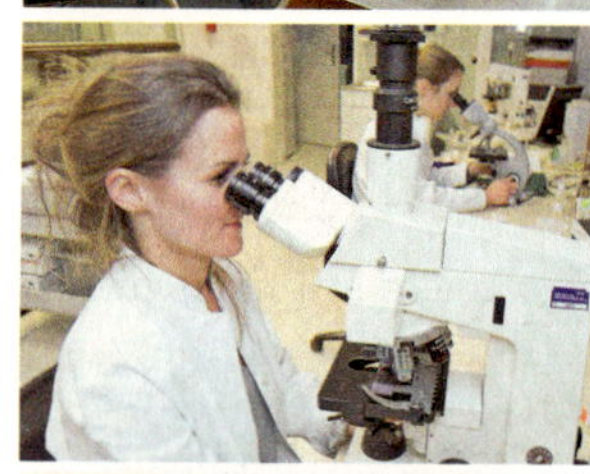

4. Organvermittlung
Die medizinischen Daten werden an Eurotransplantat übermittelt. Dort werden nach festgelegten Kriterien die optimalen Empfänger gesucht.

5. Vorbereitung der Transplantation
Die ermittelten Empfänger werden benachrichtigt und ihr Gesundheitszustand überprüft.

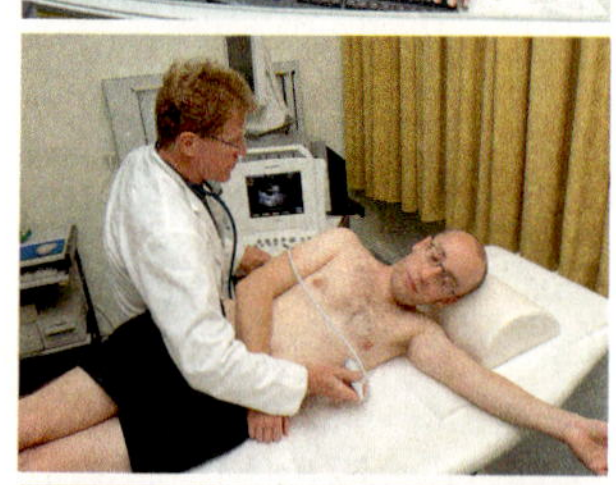

6. Organentnahme
Ein erfahrenes Ärzteteam entnimmt die Spenderorgane und konserviert sie. Dann werden diese in die Transplantationszentren gebracht.

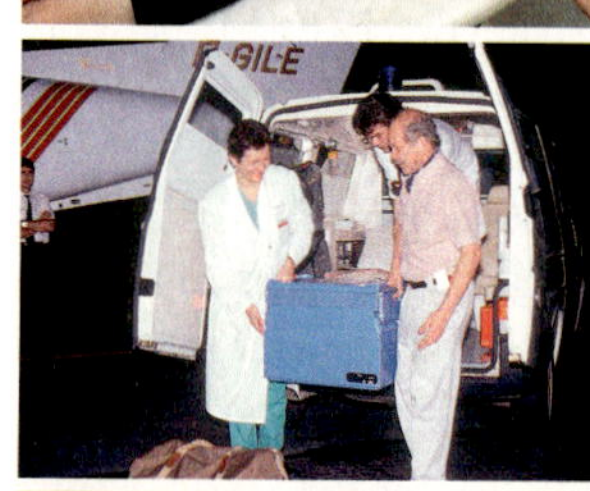

7. Transplantation
Unmittelbar nach dem Eintreffen im Transplantationszentrum werden den Empfängern die Organe übertragen.

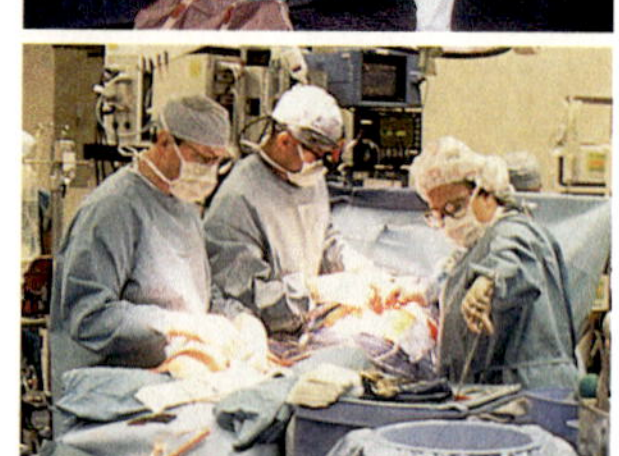

3 Ablauf einer Organspende

3.3 Wer kann Organspender werden?

In Deutschland warteten im Jahr 2006 rund 12 000 Menschen auf ein Spenderorgan – eine Niere, eine Lunge, ein Herz oder eine Bauchspeicheldrüse. Viele von ihnen warten vergebens auf das lebensrettende Organ, denn nur für etwa jeden dritten Patienten kann ein passendes Organ gefunden werden. Jeden Tag sterben drei Menschen von der Warteliste, denen man durch eine rechtzeitige Organspende hätte helfen können. Obwohl in der Bevölkerung das Thema Organspende nach dem Tod auf eine breite Zustimmung stößt, haben nur relativ wenige Menschen ihre Bereitschaft zur Spende mit Angehörigen diskutiert und in einem Organspendeausweis dokumentiert.

In Deutschland regelt das Transplantationsgesetz von 1997, dass nach dem Tod der Person Organe zu Transplantationszwecken entnommen werden können, wenn der Patient zu Lebzeiten sein Einverständnis dazu gegeben und schriftlich festgelegt hat. Dies sollte derjenige mit dem Organspendeausweis dokumentieren und den Ausweis mit sich führen. Die »erweiterte Zustimmungslösung« sieht außerdem vor, dass beim Fehlen einer schriftlichen Stellungnahme enge Angehörige des Patienten nach dessen Tod gemäß dem mutmaßlichen Willen des Verstorbenen entscheiden können, die Organe zur Entnahme freizugeben. Jugendliche können ab dem vollendeten 16. Lebensjahr selbst ihre Bereitschaft zur Organspende erklären, nach dem 14. Lebensjahr ihre Ablehnung dazu dokumentieren. Empfehlenswert ist es, diese Entscheidung mit den Eltern zu besprechen.

Das Transplantationsgesetz soll klare gesetzliche Grundlagen schaffen, die Unsicherheiten ausräumen, eine Gleichbehandlung gewährleisten und damit das Vertrauen der Bevölkerung in die Organspende stärken. So ist der von zwei Spezialisten festgestellte Hirntod die medizinische Voraussetzung zur Organspende. Während Herz- und Atemstillstand überwunden werden können, ist der Verlust der Gehirnfunktion endgültig und gilt als sicheres Todeszeichen.

Auch die beiden großen Kirchen Deutschlands haben sich schon 1990 mit den religiösen und ethischen Hintergründen der Organspende befasst. In einer gemeinsamen Erklärung befürworten sie die Organspende, wenn Organhandel ausgeschlossen, die Würde des hirntoten Spenders gewahrt und die Freiwilligkeit bei einer Lebendspende gegeben ist. In der Erklärung heißt es: »Aus christlicher Sicht ist die Bereitschaft zur Organspende nach dem Tod ein Zeichen der Nächstenliebe und Solidarisierung mit Kranken und Behinderten.«

Aufgrund des hohen Bedarfs gibt es eine Art Schwarzmarkt mit Organen, die meist aus Entwicklungsländern stammen. Ein solcher Organhandel ist gesetzlich verboten und alle Beteiligten machen sich dabei strafbar. Eine größere Spendenbereitschaft in unserem Land könnte dazu beitragen, die Wartelisten zu verkürzen und damit den illegalen Organhandel einzudämmen.

1 Das Transplantationsgesetz in Deutschland soll geändert werden. Recherchiere den Stand des Gesetzgebungsverfahrens.

2 Informiere dich über die gesetzlichen Regelungen zur Organtransplantation in den Nachbarstaaten Deutschlands.

3 Recherchiere im Internet die Ziele des Vereins »Junge Helden«.

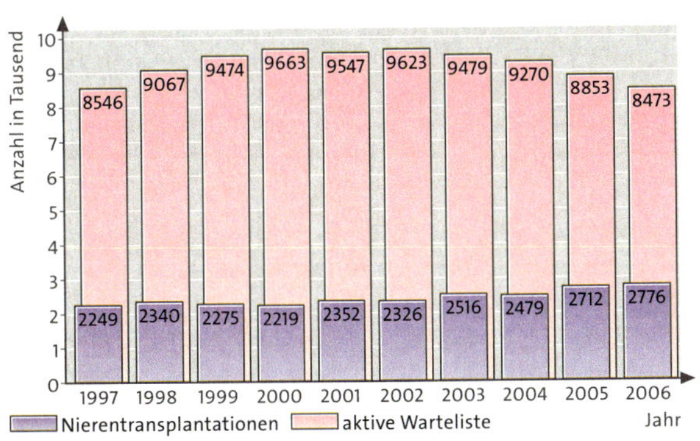

1 **Zahl der Nierentransplantationen im Vergleich zum Bedarf in Deutschland**

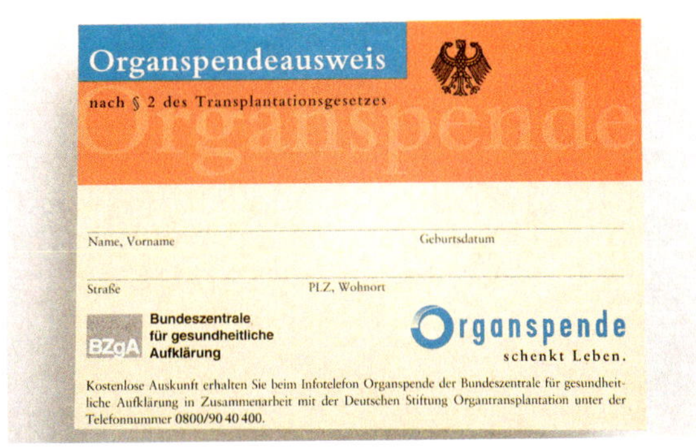

2 **Organspendeausweis**

4 Unsere Haut – ein Organ mit vielen Funktionen

4.1 Bau und Aufgaben der Haut

Viele Menschen genießen bei einem Sonnenbad die Wärme der Sonnenstrahlung auf der Haut. Dabei ist besondere Vorsicht geboten. Vor allem hellhäutige Menschen können beim Aufenthalt in der Sonne schnell einen Sonnenbrand bekommen. Dieser ist nicht nur sehr schmerzhaft, sondern er schädigt ein lebenswichtiges Organ des menschlichen Körpers: die **Haut.**

Die Haut ist aus drei Schichten aufgebaut. Die *Hornschicht* der **Oberhaut** eines Menschen besteht aus abgestorbenen Zellen. Obwohl die Hornschicht nur den Bruchteil eines Millimeters dick ist, erfüllt sie wichtige Schutzfunktionen. Sie verhindert das Eindringen von Krankheitserregern und schützt die darunterliegenden Schichten vor Verletzungen sowie vor Austrocknung. Die Hornschicht wird durch das fetthaltige Sekret der Talgdrüsen geschmeidig gehalten. Dieses Hautfett lässt außerdem das Wasser abperlen. Die äußersten, abgestorbenen Zellen der Hornschicht werden laufend abgelöst. Am Grunde der Hornschicht entstehen in der *Keimschicht* durch fortlaufende Zellteilung ständig neue Hautzellen. Einige dieser Zellen bilden unter Einwirkung von Sonnenlicht einen dunkelbraunen Farbstoff, das *Melanin.* Dieser Farbstoff macht die gefährliche UV-Strahlung der Sonne zum Teil unschädlich.

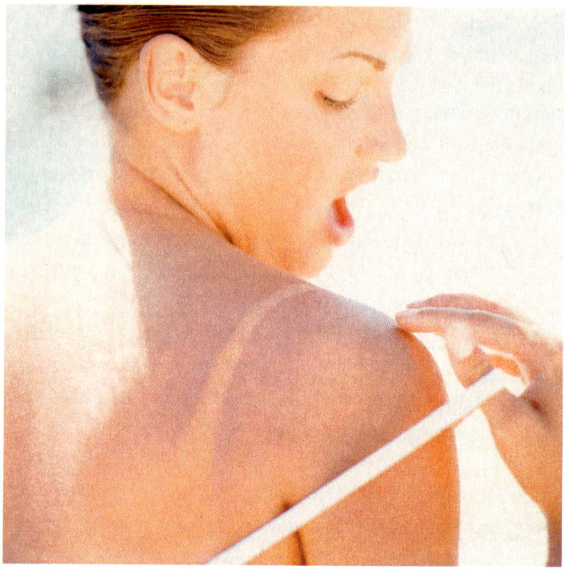

1 Schmerzhafter Sonnenbrand

Unter der Keimschicht schließt sich die **Lederhaut** an. Mit ihrem Bindegewebe verleiht sie der Haut große Festigkeit. In die Lederhaut sind die Haarwurzeln und Schweißdrüsen eingebettet. In der **Unterhaut** wird körpereigenes Fett gespeichert. Sie schützt die darunterliegenden Organe und Knochen bei Stürzen wie ein Stoßdämpfer.

Die unbedeckte Haut ist unmittelbar den Einflüssen der Umgebung ausgesetzt. Bei Kälte stellen kleine, an den Haarwurzeln befestigte Muskelfasern die Haare auf. Eine

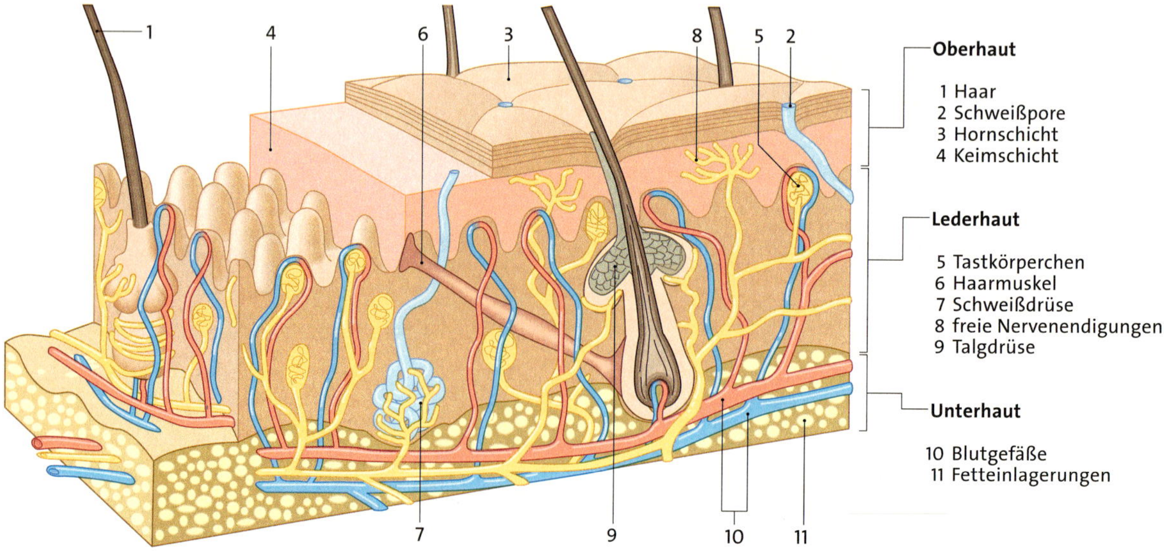

2 Aufbau der Haut

Gänsehaut entsteht. Beim Menschen hat diese Reaktion keine Bedeutung mehr, während viele Säugetiere durch das Aufstellen der Fellhaare vor Kälte geschützt werden. Bei Hitze produzieren die Schweißdrüsen der Lederhaut den Schweiß. Er besteht aus Wasser sowie verschiedenen Salzen und wird über Poren nach außen abgegeben. Der verdunstende Schweiß entzieht der Haut Wärmeenergie. Außerdem enthält der Schweiß geringe Mengen an Säuren, wie Fettsäuren und Milchsäure. Sie sind für den Säureschutzmantel der Haut verantwortlich. Er schützt uns vor Krankheitserregern wie Bakterien und Hefepilzen. Die alle Hautschichten durchziehenden Blutgefäße leiten das warme Blut bis kurz unter die Hautoberfläche, wo es sich abkühlen kann. Die Haut erfüllt damit wichtige Aufgaben bei der Wärmeregulation des Körpers.

Als abschließende Schicht des Körpers schützt die Haut das Körperinnere vor äußeren Einflüssen. Sie stellt aber gleichzeitig auch eine wichtige Verbindung zur Außenwelt her. Die Keimschicht und die Lederhaut sind mit Nervenzellen durchzogen, welche die Aufnahme verschiedener Reize gewährleisten. *Tastkörper* können mechanische Reize aufnehmen und freie Nervenendigungen werden bei Verletzungen der Haut gereizt. Die Registrierung der Umgebungstemperatur erfolgt ebenfalls über freie Nervenendigungen, die *Warm-* und *Kaltsensoren*. Alle diese Nervenzellen leiten die Informationen bis in das Gehirn weiter, wo sie verarbeitet werden. Aufgrund all dieser Funktionen ist die Haut auch ein bedeutendes Sinnesorgan.

Die Vielzahl der Funktionen verdeutlicht, wie wichtig die Gesunderhaltung der Haut ist. Die größten Gefahren gehen von Verbrennungen durch starkes Licht aus. Die UV-Strahlung der Sonne oder der Lampen eines Solariums kann die Zellen in der Keimschicht zerstören. Dann entsteht ein Sonnenbrand. Sind die Verbrennungen besonders stark, bilden sich mit Flüssigkeit gefüllte Brandblasen und abgestorbene Hautschichten lösen sich ab. Hautzellen können sich unter dem Einfluss von UV-Strahlung auch so verändern, dass sie sich unkontrolliert vermehren. Auf diese Weise kann Hautkrebs entstehen. Durch regelmäßige Selbstkontrolle lässt sich Hautkrebs frühzeitig erkennen. Ein Hautarzt kann derartig veränderte Hautbereiche entfernen.

Menschen unterscheiden sich hinsichtlich des Gehaltes an Melanin in der Haut. Dunkelhäutige Menschen bilden mehr Melanin und können sich länger ungeschützt der Sonne aussetzen als hellhäutige Menschen. Sonnencremes mit Lichtschutzfaktor absorbieren schädigende UV-Strahlung, bevor sie in die Haut eindringt. Durch richtiges Verhalten beim Sonnenbad am Strand oder im Solarium kann die Haut geschützt werden.

1 Ermittle mit Angaben aus dem Internet deinen eigenen Hauttyp und leite Regeln für den Aufenthalt in der Sonne ab.

2 Nenne die Aufgaben der einzelnen Hautschichten.

3 Oberflächliche Schürfwunden bluten kaum. Erläutere diese Beobachtung.

3 Sonnenbaden am Strand

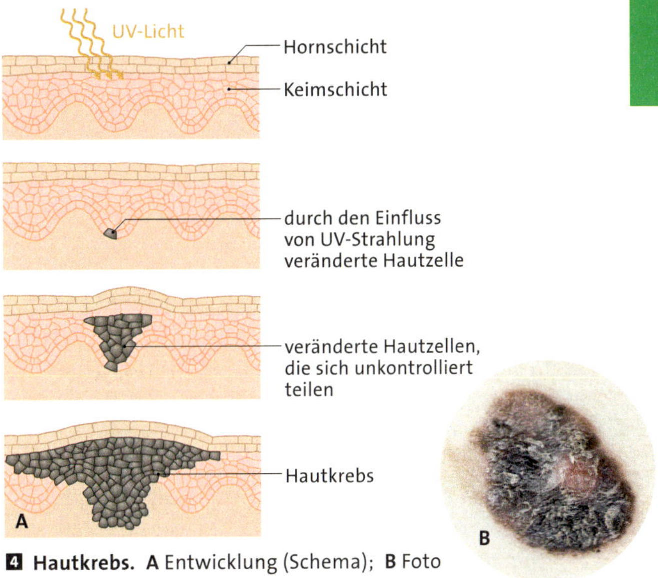

4 Hautkrebs. **A** Entwicklung (Schema); **B** Foto

4.2 Mit der Haut nehmen wir vielfältige Reize auf

In einem Bilderbuch für Kinder erwartet man viele bunte, ansprechende Bilder. Es gibt jedoch einige Kinderbücher, die ganz anders aussehen: Statt mit farbigen Zeichnungen sind die Seiten mit Erhebungen bedeckt, die mit den Fingern zu tasten sind. Es sind Bilderbücher für blinde Kinder. Später werden diese Kinder auch lesen können. Lesebücher für Blinde enthalten keine Buchstaben, sondern punktförmige Erhebungen, die zu ertasten sind.

In der Haut liegen verschiedene Strukturen zur Aufnahme von Umweltreizen. Diese Strukturen nennt man Rezeptoren. So gibt es verschiedene **Druckrezeptoren.** Direkt unter der Oberhaut der Fingerspitzen liegen in besonders großer Zahl die für Berührungsreize sehr empfindlichen *Tastkörperchen.* Wird die Haut an einer Stelle etwas eingedrückt, fließt eine kurze Erregung zum Gehirn. Blinde entwickeln durch Übung eine besondere Empfindlichkeit des Tastsinnes. Tastkörperchen und die ähnlich arbeitenden *Haarbalgnerven* befinden sich in der gesamten Körperoberfläche in unterschiedlicher Dichte. Weil sich in den Fingerkuppen besonders viel Tastkörperchen befinden, kann man mit ihnen wesentlich besser tasten als zum Beispiel mit der Haut auf der Handoberseite. Auch in den Lippen liegen viele Tastkörperchen.

Neben den Tastkörperchen liegen in der Haut die *Tastscheiben.* Von diesen werden so lange Erregungen an das Gehirn übertragen, wie ein Druck auf sie ausgeübt wird. Ein zu enger Schuh wird dauerhaft wahrgenommen. Hautverschiebungen werden dem Gehirn durch die Lamellenkörperchen gemeldet.

Kälte- und Wärmeeinwirkungen der Umgebung werden von **Temperaturrezeptoren** in der Haut registriert. Eine Abkühlung wird durch *Kälterezeptoren,* die auf Abkühlung unter 36 °C reagieren, wahrgenommen. Sie liegen als *freie Nervenenden* in und dicht unter der Oberhaut. Erwärmungen über 36 °C registrieren die in der Lederhaut liegenden *Wärmerezeptoren.* Dass beispielsweise die Kälte oder Wärme des Badewassers beim Eintauchen des Körpers nur kurz empfunden wird, hat folgenden Grund: Im Temperaturbereich von 20 °C bis 40 °C führen Erwärmung und Abkühlung nur vorübergehend zur Warm- oder Kaltempfindung. Gefahren für den Körper bestehen hier kurzfristig nicht. Erst bei stärkeren oder lange anhaltenden Abweichungen von der normalen Körpertemperatur spürt man die Kälte oder Wärme dauerhaft und beginnt zu frieren oder zu schwitzen.

1 Ertasten von Bildern

Besonders starke Reizungen der Haut werden von **Schmerzrezeptoren** wahrgenommen. Dies sind freie Nervenenden, die auf für den Körper schädliche mechanische Reize, Temperaturen oder chemische Stoffe reagieren. Man findet sie in der Oberhaut und in der Lederhaut. Die von ihnen kommenden Erregungen werden im Gehirn als Schmerz empfunden. Nach Beendigung der Reizeinwirkung klingt der Schmerz bald wieder ab.

1 Blindenschrift ertastet man mit den Fingerkuppen und nicht mit den Handflächen. Erkläre.

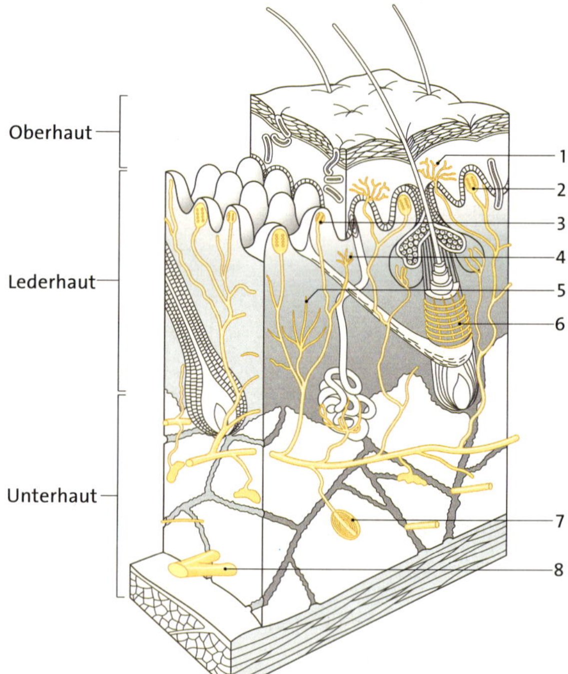

2 Nerven und Sinneskörperchen der Haut. **1** freie Nervenenden; **2** Tastkörperchen; **3** Tastscheibe; **4** Kälterezeptor; **5** Wärmerezeptor; **6** Haarbalgnerv; **7** Lamellenkörperchen; **8** Nerv

Aufgaben und Versuche – Sinne der Haut

V1 Tastempfindlichkeit

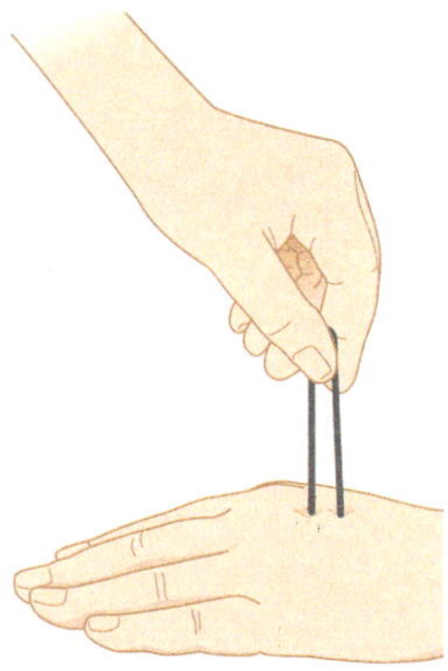

Material: aufgebogene Büroklammer; Lineal

Durchführung: Biege die Enden der Büroklammer auf 20 mm Abstand. Drücke sie leicht auf die Haut einer Versuchsperson, die die Augen geschlossen hält. Verringere nun den Abstand der Enden stufenweise. Berühre zwischendurch auch nur mit einem Ende. Notiere den Abstand, bei dem nur noch ein Tastreiz wahrgenommen wird. Untersuche auf diese Weise Fingerkuppe, Handfläche, Handrücken, Arme, Wangen ...

Aufgaben:

a) Stelle die Ergebnisse in Form einer Tabelle dar.

b) Bestimme die empfindlichste Hautstelle und erkläre die biologische Funktion.

c) Ermittle die Hautpartie, in der die Druckpunkte am weitesten auseinander liegen.

V2 Tastsinn und Blindenschrift

In der Blindenschrift werden die Buchstaben durch Gruppen von (höchstens 6) Erhebungen dargestellt.

Material: Blindenalphabet (Blindenverbände); Lineal

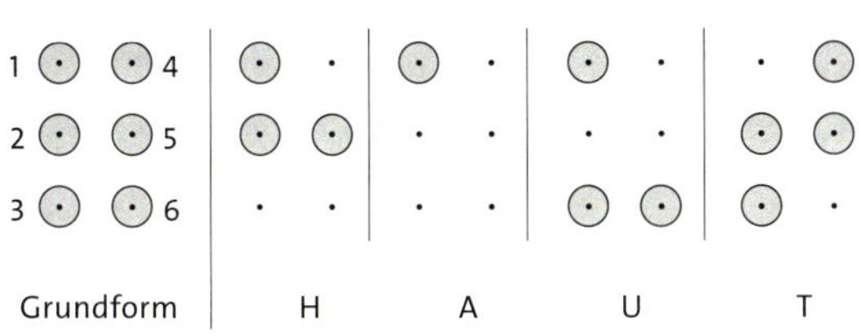

Durchführung: Versuche, mit geschlossenen Augen Buchstaben zu ertasten. Miss anschließend die Abstände zwischen zwei Erhebungen im Blindenalphabet. Vergleiche mit den Ergebnissen der Untersuchung der Fingerkuppe in V 1.

Aufgaben:

a) Versuche einzelne Buchstaben zu unterscheiden.

b) Begründe, ob man einzelne Buchstaben noch unterscheiden könnte, wäre der Abstand zwischen den Erhebungen noch geringer.

V3 Temperatursinn

Material: 3 Schalen, Thermometer

Durchführung: Fülle in je eine Schale Wasser mit einer Temperatur von 10 °C, 30 °C und 50 °C. Tauche für eine Minute die linke Hand in das Wasser mit 10 °C und gleichzeitig die rechte Hand in das Wasser mit 50 °C. Tauche anschließend beide Hände in das 30 °C warme Wasser.

Aufgaben:

a) Beschreibe die Temperaturempfindungen beim ersten Versuchsschritt.

b) Beschreibe und erkläre die Empfindungen im 30 °C warmen Wasser.

V4 Wärme- und Kältepunkte

Material: 2 weite Reagenzgläser; 2 durchbohrte Gummistopfen; 2 Stricknadeln; Lappen; Eiswürfel; 2 Faserstifte (rot, blau); kaltes und heißes Wasser

Durchführung: Baue zwei »Testgeräte« entsprechend der Abbildung. Zeichne auf den Handrücken einer Versuchsperson (VP) ein Quadrat von 2 × 2 cm. Fülle in das eine Testgerät kaltes Wasser und Eiswürfel und in das andere heißes Wasser. Die VP soll nun die Augen schließen.

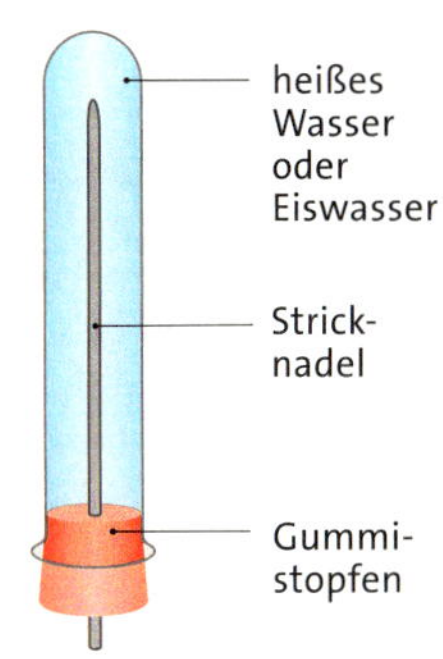

Fasse das heiße Reagenzglas mit dem Lappen und betaste mit der Stricknadelspitze das Quadrat. Die VP meldet jeden Wärmepunkt. Markiere jeden Punkt mit rot. Suche auf ähnliche Weise nach Kältepunkten. Markiere sie mit blau. Untersuche auch andere Hautstellen, z. B. die Armbeuge.

Aufgabe: Vergleiche die Anzahl der Wärme- und Kältepunkte am Handrücken und in der Armbeuge.

4.3 Das Ausscheidungsorgan Haut muss gepflegt werden

In einer Sauna wirkt über 90 Grad Celsius heiße Luft auf die Haut ein. Sofort wird diese nass durch den gebildeten Schweiß. Wenn ein Tropfen Schweiß in den Mund läuft, empfindet man einen salzigen Geschmack. Schweiß ist also kein reines Wasser, sondern eine Flüssigkeit, die bis zu 20 Gramm Salz pro Liter enthält. Die Bildung des Schweißes erfolgt in den *Schweißdrüsen.* Sie sind besonders zahlreich in den Achselhöhlen, den Hand- und Fußflächen und auf der Stirn. Neben Salz werden im Schweiß auch Abfallstoffe des Stoffwechsels ausgeschieden. Die Ausscheidung über die Haut kann zwar die Tätigkeit der Nieren nicht ersetzen, liefert aber einen wichtigen Beitrag zur Entgiftung des Körpers.

1 In der Sauna

Daneben hat die Haut noch weitere wichtige Aufgaben. Sie ist der Einwirkung durch die Umwelt unmittelbar ausgesetzt und muss deshalb den Körper schützen. Dazu dient die *Hornschicht.* Da sie sich ständig abschuppt, müssen Zellen nachgeliefert werden. Dies erfolgt durch die *Keimschicht.* Für eine gründliche Pflege kann man ein **Peeling** anwenden. Dabei werden die abgestorbenen Zellen entfernt und die Haut wird gleichzeitig durchblutet.

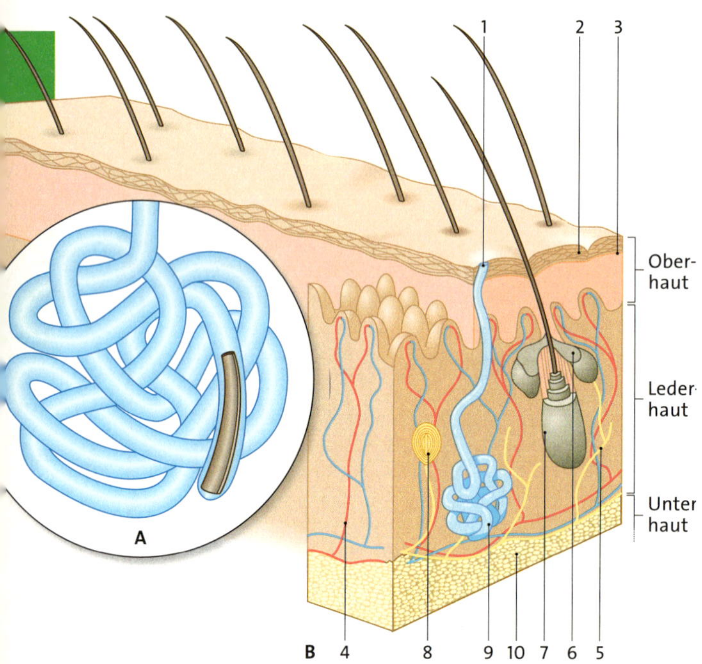

2 Haut. **A** Schweißdrüse (Schema); **B** Aufbau der Haut: **1** Pore einer Schweißdrüse, **2** Hornschicht, **3** Keimschicht, **4** Blutgefäßkapillare, **5** freie Nervenenden, **6** Talgdrüse, **7** Haarbalg, **8** Tastsinneskörperchen, **9** Schweißdrüse, **10** Fettzellen

Die gesamte Oberhaut schützt die darunter liegenden Gewebe und verhindert das Eindringen von Krankheitserregern. Besonders wichtig ist hier der *Säuremantel* der Haut, eine dünne, Bakterien tötende Schicht auf der Oberhaut. Sie verhindert, dass sich bestimmte Pilze wie Hefen ansiedeln können. Diesen Schutz sollte man nicht durch zu häufiges Waschen vor allem mit stark basischen Seifen zerstören. Günstig sind **hautneutrale Seifen.** Durch Fett, das in den Talgdrüsen gebildet wird, wird die Oberhaut geschmeidig gehalten. Bei trockener Haut ist deshalb die Verwendung einer Körperlotion oder einer rückfettenden Creme sinnvoll.

Tipps für eine schöne, gesunde Haut

- Damit deine Haut genügend Feuchtigkeit erhält und geschmeidig bleibt, pflege und schütze sie täglich mit einer Hautcreme.
- Viel Bewegung an der frischen Luft fördert die Hautdurchblutung. Die Haut wird dann gut mit Sauerstoff und Nährstoffen versorgt.
- Genügend Schlaf ist ein sehr wirksames Schönheitsmittel für die Haut. Sie erholt sich während des Schlafs.

1 In Hallenbädern wird das Tragen von Badesandalen empfohlen. Erläutere. Informiere dich auf Seite 105.

2 Erläutere die Bedeutung der Schweißbildung. Nimm auch Seite 101 zu Hilfe.

3 Stelle weitere Pflegetipps für die Haut zusammen.

Wissen kompakt Hauterkrankungen

Diagnose: **Akne**
Ab dem 10. bis 12. Lebensjahr kann es anfangen: Besonders im Gesicht zeigen sich Pickel und Pusteln. Der Körper beginnt nun, Sexualhormone zu bilden. Diese Hormone steigern auch die Fettproduktion in den Talgdrüsen der Haut. So lange das Fett abfließt, wird die Haut nur fettiger. Oft sind jedoch die Ausfuhrgänge der Talgdrüsen und Poren verengt. Fett und abgestorbene Hornhautzellen können nicht mehr abfließen und stauen sich im Talgdrüsenausführgang. Es bildet sich ein Talg-Horn-Pfropf. Auf der Haut tauchen dann weiße oder schwarze »Mitesser« auf, die Vorboten der Akne. Die schwarze Farbe der Mitesser hat nichts mit Schmutz zu tun. Hautfarbstoffe, die Pigmente, färben das Talg-Horn-Gemisch dunkel. Wenn Bakterien eindringen, entzünden sich die Mitesser. Als Folge entstehen rote oder eitrige Pickel und Pusteln. Wenn sehr viele solcher Gebilde entstehen, spricht man von Akne.

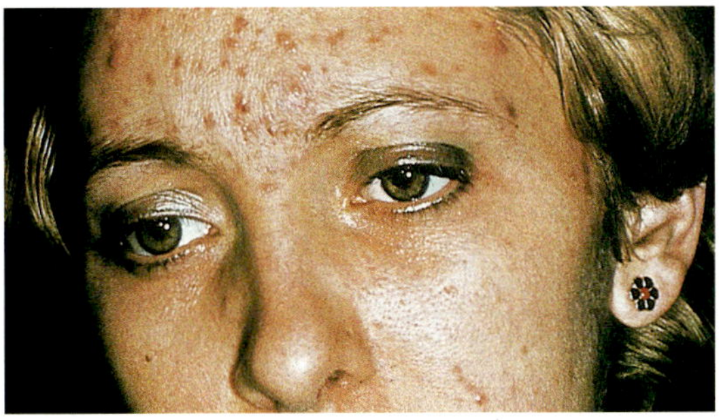

- Entferne das Hautfett durch regelmäßiges Waschen mit einem seifenfreien Mittel.
- Bei viel Bewegung an frischer Luft und durch gesunde Ernährung heilen Pickel schneller.
- Nicht an den Pickeln herumdrücken, sonst können Narben entstehen.
- Bei Akne musst du den Arzt aufsuchen. Er verschreibt dir wirksame Medikamente.

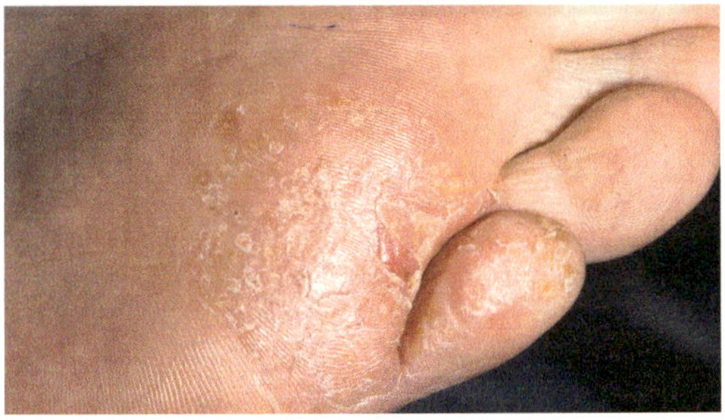

Diagnose: **Fußpilz**
Auf das Vergnügen in Schwimmbad und Sporthalle folgt mitunter das große Kratzen: juckende, brennende Haut, Rötungen, gelegentlich Bläschen und schmerzhafte, entzündete Risse an den Füßen. All das sind Anzeichen für einen Befall mit mikroskopisch kleinen Pilzen. Luft- und wasserdichte Kunststoffe in Sportschuhen und Strümpfen bringen die Haut zum Schwitzen und schaffen das feuchtwarme Klima, in dem diese Pilze besonders gut gedeihen. Sie können jede Stelle der Haut befallen. Besonders schnell vermehren sie sich jedoch zwischen den Zehen. Hautpilzerkrankungen sind ansteckend. Vor allem in Schwimmbädern und Duschen kann man sich anstecken.

- Um einer Ansteckung vorzubeugen, solltest du dort Badeschuhe tragen.
- Nach dem Bad musst du dich gut abtrocknen, besonders die Haut zwischen den Zehen.
- Wenn du an Fußpilz erkrankt bist, hilft nur eine Behandlung mit Medikamenten.

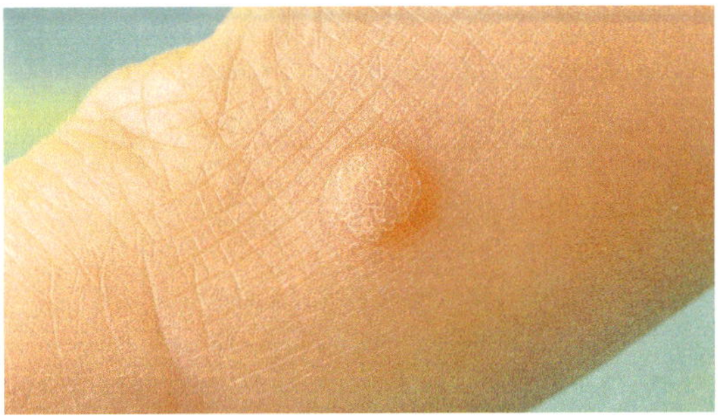

Diagnose: **Warzen**
Warzen werden durch winzige Krankheitserreger, die Warzenviren, verursacht. Diese Viren veranlassen die Hautzellen, schneller zu wachsen und sich zu vermehren. Dies wird dann als Warze sichtbar. Warzenviren sind nicht gefährlich. Sie bleiben in den oberen Hautschichten und gehen nicht ins Blut über. Besonders beim Barfußlaufen in Schwimmbädern und Sporthallen kann man sich anstecken. Kratzt man die Warzen auf, breiten sich die Viren auf der Haut aus. Es entstehen neue Warzen oder du steckst andere Personen an.

- Um dich vor Warzen zu schützen, vermeide das Barfußlaufen in Schwimmbädern und Sportstätten.
- Nach dem Schwimmen oder Duschen solltest du Hände und Füße gut abtrocknen.
- Falls du eine Warze bei dir entdeckst, lasse sie sofort vom Arzt behandeln, damit die Warzenviren sich nicht ausbreiten. Die meisten Warzen können schmerzfrei entfernt werden.

Aufgaben und Versuche — Projekt: Reinigen und Pflegen der Haut

In diesem Projekt lernt ihr die Herstellung verschiedener kosmetischer Produkte kennen. Diese selbst hergestellten Kosmetika haben Vorteile:

1) Ihr verwendet nur hautfreundliche und natürliche Zutaten. Auf künstliche und überflüssige Hilfsmittel könnt ihr verzichten.
2) Aufwändige Verpackungen und teure Gläser braucht ihr nicht mitzukaufen. Eure Flaschen und Gläser lassen sich wiederverwenden.
3) Die teure Werbung, die ihr über die Produkte mitbezahlt, entfällt.

Die Zutaten könnt ihr in vielen Apotheken, in Naturkostläden, im Versandhandel oder über das Internet beschaffen. Die benötigten Gläser sind eigentlich in jeder Küche, ganz sicher aber in jedem Schullabor vorhanden. Sie sind daher nicht extra aufgeführt.

Für die Aufbewahrung benötigt ihr Flaschen und andere Gefäße. Sie sollen nicht nur schön aussehen, sondern euer Produkt auch einige Zeit sicher aufbewahren. Spezielle Behälter, wie zum Beispiel einen Deo-Rollstift, gibt es nur im Fachhandel.

Soll die Haltbarkeit erhöht werden, kann das bei einigen Produkten durch die Aufbewahrung im Kühlschrank geschehen. Bei anderen müssen dann Konservierungsmittel zugesetzt werden.

Jede Gruppe soll sich für ein Produkt entscheiden. Gelingt die Herstellung, ist es sicher möglich, eine kleine Serie aufzulegen, damit möglichst viele Mitschülerinnen und Mitschüler ihr eigenes Produkt haben. Aber auch Abwandlungen der Rezepte, zum Beispiel die Verwendung eines anderen Duftöls als das angegebene, sollen getestet werden. In jeder Bücherei findet ihr Anleitungen zum Selbermachen von Kosmetik und weitere Rezepte.

Gruppe 1: **Waschcreme, auch für empfindliche Haut**

15 g Sojaöl, 1 g Cetylalkohol, 4 g Lamecreme, 10 g destilliertes Wasser, 10 g Glycintensid HAT, 8 Tropfen Meristem-Extrakt, 2 Tropfen Parfüm, 1 g Odex

Alle Zutaten werden gemeinsam in einem Becherglas unter Rühren auf etwa 70 °C erhitzt. Dann werden sie in ein Aufbewahrungsgefäß gegeben und geschüttelt. Ist die Mischung auf etwa 30 °C abgekühlt, werden Meristem-Extrakt und Parfüm zugegeben.

Soll die Waschcreme auch zur Körperwäsche verwendet werden, kann der Deo-Wirkstoff Odex zugesetzt werden.

Gruppe 2: **Kräuterölbad**

1 l destilliertes Wasser, 5 g Tween, 70 g Sojaöl, 25 g Kräuteröl, zum Beispiel Melissenöl

Das Wasser und die Zutaten in ein geschlossenes Gefäß geben und kräftig durchschütteln. Für ein Vollbad werden etwa 2 Esslöffel davon benötigt.

Gruppe 3: **Reinigungsmilch**

15 g Sonnenblumenöl, 80 g destilliertes Wasser, 4 g Tegomuls 90S, 1 g Cetylalkohol, 10 Tropfen Menthol

Das Öl, Tegomuls und Cetylalkohol werden in einem Becherglas auf etwa 70° C erwärmt. In einem zweiten Becherglas wird das Wasser auf die gleiche Temperatur gebracht. Das Wasser wird unter ständigem Rühren in das Gemisch gegeben. Wenn alles auf 30 °C abgekühlt ist, wird tropfenweise Menthol eingerührt.

Gruppe 4: Duschgel

20 g Zetesol, 4 g Sanfteen, 80 ml destilliertes Wasser
2 g Kochsalz, Duftöl und Lebensmittelfarbe nach Wunsch

Zetesol und Sanfteen werden je in einem Becherglas mit 40 ml destilliertem Wasser verrührt, bis sich alles gelöst hat. Gegebenfalls muss das Gemisch etwas erwärmt werden. Die beiden Lösungen werden anschließend gemischt. Ist dieses Gemisch für ein Duschgel zu flüssig, müssen 1 g oder 2 g Kochsalz zugegeben werden. Zum Schluss kann das Duschgel mit einer Lebensmittelfarbe eingefärbt und mit einem Duftöl parfümiert werden.

Gruppe 5: Gesichtswasser für alle Hauttypen

12 g kosmetisches Haarwasser D 95 %, 5 g Hamamelis-Tinktur oder Hamamelis-Frischpflanzen-Extrakt, 3 g D-Panthenol 75, 1 g Allantoin, 80 g destilliertes Wasser

Das Allantoin wird in destilliertem Wasser gelöst. Damit sich alles löst, muss gegebenenfalls etwas erwärmt werden. Dann werden die restlichen Zutaten zugegeben und alles wird verrührt.

Gruppe 6: Deo-Rollstift

50 ml kosmetisches Haarwasser D 95 %, 50 ml destilliertes Wasser, 2,5 ml Salbei-Öl oder 20 Tropfen Farnesol, 1 Messerspitze Xanthan und eventuell einigen Tropfen eines Duftöls

Alle Zutaten außer Xanthan vermischen. Dann durch ein Teesieb Xanthan zugeben und auf eine klümpchenfreie Vermischung achten. Nach etwa einer halben Stunden nochmals gut verrühren und dann in einen Roll-on-Behälter abfüllen.

Gruppe 7: Handcreme

6 g Sesam- oder Sojaöl, 1,5 g Bienenwachs, 30 g destilliertes Wasser, 2,5 g Tegomuls 90 S, 1 g Cetylalkohol, 20 Tropfen Euxyl, 4 Tropfen Duftöl

Das Öl und das Wachs werden zusammen mit dem Cetylalkohol in einem Becherglas auf 70 °C erwärmt. In einem zweiten Becherglas wird das Wasser auf die gleiche Temperatur erwärmt und unter ständigem Rühren in das Fettgemisch gegeben. Ist alles auf etwa 30 °C abgekühlt, werden die restlichen Zutaten eingerührt.

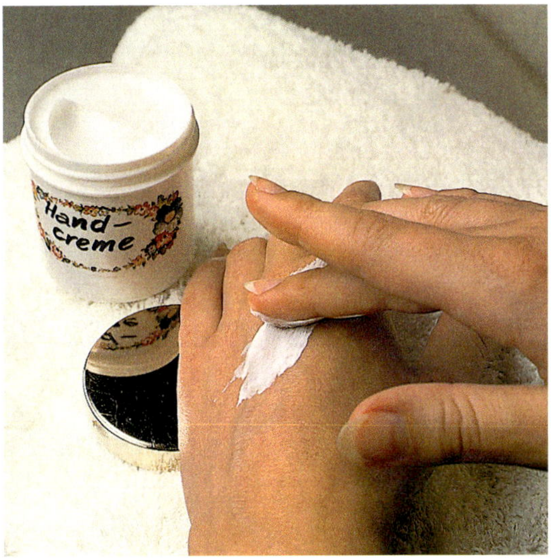

4.4 Beim Wasserhaushalt arbeiten viele Organe zusammen

Heute ist Wandertag. Das Ziel ist eine alte Burg. Der Weg dorthin führt steil bergauf. Keuchend und schwitzend wird schließlich das alte Gemäuer erreicht. Die Klasse stürmt die Gartenwirtschaft im Burghof. Alle bestellen Getränke, denn der Durst ist groß. Wieso bekommt man nach einer schweißtreibenden Anstrengung Durst?

Unser Körper enthält eine bestimmte Wassermenge. Sie liegt bei etwa 68 Prozent der Körpermasse. Diese muss aufrechterhalten werden. Jedoch verliert der Körper ständig Wasser: Bei jedem Atemzug wird neben Kohlenstoffdioxid auch gasförmiges Wasser ausgeatmet. Außerdem werden täglich etwa ein bis zwei Liter Wasser als **Harn** ausgeschieden. Die Ausscheidung von Harn ist lebensnotwendig, da er neben Stoffwechselprodukten auch körperfremde, zum Teil sogar giftige Stoffe enthält. Der Harn wird in den **Nieren** gebildet. Dort werden dem Blut Stoffe, die nicht verwertbar oder sogar schädlich sind, entzogen. Auch überflüssiges Wasser wird auf diese Weise abgegeben. Du hast sicher schon bemerkt, dass mehr Harn gebildet wird, wenn man viel trinkt. Andererseits wird weniger Harn gebildet, wenn man viel schwitzt. Durch Schwitzen kann der Körper viel Wasser verlieren. Auch dieser Vorgang ist sehr wichtig. Bei großen Anstrengungen entsteht in den Muskeln viel Wärme, die vom Blut in die Haut transportiert wird. Die Hautkapillaren weiten sich. In den Schweißdrüsen wird Schweiß abgesondert, der verdunstet. Dadurch wird der Haut Wärme entzogen und der Körper gekühlt. Durch solche Wasserverluste wird das Blut etwas dicker. Außerdem wird der Salz-Wasser-Haushalt des Körpers gestört. Die Veränderung wird gemessen und an das Gehirn gemeldet. Dort entsteht ein *Durstgefühl.* Dieses Durstgefühl drängt dazu, durch Trinken den Wasserverlust wieder auszugleichen. Mehrere Organe – Muskeln, Blut, Haut, Nieren und Gehirn – arbeiten also zusammen, um die Wassermenge im Körper ungefähr gleich zu halten. In ähnlicher Weise arbeiten alle Organe unseres Körpers zusammen, um die Kennzeichen des Lebendigen wie Bewegung, Stoffwechsel und Wachstum, Reizbarkeit, Fortpflanzung und Entwicklung zu erfüllen.

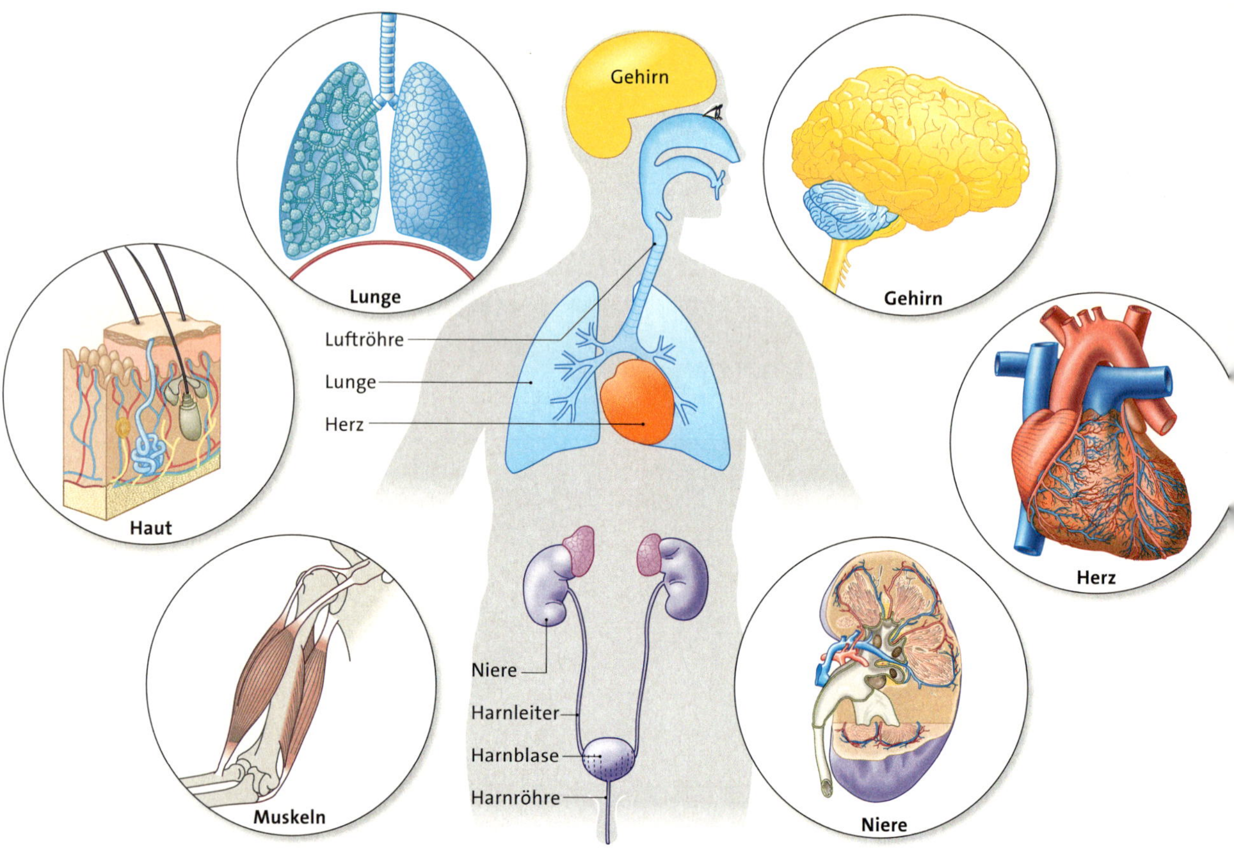

1 **Die Wassermenge im Körper wird durch die Zusammenarbeit mehrerer Organe geregelt**

Die Organe in einem Körper können mit Abteilungen in einem Industriebetrieb verglichen werden. Stoffe müssen herangebracht und weggeschafft werden. Die Energieversorgung muss sichergestellt sein. Vorräte werden gespeichert und Abfälle entsorgt. Besonders wichtig ist die Regelung der Zusammenarbeit der Abteilungen. In einem Industriebetrieb erfolgt sie durch die übergeordnete Chefetage und Verwaltungszentrale. Dort verarbeiten Computer die gespeicherten und neu einlaufenden Informationen, von dort werden Anweisungen erteilt und die Tätigkeiten in den einzelnen Abteilungen kontrolliert.

Im Körper erfüllt diese Aufgabe das Gehirn. Es verarbeitet die über die Nerven eingehenden Messwerte. Hier werden beispielsweise die Atmung, der Blutdruck und die Wasserversorgung des Körpers kontrolliert und von hier werden Befehle an Herz, Lungen, Nieren und Muskeln ausgegeben. In dem speziellen Beispiel der Wasserregulation wird das Durstzentrum im Zwischenhirn angesprochen. Hier werden Hormone gebildet, die als Botenstoffe arbeiten. Sie steuern gemeinsam mit der Niere das Durstgefühl.

1 Wenn man eine Hand in 90 °C heißes Wasser taucht, verbrennt man sich. In einer Sauna kann eine Lufttemperatur von 90 °C herrschen. Trotzdem kann man sich hier mehrere Minuten ohne Verbrennungserscheinungen aufhalten. Erläutere.

2 Begründe, dass man in einer Sauna schwitzt, obwohl man sich hier kaum bewegt.

3 Wenn man einige Stunden nichts gegessen hat, bekommt man Hunger.
Erläutere die Zusammenarbeit von Verdauungsorganen, Blut, Muskeln und Gehirn. Denke dabei an Stoff- und Energiewechselvorgänge und ihre Wechselwirkungen.

4 Ein Verdurstender in der Wüste muss ab und zu Harn abgeben, obwohl sein Körper jeden Tropfen Wasser unbedingt benötigt. Erläutere dies.

5 Stelle in einer Tabelle verschiedene Abteilungen eines Industriebetriebes und Organe des menschlichen Körpers gegenüber. Nenne jeweils die Aufgaben.

6 Atme tief ein und halte dann für zehn Sekunden die Luft an. Erläutere die Reaktion deines Körpers. Nenne Organe, die hier zusammenarbeiten.

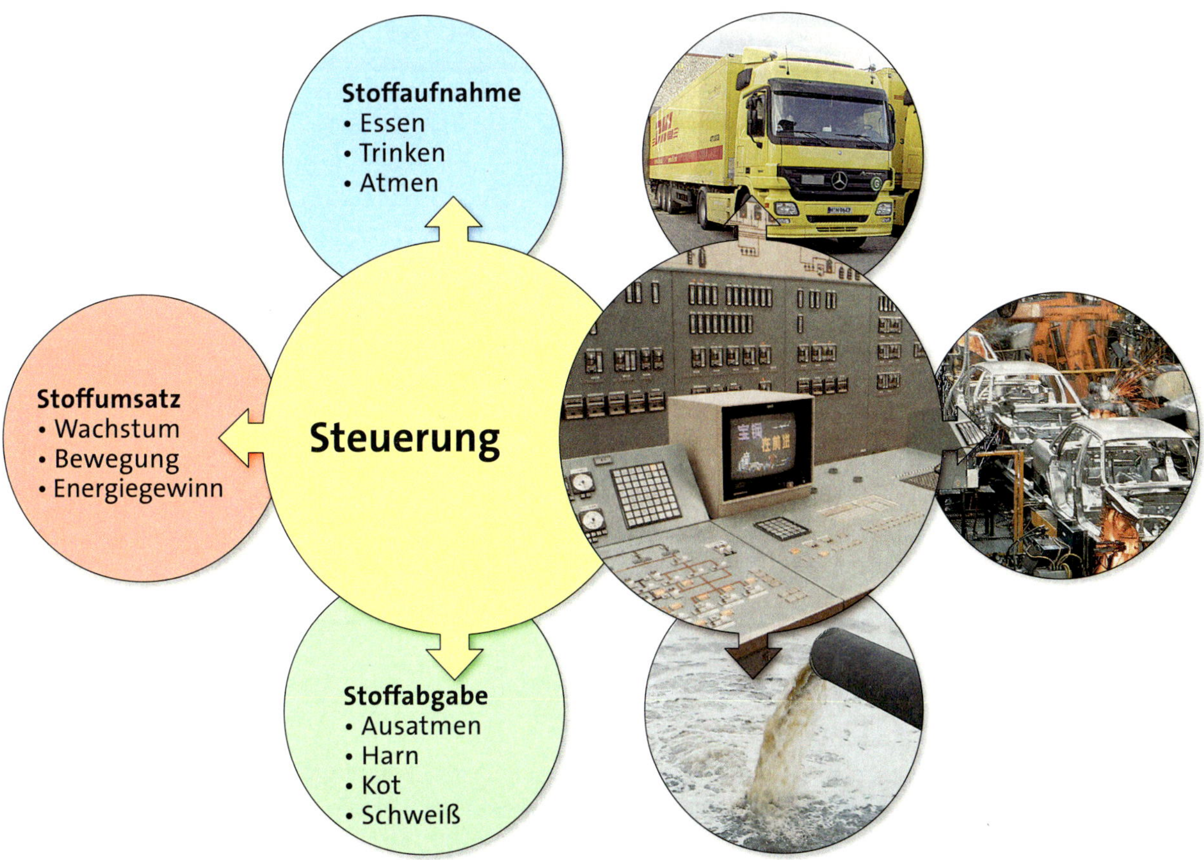

2 Der Körper und ein Industriebetrieb zeigen einige Übereinstimmungen

Zusammenfassung Ernährung, Verdauung und Ausscheidung

Erschließungsfeld Struktur und Funktion

Mit der Nahrung nimmt der Mensch die drei Nährstoffgruppen Kohlenhydrate, Fette und Proteine auf. Außerdem enthält die Nahrung Vitamine, Ballaststoffe, Mineralstoffe und Wasser. Die Nahrung gelangt über die Speiseröhre in den Magen und von dort über den Zwölffingerdarm in den Dünndarm. Dieser ist im Inneren durch zahlreiche Falten und Zotten strukturiert. So entsteht eine große innere Oberfläche, die dazu dient, die Grundbausteine der verdauten Nahrung wie Traubenzucker, Aminosäuren, Glycerin und Fettsäuren schneller ins Blut oder die Lymphe aufzunehmen. Diese Stoffaufnahme über die Darmwand nennt man Resorption.

Auch der Bau der Lungen zeigt das Prinzip der Oberflächenvergrößerung: Über 300 Millionen Lungenbläschen ergeben eine innere Oberfläche von etwa 100 Quadratmetern. Über diese Oberfläche erfolgt der Gasaustausch zwischen der Atemluft und dem Blut.

Auch am Beispiel der Nieren kann der Zusammenhang zwischen Struktur und Funktion erläutert werden. Im Nephron, wie die Funktionseinheiten der Niere heißen, wird durch Wandabschnitte, die nur für bestimmte Stoffe durchlässig sind, Konzentrationsunterschiede zwischen benachbarten Lösungen sowie Energie verbrauchende Transportvorgänge ein konzentrierter Endharn erzeugt, in dem vorwiegend Stoffe enthalten sind, die ausgeschieden werden sollen. Wasser wird durch die Nieren zum überwiegenden Teil im Körper zurückgehalten. Ein weiteres wichtiges Ausscheidungsorgan ist die Haut.

Erschließungsfeld Stoff und Energie

Die Versorgung des Körpers mit Energie und Baustoffen erfolgt über die Nahrung. Einfachzucker, vor allem Traubenzucker, dienen in erster Linie der Energieversorgung der Zellen. Für diesen Stoffwechselprozess ist Sauerstoff erforderlich, der über die Atemluft aufgenommen werden muss. Das bei der Zellatmung entstehende Kohlenstoffdioxid wird über das Blut zu den Lungen transportiert und dort ausgeatmet. Die Atmung ist also ein Vorgang, bei dem Stoffaufnahme und Ausscheidung gekoppelt sind.

Ein Teil der durch die Verdauung verfügbar gewordenen Baustoffe wird dazu genutzt, körpereigene Stoffe aufzubauen. Die wichtigste Zentrale des Stoffwechsels ist die Leber, in der Stoffe auf-, um- und abgebaut werden. Stoffwechselreste, die teilweise giftig sind, gelangen über das Blut zur Ausscheidung in die Nieren.

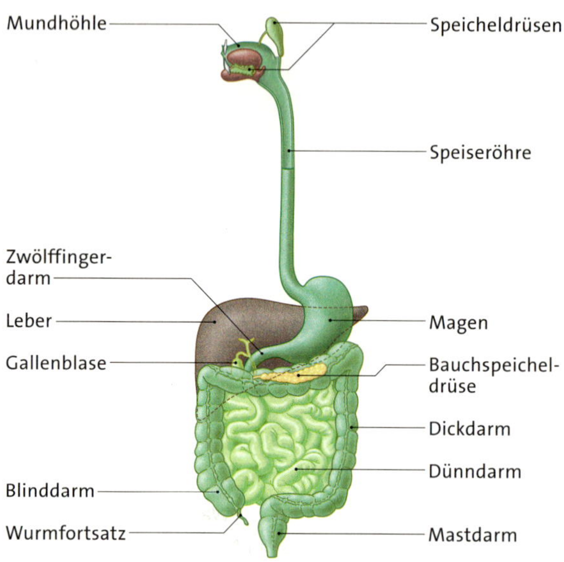

1 Bau des Verdauungssystems

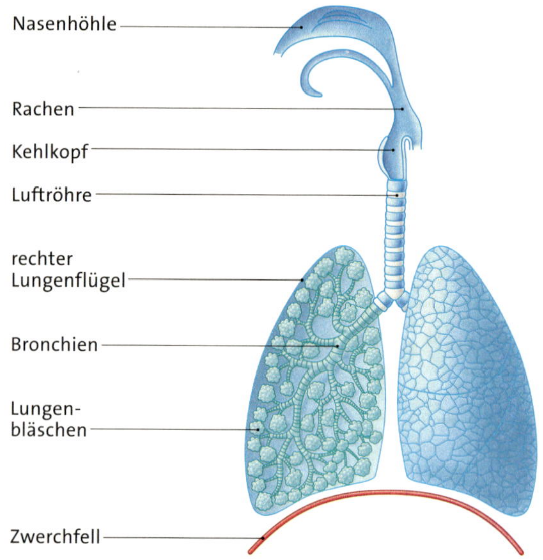

2 Bau des Atmungssystems

Wissen vernetzt Ernährung, Verdauung und Ausscheidung

A1 Dünndarmzotten

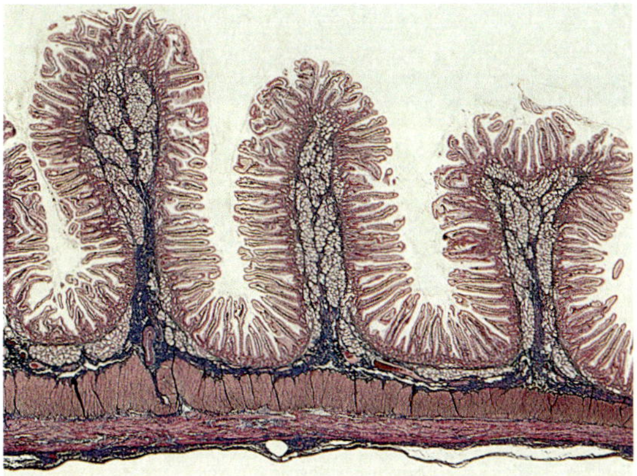

Aufgabe: Erläutere mit Hilfe der Abbildung den Zusammenhang zwischen Struktur und Funktion.

A2 Bronchien

Aufgabe: Die Abbildung zeigt, mikroskopisch vergrößert, die Innenseite einer Bronchie. Beschreibe die Struktur und erläutere die Funktion.

A3 Lungenbläschen

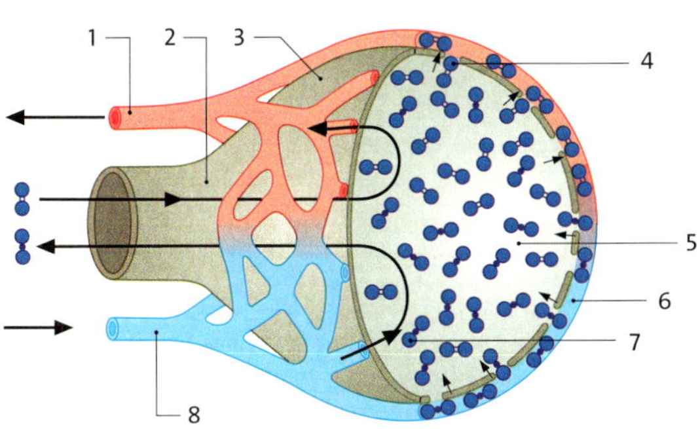

Aufgabe: Ordne den Ziffern die passenden Begriffe zu und beschreibe den Weg von Sauerstoff und Kohlenstoffdioxid.

A4 Zwölffingerdarm

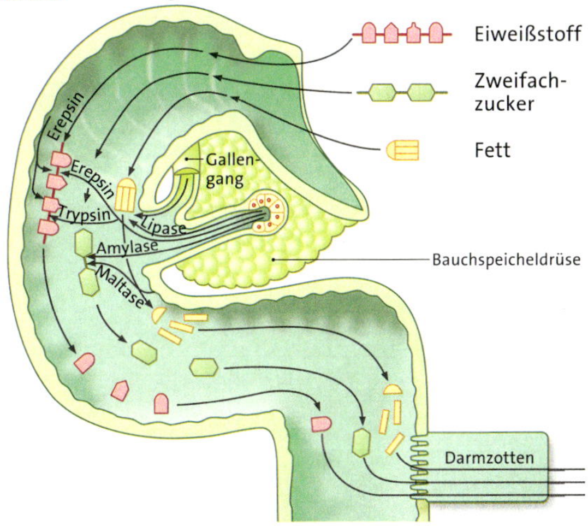

Aufgaben:

a) Beschreibe mit Hilfe der Abbildung die Vorgänge, die im Zwölffingerdarm ablaufen.

b) Erläutere den Begriff *Verdauung*.

c) Nenne Folgen, die durch einen Ausfall der Bauchspeicheldrüse eintreten können.

d) Nenne Ursachen für Verdauungsstörungen.

A5 Funktion der Nieren

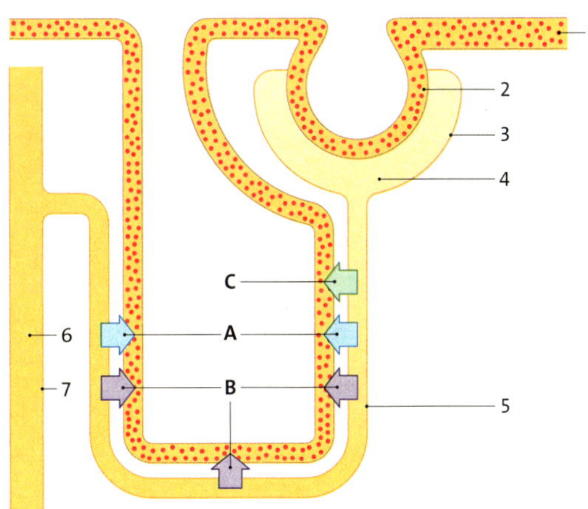

Aufgaben:

a) Ordne den Ziffern die entsprechenden Begriffe zu.

b) Ordne den Pfeilen A, B und C jeweils einen der folgenden Stoffe zu: Glucose, Wasser, Kochsalz.

c) Erläutere die Bedeutung der Nieren für den Wasserhaushalt.

Stütz- und Bewegungssystem des Menschen

Anabolika

Die Muskelentwicklung wird hauptsächlich auf die Wirkung des männlichen Sexualhormons Testosteron zurückgeführt. Im Sport und beim Bodybuilding kann diese Wirkung gezielt genutzt werden. Deshalb wurden Medikamente entwickelt, die in Aufbau und Wirkung dem Sexualhormon sehr ähnlich sind. Man nennt sie Anabolika. Diese haben jedoch schwere Nebenwirkungen. Sie fördern Leber- und Herzerkrankungen. Bei Männern verschlechtert sich die Funktionsfähigkeit der Spermien und die Potenz. Bei Frauen wird die Menstruation gestört. Das Aussehen vermännlicht sich.

Im Leistungssport zählen Anabolika zu den verbotenen Mitteln. Dennoch werden sie von manchen Sportlern zum Muskelaufbau und zur Leistungssteigerung genommen. Man nennt dieses Vorgehen Doping.

Recherchiert weitere Nebenwirkungen von Anabolika. Veranschaulicht eure Ergebnisse in einer passenden Grafik. Bewertet den Einsatz solcher Mittel im Sport. Diskutiert über den Sinn von Dopingkontrollen im Sport. Berichtet über spektakuläre Fälle. Überlegt, aus welchem Grund trotz vieler positiver Nachweise immer wieder gedopte Sportler in ihre Wettkämpfe gehen.

Warum Elle und Speiche?

Menschen haben im Oberarm nur einen langen Knochen, den Oberarmknochen. Im Unterarm sind es dagegen zwei, nämlich Elle und Speiche. Warum ist das so? Stellt anhand der Abbildung eine Vermutung auf. Überprüft diese am Menschenskelett aus der Biologiesammlung. Betrachtet dann die Anordnung der Knochen im Beinskelett und stellt euch selbst weiterführende Fragen.

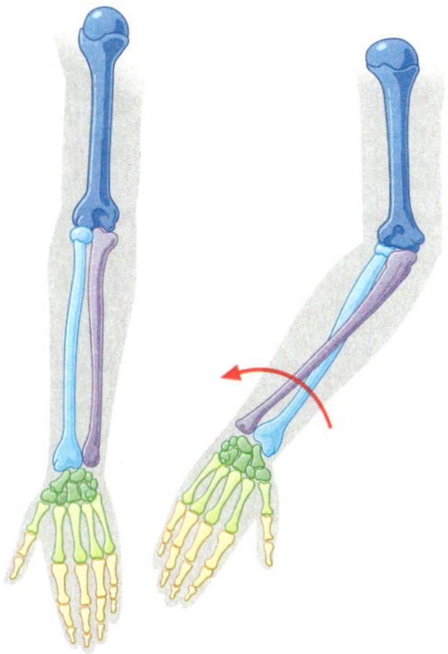

Rückenschwimmen ist besonders gesund

Sportmediziner bezeichnen das Rückenschwimmen als eine für die Gesunderhaltung des Körpers besonders geeignete Sportart.
Informiert euch in Fachbüchern und begründet diese Aussage. Interviewt auch Sportlehrkräfte und tragt eure Ergebnisse in der Gruppe vor.

Gibt es Übereinstimmungen im Bauplan von technischen Konstruktionen und Knochen?

Beschreibe den Aufbau der Brücke in der Abbildung und vergleiche mit anderen Brücken, die du kennst.
Überlegt in der Gruppe, welche Gesichtspunkte bei der Planung und beim Bau von Brücken berücksichtigt werden sollten. Denkt dabei beispielsweise an das Material und die Kosten.
Informiert euch im folgenden Kapitel, in Fachbüchern oder im Internet darüber, ob der Konstruktion von Knochen ähnliche Prinzipien zugrunde liegen wie bei Brücken oder anderen technischen Bauwerken. Zieht Rückschlüsse. Wendet dabei das Erschließungsfeld Struktur und Funktion an.

Tragen auf dem Kopf

In vielen außereuropäischen Kulturen trägt man Lasten fast ausschließlich auf dem Kopf. Versucht einmal Kartons oder Schüsseln auf dem Kopf zu transportieren. Verwendet dabei als Last zum Beispiel Kleidung oder Zeitschriften. Helft euch gegenseitig, die richtige Technik zu erlernen. Betrachtet das Foto genau: Das Mädchen verwendet ein Hilfsmittel, damit die Schüssel nicht herunterfällt.
Nenne Vorteile, wenn Lasten auf dem Kopf transportiert werden. Beschreibe die Körperhaltung. Vergleiche mit der Körperhaltung beim Tragen von Taschen oder Beuteln mit den Händen. Ziehe Schlussfolgerungen.

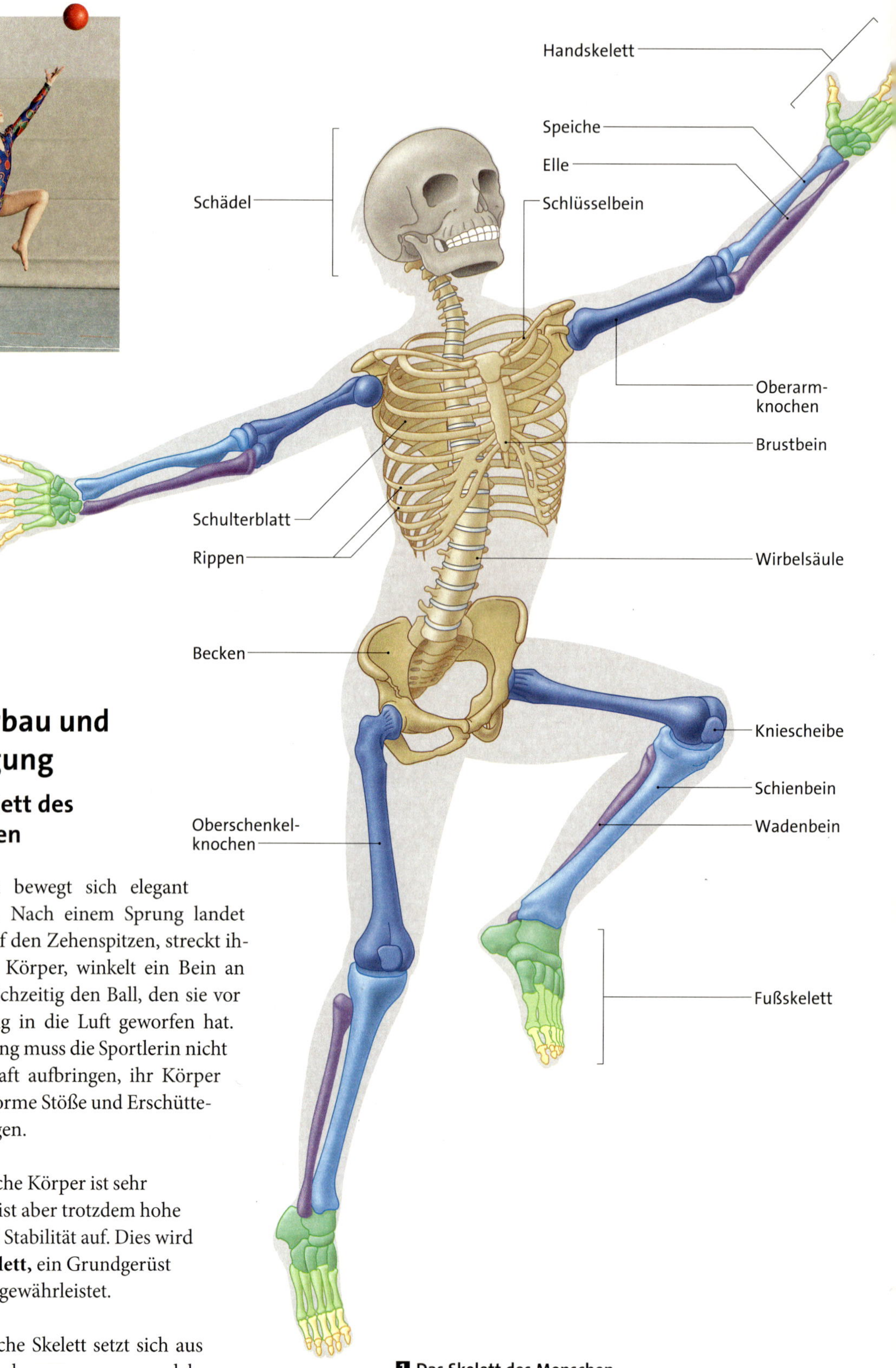

1 Das Skelett des Menschen

1 Körperbau und Bewegung

1.1 Das Skelett des Menschen

Die Turnerin bewegt sich elegant und anmutig. Nach einem Sprung landet sie federnd auf den Zehenspitzen, streckt ihren gesamten Körper, winkelt ein Bein an und fängt gleichzeitig den Ball, den sie vor dem Absprung in die Luft geworfen hat. Für diese Übung muss die Sportlerin nicht nur große Kraft aufbringen, ihr Körper muss auch enorme Stöße und Erschütterungen abfangen.

Der menschliche Körper ist sehr beweglich, weist aber trotzdem hohe Festigkeit und Stabilität auf. Dies wird durch das **Skelett,** ein Grundgerüst aus Knochen, gewährleistet.

Das menschliche Skelett setzt sich aus über 200 Knochen zusammen, welche in den einzelnen Körperabschnitten, wie dem Kopf, dem Rumpf und den Gliedmaßen, ganz spezielle Aufgaben erfüllen.

Das **Kopfskelett** besteht aus sehr festen, plattenartigen Knochen. Den größten Teil des Schädels nimmt eine widerstandsfähige Knochenkapsel ein, der *Gehirnschädel.* Nur an feinen Nähten auf der Oberfläche des Schädels kann man die Lage der einzelnen Knochen noch erkennen. Diese Plattenknochen wachsen erst Jahre nach der Geburt vollständig zusammen. Im Gehirnschädel ist das empfindliche Gehirn vor Stößen und Verletzungen gut geschützt. Der bewegliche Unterkiefer, der Oberkiefer, das Nasenbein, die Jochbeine und die Augenhöhlen sind Teile des *Gesichtsschädels.*

Die *Wirbelsäule* ist die Stützachse des **Rumpfskelettes.** Im Brustbereich sind an ihr zwölf Paar bogenförmige Rippen befestigt, die mit dem Brustbein verbunden sind. Rippen und Brustbein bilden den beweglichen Brustkorb. Er schützt die Lungen und das Herz. Im unteren Teil des Rumpfes ist die Wirbelsäule fest mit dem *Becken* verwachsen. Diesen Bereich des Beckens nennt man *Kreuzbein.* Das aus den plattenartigen *Hüftknochen* zusammengesetzte Becken ist wie eine Schüssel geformt. Es trägt die Organe des Bauches.

Die Hüftknochen des Beckens und die Schulterblätter verbinden das **Gliedmaßenskelett** mit dem Rumpfskelett. Das *Armskelett* besteht aus dem Oberarmknochen sowie der Elle und der Speiche im Unterarm. Die Handwurzelknochen und die Mittelhandknochen bilden die Handfläche, die Fingerknochen die einzelnen Finger der sehr beweglichen Greifhand. Das *Beinskelett* hat einen ähnlichen Grundaufbau wie das Armskelett. Der kräftige Oberschenkelknochen endet am Knie. Im Unterschenkel sorgen das Schienbein und das Wadenbein für Stabilität und Beweglichkeit. Im Unterschied zum Armskelett befindet sich zwischen den Knochen des Unter- und des Oberschenkels ein zusätzlicher plattenartiger Knochen, die Kniescheibe. Der Fuß ist wie die Hand ebenfalls aus vielen einzelnen Knochen aufgebaut. Sie sind so miteinander verbunden, dass sie unter dem Fuß ein kleines Gewölbe bilden. Dieses dient zur Abfederung von Stößen.

1 Ertaste möglichst viele Knochen deines Fußskelettes und ordne ihnen die richtigen Namen zu.

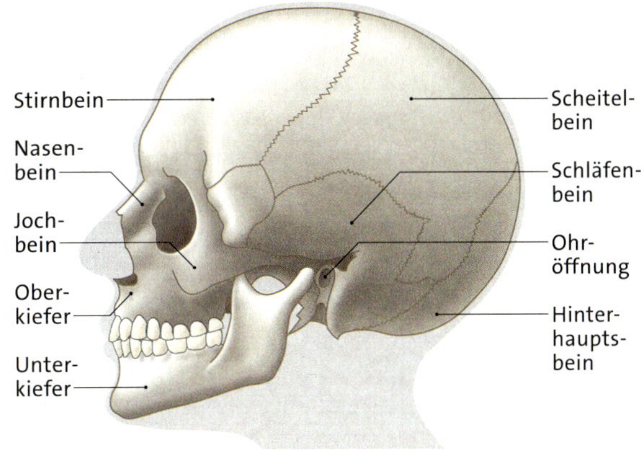

2 Kopfskelett

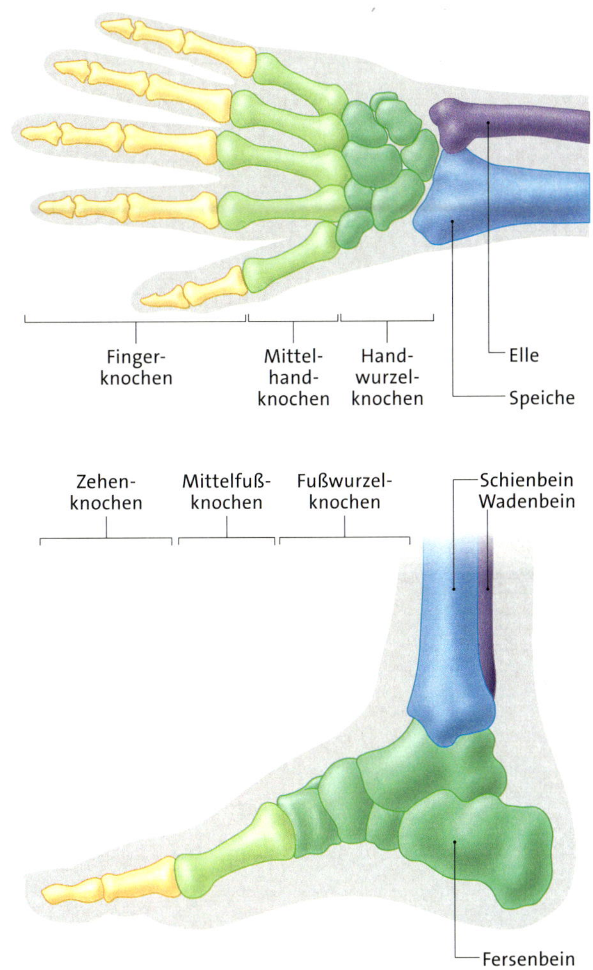

3 Handskelett und Fußskelett

1.2 Knochen und Gelenke

Ein menschlicher Oberschenkelknochen kann Belastungen von mehr als 1000 Kilogramm standhalten, ohne dass er bricht. Knochen weisen genau wie Zähne eine hohe Festigkeit auf. Im Gegensatz zu den Zähnen sind sie aber gleichzeitig auch biegsam. Die Kombination dieser beiden Eigenschaften macht die Knochen zu den stabilsten Bestandteilen des menschlichen Körpers.

Das menschliche Skelett besteht aus **Plattenknochen** und **Röhrenknochen.** Zu den Plattenknochen zählen die Schädel- und die Beckenknochen. Sie bilden große und sehr harte Knochenflächen von unterschiedlicher Gestalt. Die kräftigen Röhrenknochen der Arme und Beine sind in einen Knochenschaft und die Gelenkköpfe gegliedert. Die Oberfläche des Knochens ist von der Knochenhaut bedeckt, welche Blutgefäße und Nerven enthält. Über die Blutgefäße wird der Knochen mit Nährstoffen und Sauerstoff versorgt. Diese Stoffe sind besonders wichtig: Knochen bestehen aus lebenden Zellen. Die Knochenzellen sondern Stoffe ab, die dem Knochengewebe seine besondere Festigkeit verleihen. Die Lebenstätigkeit dieser Zellen ermöglicht das Knochenwachstum und damit auch die Heilung eines gebrochenen Knochens. Im Inneren eines Röhrenknochens befindet sich ein großer Hohlraum, die Markhöhle, welche das Knochenmark enthält. Im Bereich der Gelenkköpfe ist die Markhöhle von regelmäßig angeordneten winzigen **Knochenbälkchen** durchzogen. Wie die Streben einer Stahlbrücke verleihen sie dem Röhrenknochen in diesem Bereich besondere Festigkeit und federn Stoß- und Zugkräfte ab. Zwischen den Knochenbälkchen befindet sich das rote Knochenmark, in dem die Blutzellen gebildet werden.

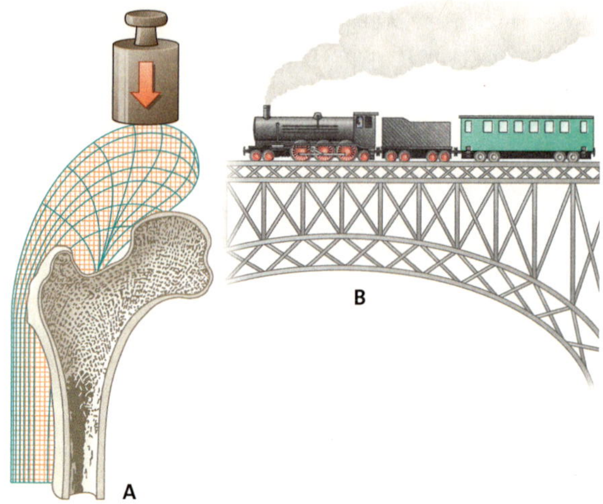

1 Stabilität durch die Bauweise.
A Oberschenkelknochen; **B** Stahlbrücke

Röhrenknochen haben durch ihre Bauweise ein geringeres Gewicht als man aufgrund ihrer besonderen Festigkeit annehmen würde. Das natürliche Prinzip, eine große Belastbarkeit bei geringem Gewicht zu erreichen, nutzen Techniker und Ingenieure schon lange für die Konstruktion von Bauwerken und technischen Geräten.

Viele Knochen sind über **Gelenke** beweglich miteinander verbunden. Diese werden meist aus zwei Knochen gebildet, deren Enden als Gelenkflächen genau aufeinanderpassen. Die mit einer Knorpelschicht überzo-

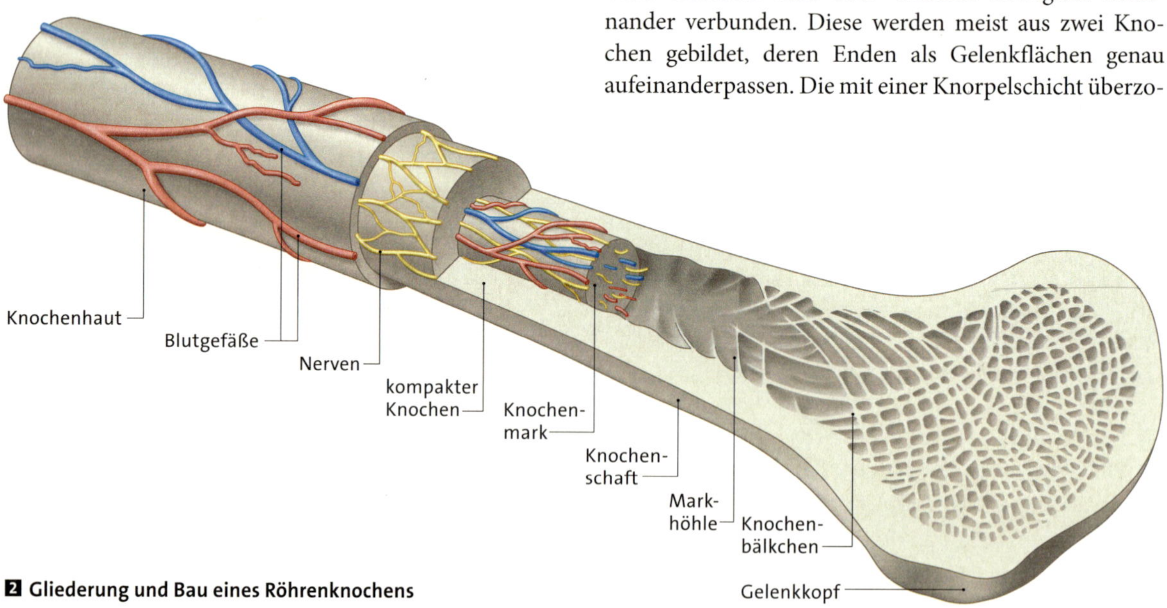

2 Gliederung und Bau eines Röhrenknochens

genen Gelenkflächen werden als *Gelenkkopf* und *Gelenkpfanne* bezeichnet. Die Knochen eines Gelenkes werden von einer festen Hülle aus Bändern zusammengehalten, welche mit den beiden Knochen verwachsen ist. Diese Hülle bildet eine fest verschlossene, aber dennoch bewegliche *Gelenkkapsel.* Sie gewährleistet, dass der Gelenkkopf und die Gelenkpfanne immer in engem Kontakt zueinander bleiben. Beide Bestandteile sind nur durch einen schmalen Spalt, den *Gelenkspalt,* voneinander getrennt. Im Gelenkspalt befindet sich eine farblose Flüssigkeit, die wie Schmierfett zwischen beweglichen Maschinenteilen wirkt. Sie wird deshalb auch *Gelenkschmiere* genannt. Die glatten Knorpeloberflächen und die Gelenkschmiere vermindern die Reibung zwischen der Gelenkpfanne und dem Gelenkkopf. Auf diese Weise wird die Abnutzung der sich aneinander bewegenden Knochen verringert.

Je nach Anordnung und Bewegungsrichtung der Knochen unterscheidet man verschiedene **Gelenktypen.** Die *Kugelgelenke* der Schulter und der Hüfte sind in viele Richtungen beweglich. Sie ermöglichen zum Beispiel kreisende Bewegungen von Armen und Beinen. *Scharniergelenke* lassen sich, wie bei der Tür eines Schrankes, immer nur in eine Richtung bewegen. Scharniergelenke findet man unter anderem an Gelenken des Fußes und zwischen den einzelnen Fingerknochen. Bei den *Sattelgelenken* sitzt der Gelenkkopf auf der Gelenkpfanne wie ein Reiter auf einem Pferdesattel. Sattelgelenke, wie zum Beispiel das Gelenk zwischen den Mittelhandknochen und den Fingerknochen des Daumens, sind in zwei Richtungen beweglich. Ein seltener Gelenktyp ist das *Drehgelenk*, das den Schädel mit der Wirbelsäule verbindet. Mit Hilfe dieses Gelenkes kann der Kopf um etwa 160° gedreht werden.

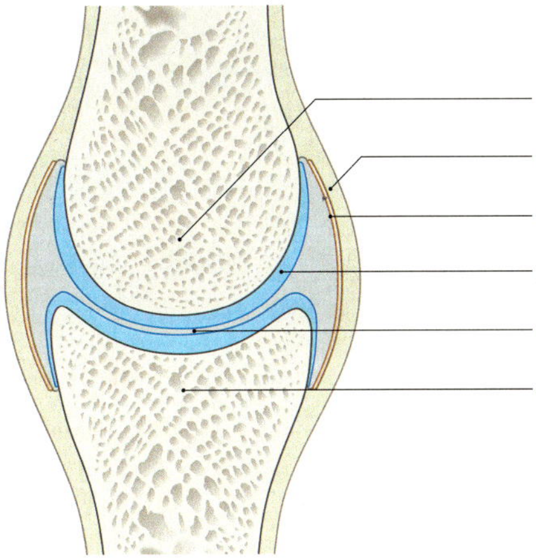

3 Bau eines Gelenkes

1 Beschreibe anhand von Abbildung 2 den Aufbau eines Knochens. Erläutere die Strukturen, welche Röhrenknochen besonders belastbar und leicht machen.

2 Nenne Merkmale, die den Kochen als lebendes Organ kennzeichnen.

3 Führe die an den Gelenken der Abbildung dargestellten Bewegungen selber aus und beschreibe sie.

4 In Abbildung 4 sind verschiedene Gelenktypen grafisch dargestellt. Ergänze in deinem Hefter die entsprechenden Zeichnungen zum Drehgelenk.

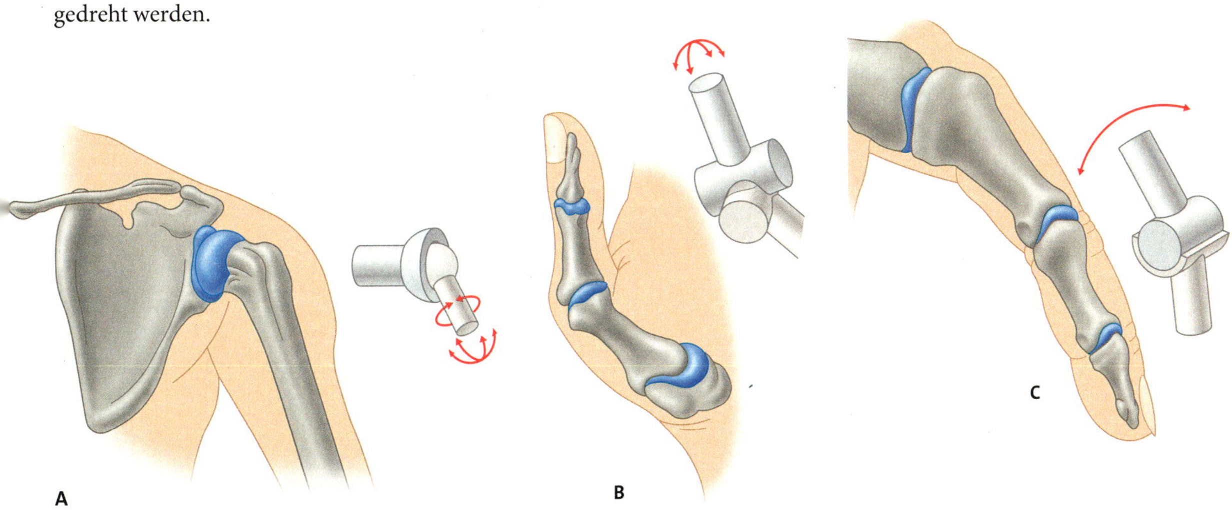

4 Gelenktypen und ihre Bewegungsrichtungen. **A** Kugelgelenk; **B** Sattelgelenk; **C** Scharniergelenk

1 **Ringer beim Bodenkampf**

1.3 Die Wirbelsäule

Ein Ringkampf ist nach den Regeln beendet, wenn ein Kämpfer seinen Gegner mit beiden Schultern gleichzeitig auf den Boden drückt. Oft bildet der am Boden liegende Sportler als letzte Abwehr die Ringerbrücke. Die Spannkraft der Brücke ist so stark, dass sie dem gesamten Gewicht des Gegners standhalten kann. Manchmal kann sich der Unterlegene mit einer schnellen Bewegung wieder auf den Bauch drehen.

Der Rumpf ist stabil, aber gleichzeitig sehr beweglich. Dies wird durch den Bau der **Wirbelsäule,** einer gegliederten Stützachse, ermöglicht. Sie besteht aus sehr widerstandsfähigen Knochen, den **Wirbelknochen** oder *Wirbeln*. Die Wirbel der *Hals-*, *Brust-* und *Lendenwirbelsäule* sind durch spezielle Gelenke und Bänder beweglich miteinander verbunden. Die Fortsätze der Wirbel dienen der Befestigung weiterer Bänder und der Rückenmuskulatur. In den Wirbellöchern verläuft ein Strang von Nervenfasern, das *Rückenmark*. Durch die Wirbelfortsätze werden die empfindlichen Nerven zusätzlich geschützt.

Eine Besonderheit im Aufbau der Wirbelsäule sind die **Zwischenwirbelscheiben** oder **Bandscheiben.** Sie sind sehr elastisch und bestehen aus Knorpel. Werden sie belastet, verformen sie sich. Nach der Belastung nehmen sie wieder ihre ursprüngliche Form an. Diese besondere Eigenschaft verleiht ihnen beim Laufen oder Springen die Funktion eines Stoßdämpfers. Die Bandscheiben verhindern außerdem das Aneinanderreiben der Wirbelknochen.

Besonders die Hals- und die Lendenwirbelsäule weisen eine große Beweglichkeit auf. Die Wirbelknochen des *Kreuzbeins* und des *Steißbeins* sind hingegen starr miteinander verwachsen. Das Kreuzbein verbindet die Wirbelsäule mit dem Becken. Das Steißbein ist der verkümmerte Rest einer Schwanzwirbelsäule. Bei einem aufrecht stehenden Menschen weist die Wirbelsäule eine *doppelt-S-förmige* Krümmung auf. Ein »S« beginnt am Ansatz des Kopfes an der Halswirbelsäule und endet in der Mitte der Brustwirbelsäule, wo das zweite »S« beginnt. Diese besondere Form der Wirbelsäule wirkt wie eine Feder, die auch starke Stöße und Belastungen abfangen kann.

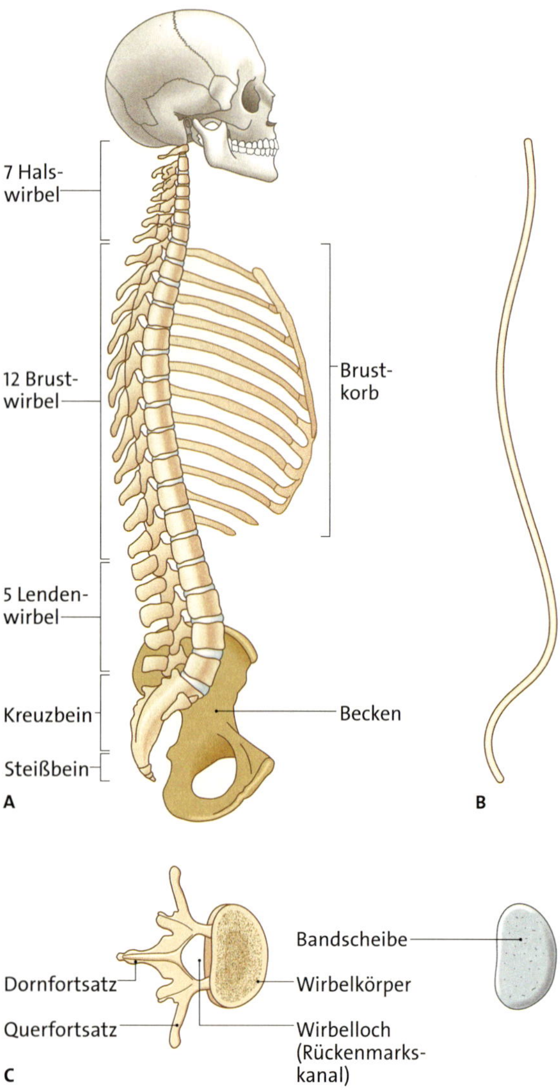

2 **Aufbau der Wirbelsäule.** **A** Seitenansicht; **B** Schema zur doppelt-S-förmigen Krümmung; **C** Wirbelkörper und Bandscheibe

1 Erläutere die Fähigkeit der Wirbelsäule Stöße abfangen zu können.

2 Informiere dich über mögliche Ursachen einer Querschnittslähmung. Stelle Zusammenhänge zum Bau der Wirbelsäule her.

1.4 Haltungsschäden kommen schon bei Kindern vor

Ärzte warnen immer wieder vor Bewegungsmangel und Fehlhaltungen des Körpers. Solche Fehlhaltungen siehst du auf der nebenstehenden Abbildung. Durch die einseitige Tragehaltung der Schultasche wird die natürliche Form der Wirbelsäule verändert. Als Folge der einseitigen Krümmung können dauerhafte **Haltungsschäden** entstehen.

Auch krummes und zu langes Sitzen an zu niedrigen Tischen belastet die Wirbelsäule einseitig. Besonders nachteilig kann sich dies auf die Bandscheiben auswirken. Durch die dauernde einseitige Belastung wird die Bandscheibe teilweise zwischen den Wirbeln herausgequetscht und drückt auf die nahe liegenden Nervenbahnen des Rückenmarks. Sehr starke Schmerzen oder sogar Lähmungen der Beine können die Folge sein.

Haltungsschäden können durch gezielte Übungen mit einem *Physiotherapeuten* gemildert werden. Dabei wird insbesondere die Kräftigung der Bauch, Becken- und Rückenmuskulatur angstrebt.

Die Füße sind ebenfalls hoch belastet, denn sie müssen das gesamte Körpergewicht tragen. Durch ihren gewölbeartigen Bau wird das Körpergewicht so verteilt, dass zwei Drittel davon auf dem Fußballen liegen, der Rest auf den Zehen und der Ferse. Schuhe mit hohen Absätzen verlagern die Belastung nach vorne auf den Fußballen. Durch die geänderte Gewichtsverteilung wird das Fußskelett überlastet, der Fuß schmerzt. Manchmal sind die Bänder, die die Knochen im Fuß miteinander verbinden, zu schwach. Bei starker Dauerbelastung sinkt das Fußgewölbe ab. Zunächst entsteht ein *Senkfuß*, später ein **Plattfuß.** Häufiges Barfußgehen und Fußgymnastik können dies verhindern.

Von Natur aus ist der Fuß im Bereich des Ballens am breitesten, die große Zehe zeigt geradeaus. Durch vorne sehr spitz auslaufende Schuhe wird die große Zehe aber zu den anderen Zehen hin abgebogen. Dies führt zu seitlichen Druckstellen am Fuß, die stark schmerzen.

1. Erläutere anhand der Abbildung 2 den Unterschied zwischen einem gesunden Fuß und einem Plattfuß. Begründe, dass beim Plattfuß eine wichtige Funktion des Fußes beeinträchtigt ist.
2. Beschreibe mit Hilfe der Abbildungen 1 und 3 verschiedene Formen von Haltungsschäden.

1 **Falsche Krümmung der Wirbelsäule**

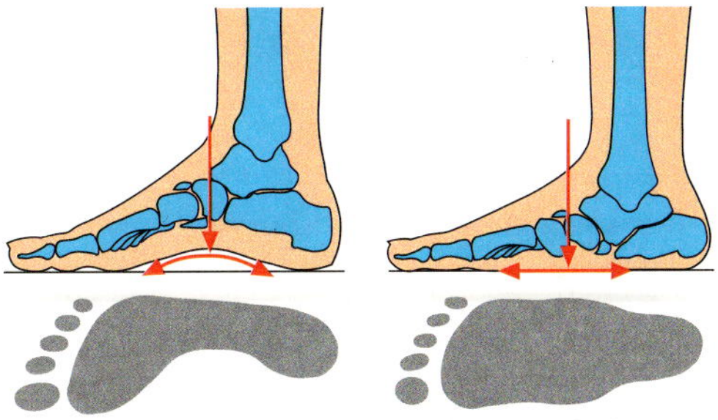

2 **Fußschäden**

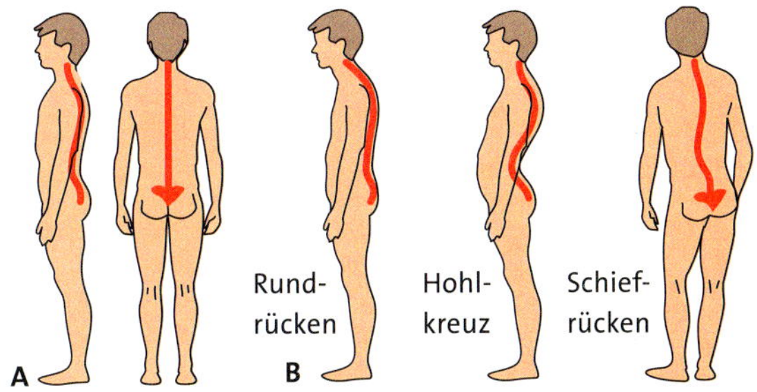

3 **Wirbelsäule. A** gesunde Form, **B** Verformungen

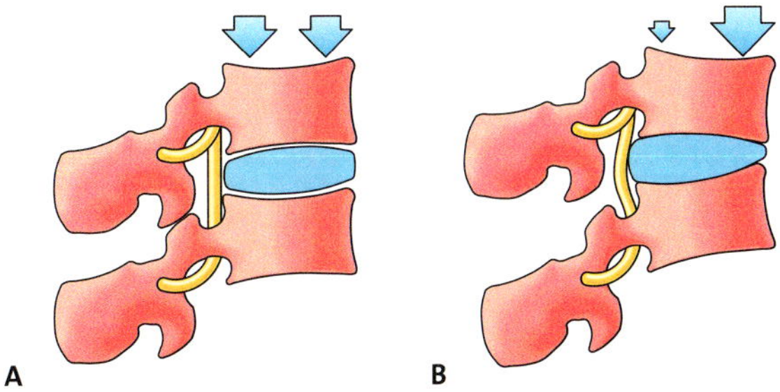

4 **Bandscheibe. A** gleichmäßig, **B** ungleichmäßig belastet

Aufgaben und Versuche Knochen und Gelenke

A1 Beinskelett

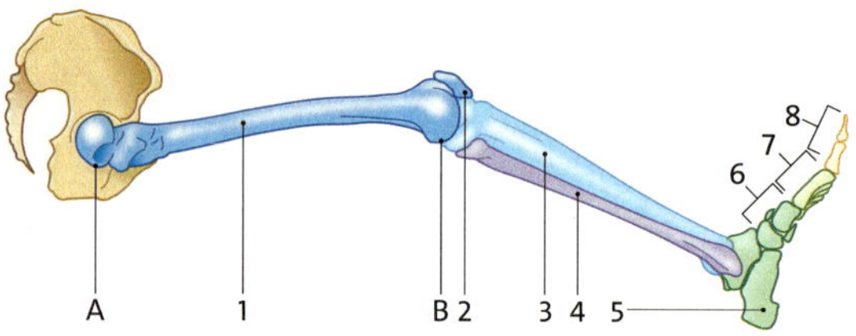

Aufgaben:

a) Benenne die Knochen 1 bis 8 und die Gelenke A und B.

b) Begründe, um welchen Gelenktyp es sich bei A handelt.

V2 Modell zur Belastbarkeit der Wirbelsäule

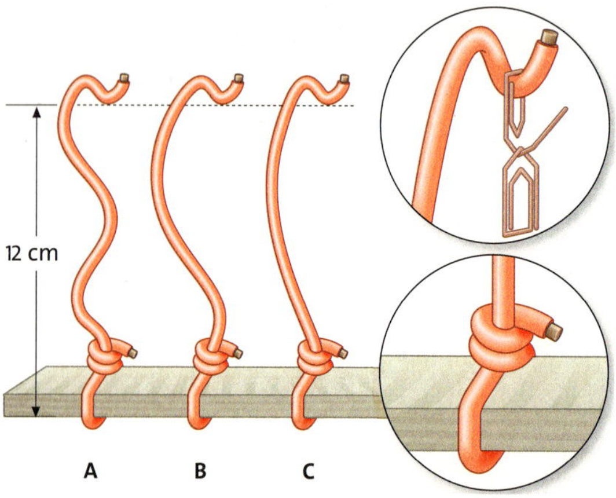

Material: biegsamer Klingeldraht von 1,05 m Länge; Holzbrett (etwa 20 cm lang, 4 cm breit und 2 cm dick); 20 Büroklammern; Zange; Lineal

Durchführung: Teile den Draht mit der Zange in 35 cm lange Stücke. Befestige sie wie in der Abbildung am Holzbrett. Schneide die langen Enden auf genau 17 cm Länge und biege sie in die entsprechenden Formen. Die Enden werden zu einem Haken gebogen und auf eine einheitliche Höhe von 12 cm gebracht. Hänge in die Haken des ersten Modells zehn Büroklammern. Miss anschließend erneut die Drahthöhe. Wiederhole diesen Versuch auch bei den anderen beiden Modellen. Teste alle Modelle auch mit einer Belastung von 20 Büroklammern.

Aufgaben:

a) Stelle die Ergebnisse grafisch dar und vergleiche sie miteinander.

b) Ordne eine der Drahtkonstruktionen der tatsächlichen Form der Wirbelsäule zu. Erläutere die Vorteile dieser Form.

V3 Teste die Belastung deines Stützsystems

Material: Personenwaage, Taschenrechner

Durchführung: Ermittle mit der Personenwaage erst das Gewicht der gefüllten Schultasche und anschließend dein eigenes Körpergewicht.

Aufgaben:

a) Das Gewicht der gefüllten Schultasche eines 45 Kilogramm schweren Kindes sollte höchstens 4,5 Kilogramm betragen, um Überlastungen vorzubeugen. Berechne anhand deines eigenen Gewichtes, wie schwer deine Tasche sein darf.

b) Stelle dem berechneten Wert das tatsächliche Gewicht deiner Tasche gegenüber und ziehe Schlussfolgerungen.

A4 Technische Gelenke

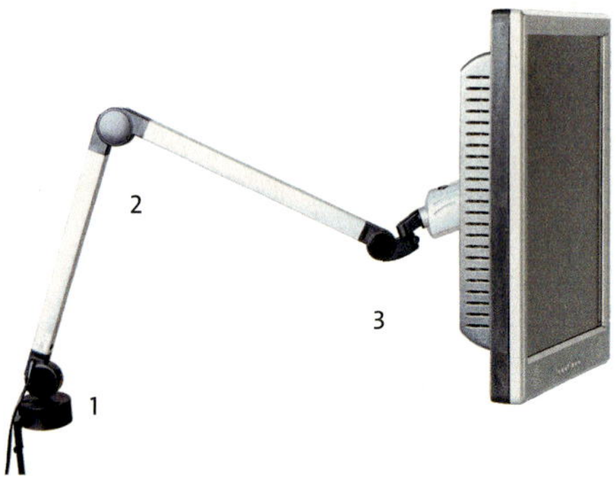

Zur optimalen Ausrichtung des Computer-Monitors sind die Teile der Halterung mit technischen Gelenken verbunden.

Aufgaben:

a) Benenne die Gelenke 1 bis 3 und beschreibe ihre Bewegungsmöglichkeiten.

b) Suche am Skelettmodell deiner Schule nach Gelenken, die ähnliche Funktionen erfüllen.

V5 Chemische Zusammensetzung eines Knochens

Material: mehrere Knochen, beispielsweise Oberschenkelknochen vom Hähnchen; Kalkstückchen; verdünnte Salzsäure; Abzug; Gasbrenner; Tiegelzange; feuerfeste Unterlage; 2 Petrischalen; 1 Becherglas; Schürze; Schutzbrille; Uhrglas

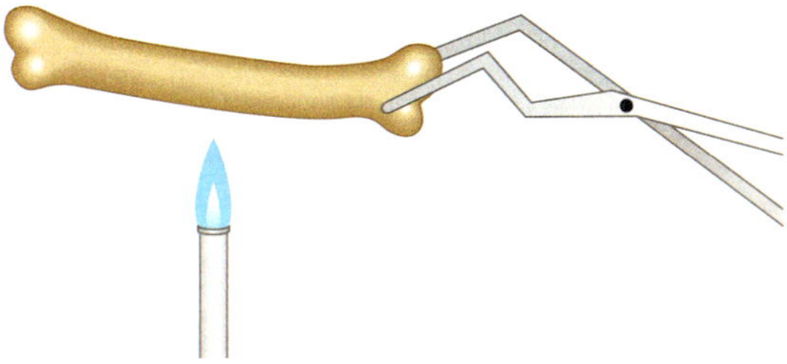

Teilversuch A: Arbeite unter dem Abzug. Halte einen Knochen so lange mit Hilfe einer Tiegelzange in die Flamme eines Gasbrenners, bis der Knochen sich verfärbt. Lege ihn dann auf eine feuerfeste Unterlage.

Teilversuch B: Stelle die beiden Petrischalen nebeneinander auf eine feste Unterlage. Fülle sie zur Hälfte mit verdünnter Salzsäure. Gib ein Kalkstückchen und ein Knochenstückchen mit einer Tiegelzange in je eine Petrischale. Beobachte.

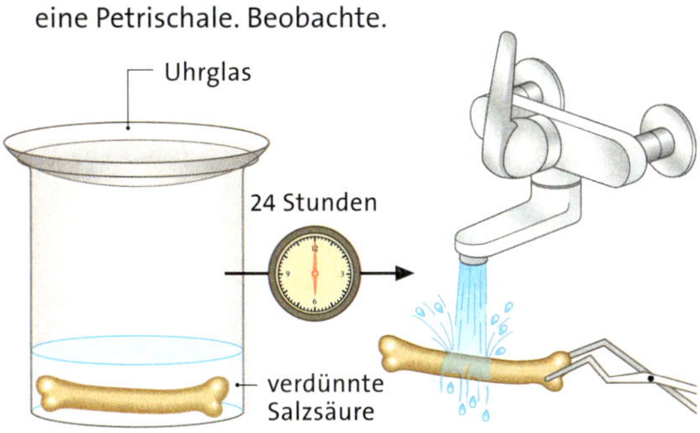

Teilversuch C: Gib einen zweiten Knochen vorsichtig in ein Becherglas, das du vorher zu einem Drittel mit verdünnter Salzsäure gefüllt hast, und decke es mit einem Uhrglas ab. Stelle das Becherglas für 24 Stunden in den Biologievorbereitungsraum. Nimm dann den Knochen mit der Tiegelzange aus dem Becherglas. Spüle ihn gründlich unter fließendem Wasser ab.

Aufgaben:

a) Vergleiche den ausgeglühten Knochen mit einem frischen Knochen. Überprüfe auch die Festigkeit.

b) Erläutere die Wirkung von Salzsäure auf ein Stückchen Kalk hat.

c) Beschreibe das Aussehen und die Festigkeit eines Knochens, nachdem er 24 Stunden in der verdünnten Salzsäure gelegen hat.

A6 Knochen – Vorbild für die Technik

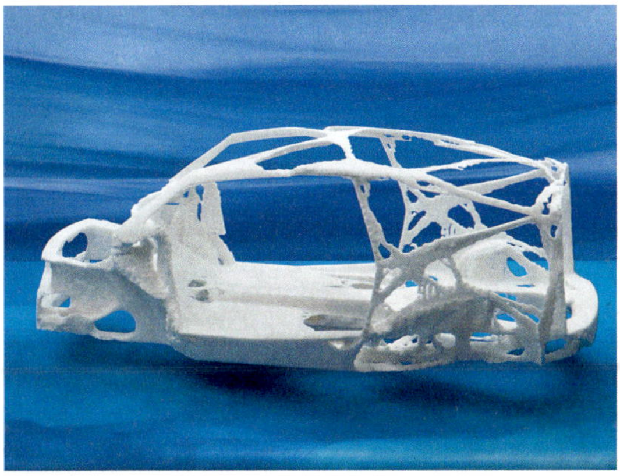

Knochen sind Leichtbaustrukturen, die mit einem Minimum an Material ein Maximum an Stabilität erreichen. Dieses Bauprinzip ist auch für technische Produkte wie Autos interessant. In der Abbildung siehst du die Tragkonstruktion eines »bionic car«.

Aufgaben:

a) Beschreibe die Konstruktion des Autorahmens.

b) Stelle den Zusammenhang zwischen der Knochenstruktur und der Autokonstruktion her.

c) Suche vergleichbare Konstruktionen in Natur und Technik.

d) Die Bionik beschäftigt sich systematisch mit der Übertragung biologischer Lösungen in technische Produkte. Recherchiere, was das Wort »Bionik« bedeutet.

e) Informiere dich, welche biologischen Vorbilder das »bionic car« hat.

V7 Knochenschliffe mikroskopieren und zeichnen

Material: Dauerpräparate von Knochenschliffen; Mikroskop; Zeichenmaterial

Durchführung: Mikroskopiere das Dauerpräparat und fertige eine Zeichnung an.

Aufgabe: Beschrifte die Zeichnung.

2 Muskeln und Bewegung

2.1 Muskeln

Scheinbar mühelos bewegt sich der Kletterer ohne Seil und Haken die senkrechte Wand empor. Hin und wieder verharrt er für kurze Zeit, um die nächsten Handgriffe zu planen und Kraft für neue Bewegungen zu sammeln. Immer wenn er sein gesamtes Körpergewicht mit einem Arm nach oben zieht, wölbt sich am Oberarm ein kräftiger **Muskel,** der *Bizeps.*

Alle Muskeln, mit denen die Gliedmaßen bewegt werden, haben einen ähnlichen Grundaufbau. Sie sind von einer Hülle umgeben, der festen und sehr dehnbaren *Muskelhaut.* An den Enden der Muskeln geht die Muskelhaut in eine zugfeste *Sehne* über. Jede Sehne setzt an einem Knochen an. Da die Sehnen nicht dehnbar sind, können sie die Muskelkraft direkt auf den Knochen übertragen. Das Innere des Muskels besteht aus *Muskelfaserbündeln,* die man an rohem Fleisch schon mit bloßem Auge sehen kann. Die Faserbündel durchziehen den gesamten Muskel in Längsrichtung. Sie sind über Nervenzellen mit dem Nervensystem verbunden. Bei der mikroskopischen Betrachtung kann man erkennen, dass jedes Muskelfaserbündel noch einmal aus vielen lang gestreckten kleinen *Muskelfasern* aufgebaut ist, so wie ein dickes Telefonkabel aus vielen Drähten besteht. Zwischen den Muskelfasern

1 **Muskeleinsatz beim Klettern**

versorgen weit verzweigte Blutgefäße alle Zellen des Muskels mit Sauerstoff und Nährstoffen.

Muskeln, die an Knochen ansetzen und Körperbewegungen ermöglichen, heißen **Skelettmuskeln.** Daneben gibt es noch andere Muskelarten: So sind die Blutgefäße ebenso mit Muskelschichten umhüllt wie der Magen, der Darm und andere innere Organe, die Eingeweide. Diese Muskeln werden als **Eingeweidemuskeln** bezeichnet. Beide Muskeltypen unterscheiden sich im Bau und in der Arbeitsweise. Skelettmuskeln können sehr schnell und kraftvoll arbeiten, ermüden aber rasch. Eingeweidemuskeln vollführen dagegen langsame, aber sehr ausdauernde Bewegungen. Ein besonderer Muskel ist der **Herzmuskel.** Er arbeitet schnell und gleichzeitig ausdauernd.

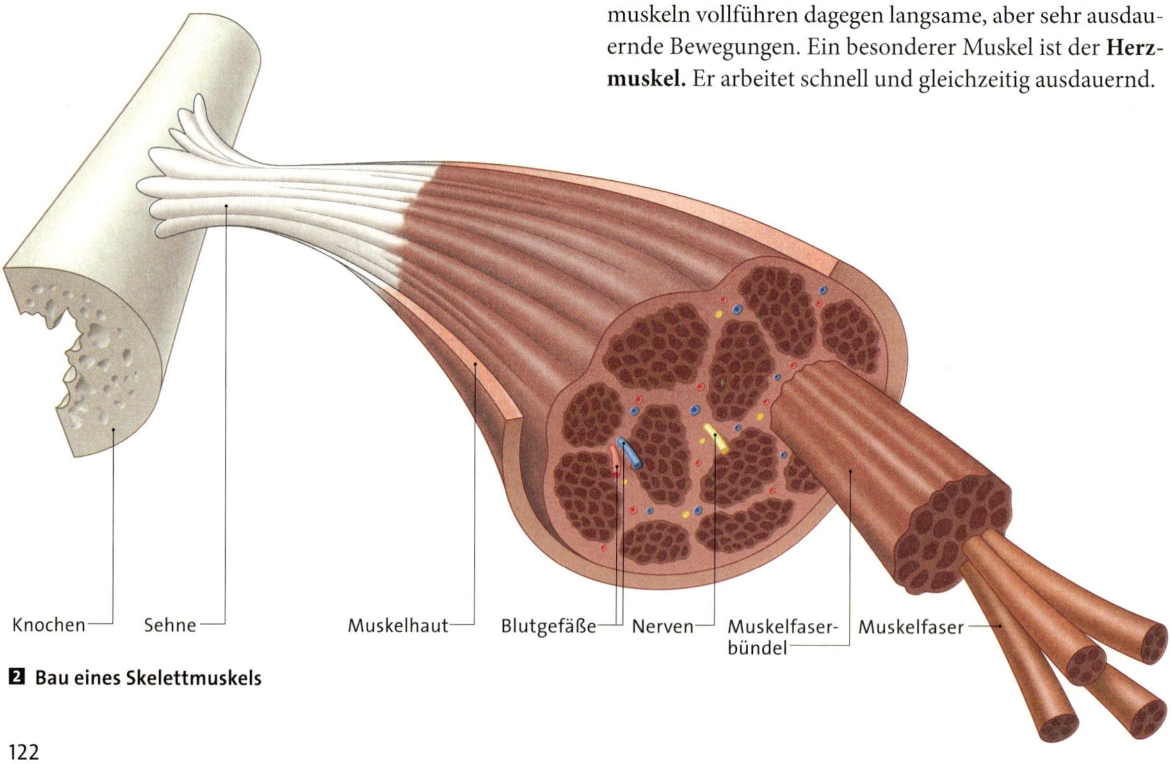

2 **Bau eines Skelettmuskels**

Wie jedes Gewebe besteht auch ein Muskel aus Zellen. Die Zellen des Muskelgewebes sind die lang gestreckten Muskelfasern. Ihre Besonderheit ist, dass sie sich auf einen Befehl hin zusammenziehen können. Dieser Vorgang wird als **Kontraktion** bezeichnet. Kontrahiert eine Muskelzelle, dann verringert sich ihre Gesamtlänge. Da die Muskelfasern bei einer Bewegung meist gleichzeitig kontrahieren, verkürzt sich auf diese Weise der gesamte Muskel. Bei der Kontraktion werden die Muskelzellen aber auch dicker. Dadurch spannt sich die elastische Muskelhaut und der angespannte Muskel wird hart. Je mehr Muskelfasern gleichzeitig kontrahieren, umso größer ist die Kraft, die der kontrahierte Muskel entwickelt. Diese Kraft wird über die Sehnen auf die Knochen übertragen. Auf diese Weise lassen sich Körperteile wie Arme und Beine bewegen.

Wenn eine Basketballspielerin vor dem Wurf ihren Arm beugt, dann ist ein Armmuskel, der *Bizeps*, auf der Vorderseite des Oberarms kontrahiert. Da dieser Muskel für die Beugung des Armes verantwortlich ist, wird er auch **Beuger** genannt. Damit sich der Arm beugen kann, muss dabei der auf der Rückseite des Armes befindliche *Trizeps* oder **Strecker** entspannt sein. Mit einer kräftigen Streckung des Unterarmes wirft die Spielerin den Ball schließlich in das Netz. Dabei kontrahiert der Strecker und der Beuger ist entspannt. Das Beispiel zeigt das Zusammenwirken eines Muskelpaares bei gegensätzlichen Bewegungen eines Körperteils. Da die Kontraktionen der beiden Muskeln entgegengesetzte Wirkungen haben, werden diese auch als **Gegenspieler** oder Antagonisten bezeichnet.

Nicht nur die Muskeln der sich in gegensätzliche Richtungen bewegenden Arme und Beine arbeiten nach dem Gegenspielerprinzip, sondern alle Skelettmuskeln. Warum hat fast jeder Skelettmuskel einen Gegenspieler? Trotz ihrer besonderen Fähigkeit zur Bewegung können sich kontrahierte Muskelzellen nicht selbstständig auf ihre ursprüngliche Länge dehnen. Ein verkürzter Muskel kann sich deshalb nach einer Kontraktion nicht von allein wieder in seine entspannte Ausgangslage bewegen. Entweder die Schwerkraft zieht den Muskel auseinander oder ein entsprechender Gegenspieler übernimmt diese Aufgabe.

1 Erläutere die besonderen Anforderungen an die Herzmuskulatur.

2 Untersuche die Wirkung der Gegenspielermuskeln bei der Beugung und Streckung des Unterschenkels. Skizziere die Funktionsweise.

3 Beuge und strecke mehrmals die Finger deiner rechten Hand. Beobachte dabei deinen Unterarm. Beschreibe deine Beobachtungen und erläutere.

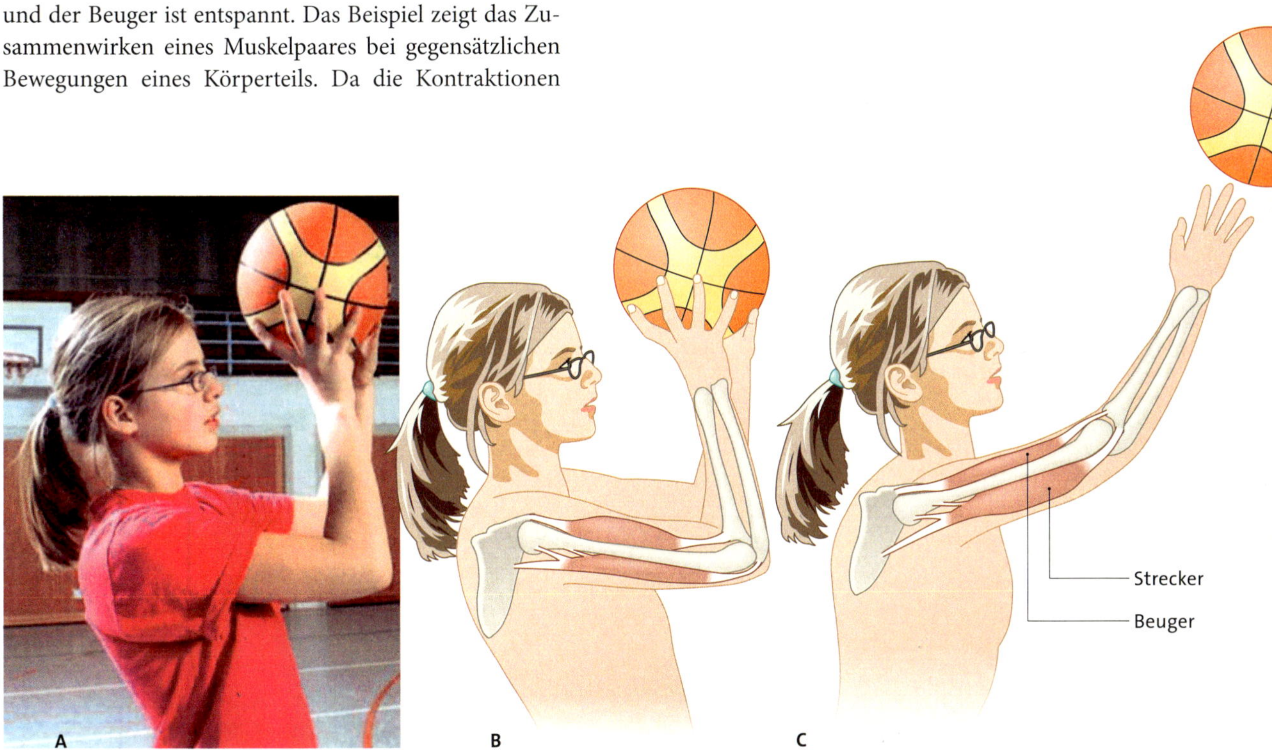

3 Zusammenspiel der Muskeln beim Basketball. **A** Spielerin vor dem Wurf; **B** gebeugter Arm; **C** gestreckter Arm

2.2 Muskeln arbeiten auf Befehl

Etwa 20 Skelettmuskeln müssen ganz gezielt bewegt werden, um mit der Hand einen reifen Apfel vom Baum pflücken zu können. Das Heben des Oberarmes, das Öffnen der Hand, das Zugreifen und das Abreißen des Apfels vom Ast können nur gelingen, wenn die Muskeln planvoll zusammenarbeiten.

Die Planung von Bewegungen erfolgt im **Gehirn.** Bevor ein Plan entworfen werden kann, benötigt das Gehirn verschiedene Informationen aus der Umwelt. Für die exakte Ausführung der Bewegungen ist die Abschätzung der Entfernung zwischen Hand und Apfel ebenso wichtig wie Informationen über die Größe und das Gewicht des Apfels. Solche Informationen über die Beschaffenheit der Umwelt, die auch als **Reize** bezeichnet werden, wirken auf die **Sinnesorgane** ein. Dazu gehören beim Menschen zum Beispiel die Augen, die Ohren und die Nase.

In den Sinnesorganen liegen Sinneszellen, die durch bestimmte Reize angeregt werden können. Beispielsweise enthält die Netzhaut des Auges lichtempfindliche Sehsinneszellen. Wird die Zellmembran einer solchen Zelle von Licht getroffen, entstehen hier schwache elektrische Ströme, die durch **Nervenzellen** an das Gehirn übertragen werden. Dort können die Informationen in Bruchteilen einer Sekunde ausgewertet und zu einem Handlungsplan verarbeitet werden. Der Plan enthält die Befehle zur Ausführung bestimmter Bewegungen. Die Befehle werden über Nervenzellen vom Gehirn bis zu den verschiedenen Muskeln übertragen. Viele dieser Nervenzellen verlaufen innerhalb der Wirbelsäule und bilden das **Rückenmark.**

Wenn bei einem Unfall Nervenzellen im Rückenmark verletzt werden, kann die Verbindung zwischen dem Gehirn und bestimmten Muskeln unterbrochen sein. Die Folge ist eine *Querschnittslähmung.* Da die Befehle nicht mehr das Ziel erreichen, bleiben die Muskeln auch dann bewegungsunfähig, wenn der betroffene Mensch sich bewegen möchte. Ein Muskel kontrahiert also nur, wenn er einen entsprechenden Befehl vom Nervensystem erhält. Nur so kann der Mensch auf ganz bestimmte Reize der Umwelt mit speziellen **Reaktionen** antworten. Diese als *Reizbarkeit* bezeichnete Eigenschaft ist eine Grundeigenschaft aller Lebewesen.

1 Beschreibe an einem selbst gewählten Beispiel den Ablauf von der Einwirkung eines Reizes bis zur Reaktion. Zeige an einem Skelett, welche Muskelgruppen an dieser Reaktion beteiligt sind.

2 Wende das Erschließungsfeld Wechselwirkungen auf das Beispiel in Abbildung 1 an.

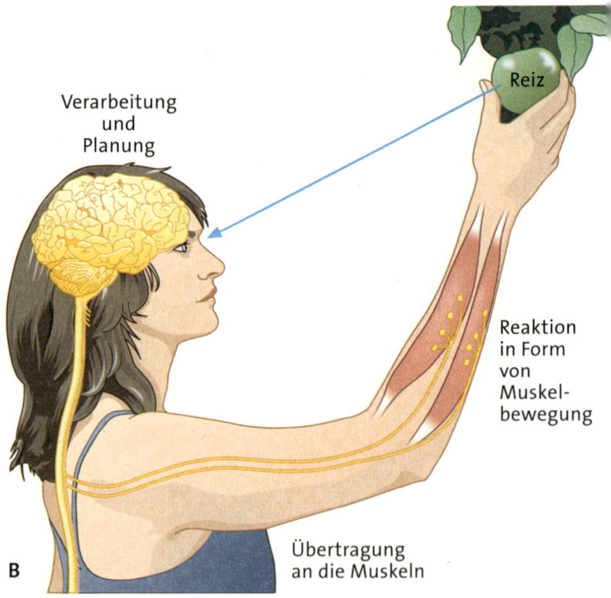

1 Vom Reiz zur Reaktion. **A** Foto; **B** Schema

3 Mit Behinderungen leben

Sicher gibt es auch in deiner Umgebung Menschen, die mit einer Behinderung leben müssen. Am auffälligsten sind **Körperbehinderungen.** Dabei handelt es sich um körperliche Missbildungen oder Wachstums- und Funktionsstörungen mit unterschiedlichen Schweregraden. Schwere Unfälle, Krankheiten wie Kinderlähmung, angeborene Fehlbildungen, Erbkrankheiten oder Komplikationen während der Geburt können die Ursache sein. Die Betroffenen sind je nach Schweregrad ihrer Behinderung in ihrer Handlungsfähigkeit stark eingeschränkt.

Manchmal muss ein Arzt den Eltern mitteilen, dass ihr Baby geistig behindert ist. Was bedeutet das? Ihr Kind wird sich langsamer entwickeln. Das Denken fällt ihm sehr schwer und es kann nicht alles lernen. **Geistige Behinderungen** werden durch Schädigung des zentralen Nervensystems verursacht. Diese können durch Sauerstoffmangel während der Geburt hervorgerufen werden. Aber auch erbbedingte Stoffwechselerkrankungen, Chromosomenabweichungen oder Infektionen während der Schwangerschaft kommen als Ursachen für geistige Behinderungen in Frage.

Das Leben von Behinderten ist nicht leicht. Noch viel zu oft werden die Betroffenen und ihre Familien in unserer Gesellschaft ausgegrenzt und benachteiligt. Im täglichen Leben gibt es viele unüberwindliche Hindernisse. Die Betroffenen stoßen zuweilen auf Unverständnis oder gar Ablehnung.

Viele Selbsthilfegruppen, Behindertenverbände, Angehörige, die »Aktion Mensch« oder die Landesarbeitsgemeinschaften bemühen sich um eine bessere Integration behinderter Menschen. Dabei bedeutet Integration nicht nur, sie in die Gemeinschaft der Nichtbehinderten aufzunehmen. Sie sollten vielmehr die Möglichkeit bekommen, ihr Leben weitgehend selbst zu gestalten.

1 Es ist für keine Familie leicht, ein behindertes Kind zu haben. Stelle Vermutungen über auftretende Ängste und notwendige Veränderungen in den betroffenen Familien zusammen. Lies dazu auch den Brief der Mutter von Lars.

2 Nenne Ursachen für körperliche und geistige Behinderungen.

3 Diskutiert in der Klasse über Probleme der Integration von Behinderten.

1 **Behindertengerechter Spielplatz**

Lars Mutter:
Zuerst entwickelte sich Lars völlig normal. Im Alter von fünf Jahren fing er an, beim Spielen sehr schnell zu ermüden und sich nur widerwillig zu bewegen. Er war auch sehr tollpatschig. Ein Arzt stellte Muskelschwund fest. Das bedeutet, dass sich die Muskeln nach und nach zurückbilden. Später sind die Betroffenen auf einen Rollstuhl angewiesen. Eine Heilung ist nicht möglich. Ich wurde plötzlich vor die Tatsache gestellt, ein Kind zu haben, das »anders« ist. Den Satz »Ich habe ein behindertes Kind.« konnte ich einfach nicht aussprechen. Als Lars mit 11 Jahren in den Rollstuhl musste, habe ich gemerkt, was es heißt, zu einer Außenseiterin zu werden. Lars sollte auf eine Schule für körperbehinderte Kinder. Nur mit Unterstützung vieler Freunde gelang es uns, eine Schule zu finden, in der Lars gemeinsam mit nicht behinderten Kindern lernen konnte.

Ein großer Wunsch von mir war, dass Lars es schafft, so in die Gemeinschaft aufgenommen zu werden, wie er jetzt ist. Er braucht kein Mitleid, sondern Rücksichtnahme, freundschaftliches Entgegenkommen, Akzeptanz und Integration.

Aufgaben und Versuche Muskeln und Sehnen

A1 Muskelkater

Ein Muskelkater wird durch haarfeine Risse in den Muskelfasern verursacht. Diese Risse können durch Überdehnung der Zellen bei ungewohnten Belastungen auftreten.

Aufgaben:

a) Erläutere Möglichkeiten Muskelkater im Sportunterricht zu vermeiden.

b) Recherchiere Informationen über die Behandlung eines Muskelkaters.

V2 Untersuchung von Muskelfleisch

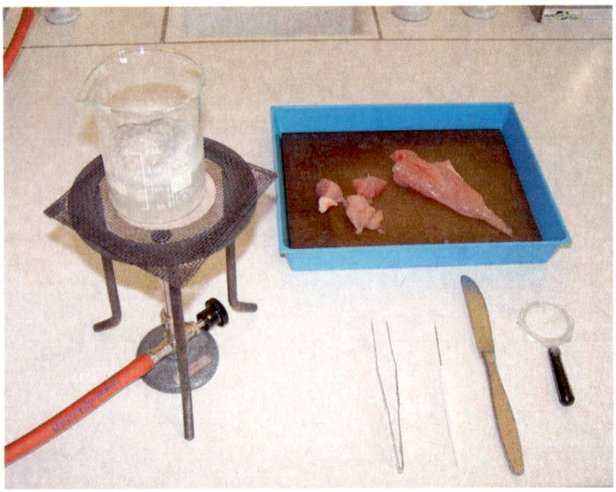

Material: ein Stück Puten- oder Hühnerbrust; Küchenmesser; Dreifuß; Gasbrenner; Becherglas (250 ml); Wasser (100 ml); Präparierschale; Präpariernadel; Pinzette; Lupe

Durchführung: Betrachte das unbehandelte Fleischstück und schneide mit dem Messer daraus anschließend kleine Würfel von etwa drei Zentimetern Kantenlänge. Die Würfel werden zehn Minuten in einem Becherglas mit Wasser auf kleiner Flamme gekocht. Das abgekühlte Fleisch wird mit der Pinzette und der Präpariernadel in der Präparierschale zergliedert und mit der Lupe betrachtet.

Aufgaben:

a) Nenne alle Muskelbestandteile, die am unbehandelten Fleisch erkennbar sind.

b) Beschreibe die Veränderungen durch das Kochen.

V3 Untersuchung der Fingerbewegung

Durchführung: Beuge und strecke den Zeigefinger bei geöffneter Hand. Suche dabei auf dem Handrücken sowie an den Unterseiten des Handgelenkes und des Unterarmes nach den zugehörigen Sehnen. Verfolge den Verlauf dieser Sehnen bis zum Muskel.

Aufgabe:

Fertige eine Skizze von Hand und Unterarm an. Zeichne den Verlauf der Sehnen und die Lage der Muskeln ein, die an der Bewegung beteiligt sind.

V4 Muskeln ermüden

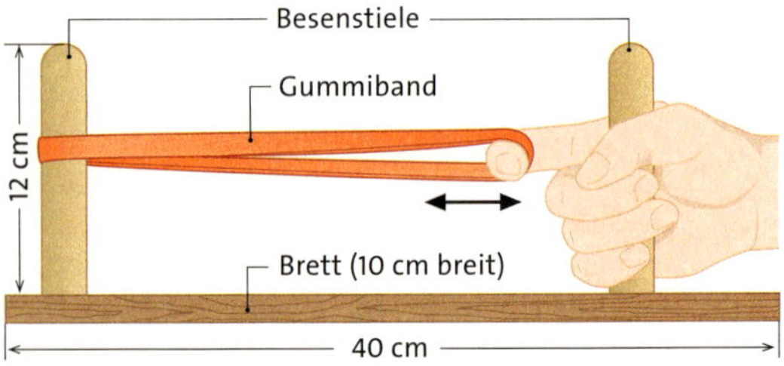

Material: stabiles Holzbrett; zwei Enden eines Besenstieles; kräftiges Gummiband (Einkochring); Werkzeug; Holzleim; Stoppuhr; Schreibmaterial

Durchführung: Baue eine Versuchsanordnung entsprechend der Abbildung auf. Umfasse mit der Hand einen der beiden Stiele. Der Gummiring wird um den zweiten Stiel gelegt und mit dem anderen Ende über den Zeigefinger gespannt. Jetzt wird der Finger unter der Belastung des sich straffenden Gummibandes gebeugt.

Aufgaben:

a) Versuche möglichst schnell, so viele Fingerbeugungen wie möglich durchzuführen. Notiere die Anzahl der erreichten Wiederholungen.

b) Beschreibe alle Beobachtungen und Empfindungen im Verlauf der Übung.

c) Wiederhole den Versuch mit dem kleinen Finger derselben Hand und vergleiche die Ergebnisse in einem Säulendiagramm.

d) Erkläre die Ergebnisse aus den Aufgabenstellungen a) und b).

Methode Arbeiten mit Modellen

1 Automodell im Windkanal

2 Modellexperiment zur Belastbarkeit von Knochen.
A Querschnitte der fertigen Modelle;
B Experimentieranordnung

Bevor ein Auto in großen Stückzahlen hergestellt wird, werden seine Eigenschaften an einem originalgetreuen, verkleinerten **Modell** getestet. Mit künstlichem Nebel kann man im Windkanal sehen, wie der Fahrtwind um das Auto fließt. Das Modell wird so lange verändert, bis der Nebel gleichmäßig über seine Oberfläche streicht. Ist eine optimale Form gefunden, können die Ingenieure nach dem Vorbild dieses Modells Autos mit geringem Kraftstoffverbrauch entwickeln.
Modelle können der Veranschaulichung von Sachverhalten oder auch der Gewinnung neuer Erkenntnisse dienen. So lässt sich mit Knochen-Modellen testen, welchen Einfluss der besondere Bau von Knochen auf ihre Stabilität hat. Dazu werden zwei Objekte aus Zeichenkarton mit dem Format A4 hergestellt. Ein Karton wird der Breite nach zu einer Röhre aufgewickelt. Ein zweiter wird viermal zu einem flachen, mehrlagigen Streifen gefaltet. Um ein Entfalten zu verhindern, werden die Seiten mit etwas Klebeband verklebt.
Der Karton soll die feste Knochensubstanz darstellen.

Die beiden Modelle werden nacheinander so auf einen Dreifuß gelegt, dass die Auflageflächen genau den gleichen Abstand haben und die Aufhängevorrichtungen für die Gewichte sich genau in der Mitte befinden.
Nun werden die Modelle auf ihre Belastbarkeit getestet, indem die Masse der Gewichte schrittweise erhöht wird. Die Versuche enden, wenn die Modelle unter der Last der Gewichte nachgeben. Nachdem die Massen der Gewichte ermittelt wurden, können die Ergebnisse miteinander verglichen werden. Obwohl die Arbeit mit Modellen eine wichtige wissenschaftliche Methode ist, hat sie einen Nachteil: Modelle können nicht alle Details und Eigenschaften des Originals nachbilden.

1 Führe den beschriebenen Versuch durch und vergleiche die Eigenschaften der Modelle.
Stelle die Ergebnisse grafisch dar und formuliere die ableitbaren Erkenntnisse.

2 Modelle stellen kein genaues Abbild des Originals dar. Erläutere dies am Beispiel des nebenstehenden Experimentes.

3 Beurteile die Stimmigkeit des Modells in V2 auf Seite 120 mit dem Original.

Zusammenfassung Stütz- und Bewegungssystem des Menschen

Erschließungsfeld Struktur und Funktion

Eine wichtige Funktion des Skeletts besteht darin, dem gesamten Körper Halt zu geben und besonders empfindliche Organe, wie zum Beispiel das Gehirn, zu schützen. Gleichzeitig gewährleisten verschiedenartige Gelenke die Beweglichkeit bestimmter Teile des Skeletts. Das Skelett wird in Kopf-, Rumpf- und Gliedmaßenskelett untergliedert. Das zentrale Stützelement ist die Wirbelsäule, die aus vielen ähnlich aufgebauten Wirbelknochen besteht, die durch elastische Bandscheiben aus Knorpel miteinander verbunden sind. Durch diese Struktur und die doppelt-s-förmige Krümmung kann die Wirbelsäule beim aufrechten Gang Stöße elastisch abfedern. Da die Gliedmaßen besonders viele Bewegungen ausführen müssen, findet man dort die meisten Gelenke. Je nach Anordnung und Bewegungsrichtung unterscheidet man mehrere verschiedene Gelenktypen: Kugel-, Sattel-, Scharnier- und die Drehgelenke.

Knochen bestehen nicht nur aus totem Kalk. Blutgefäße und andere lebende Zellen sind am Aufbau der Knochen beteiligt; es handelt sich also um Organe. Im Feinbau insbesondere der langgestreckten Röhrenknochen ist das Prinzip der Leichtbauweise zu erkennen: Sie bestehen nicht aus einer einheitlichen Kalkmasse, vielmehr ist Markhöhle von einem Geflecht von Knochenbälkchen durchzogen, deren Anordnung für eine hohe Belastbarkeit bei geringem Gewicht sorgt.

Bewegungen kommen durch die Muskulatur zustande. Muskeln können sich aktiv verkürzen, sie müssen aber passiv gedehnt werden. Daher ist an Bewegungen der Skelettmuskulatur immer mindestens ein Paar von Gegenspielern beteiligt, beispielsweise Beuger und Strecker. Sehnen und Bänder sorgen für die Verbindung der Muskulatur mit dem Skelett, Sinnesorgane und Nervensystem regeln die Arbeit der Muskulatur.

Wie alle Organe kann auch das Stütz- und Bewegungssystem erkranken. Viele Erkrankungen der Wirbelsäule sind Folge von Haltungsfehlern. Haltungsschäden können durch einfache Regeln beim Sitzen, Gehen und Tragen verhindert werden. Auch das Fußskelett kann sich zum Beispiel durch ungeeignetes Schuhwerk krankhaft verändern. Regelmäßiger Sport, richtige Haltung und das Tragen von bequemen Schuhen helfen dabei, das Stütz- und Bewegungssystem gesund zu erhalten.

A

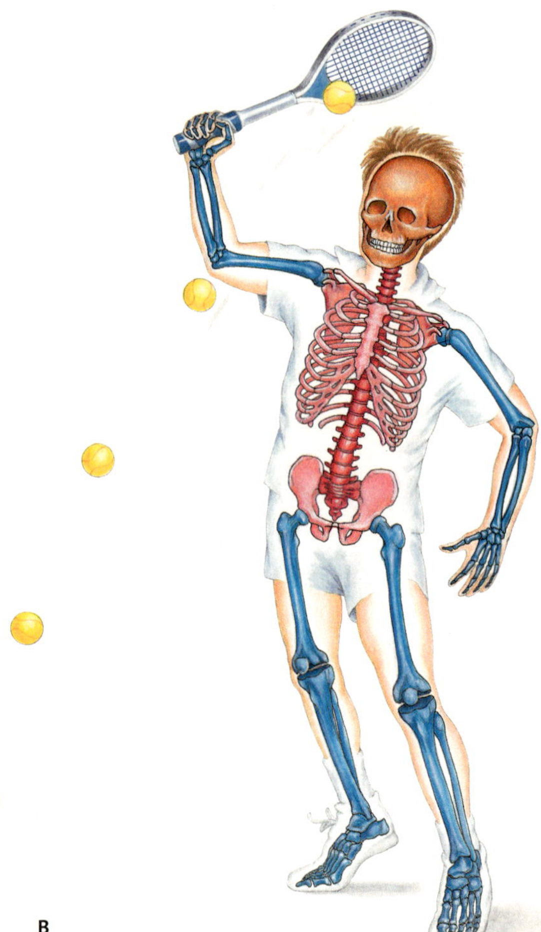

B

1 Tennisspieler. A Tennisprofi; **B** Schema

Wissen vernetzt Stütz- und Bewegungssystem des Menschen

A1 Alle Systeme laufen auf Hochtouren

Bei einem 1500-Meter-Lauf kann man ganz schön außer Atem geraten. Schon nach 100 Metern wird schnell und tief geatmet, das Herz schlägt mit hoher Frequenz. Der Körper erwärmt sich und der Sportler beginnt zu schwitzen. Die Sportler beobachten sich gegenseitig, um im Fall eines plötzlichen Sprintes eines Kontrahenten auch noch einmal das Tempo auf den letzten Metern erhöhen zu können. Alle Organsysteme laufen auf Hochtouren. Aber schon wenige Minuten nach dem Zieldurchlauf normalisieren sich die Körperfunktionen wieder.

Aufgaben:

a) Trage in einer Tabelle alle Organsysteme zusammen, die direkt oder indirekt an der Bewegung des Läufers beteiligt sind. Notiere die Funktionen der betreffenden Organsysteme.

b) Erläutere das Zusammenwirken der beteiligten Organsysteme. Stelle dabei die Muskelzellen in das Zentrum der Betrachtungen.

c) Formuliere eine begründete Vermutung zu den Ursachen der Veränderung der Körperfunktionen eines Läufers unter Berücksichtigung des Stoff- und Energiewechsels.

d) Entwickle eine experimentelle Methode, um die Vermutung durch exakte Messungen überprüfen zu können.

e) Auch für Leistungssportler ist eine ausgewogene Ernährung wichtig. Erläutere diese Feststellung.

f) Nenne die Bereiche des Stütz- und Bewegungssystems, die beim Lauf besonders belastet werden. Begründe.

A2 Roboter-Gelenke

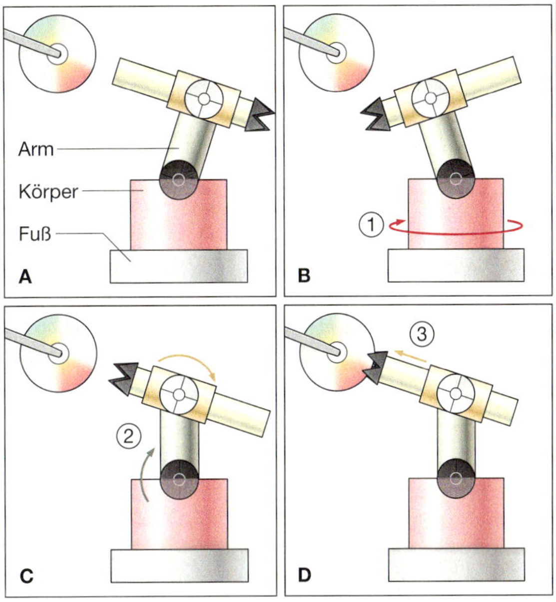

In vielen Industriebetrieben erledigen Roboter einen Teil der Arbeit. Die Abbildungen zeigen einen Roboter, der an der Fertigung von CDs beteiligt ist.

Aufgaben:

a) Beschreibe die Bewegungen des Roboters beim »Ergreifen« einer CD.

b) Erläutere die Bewegungen der mit 1, 2 und 3 gekennzeichneten technischen Gelenke.

c) Nenne Gelenke des Menschen, die ähnliche Bewegungen ausführen. Begründe, für welches Roboter-Gelenk du kein Beispiel beim Menschen findest.

A3 Knochen und Muskeln

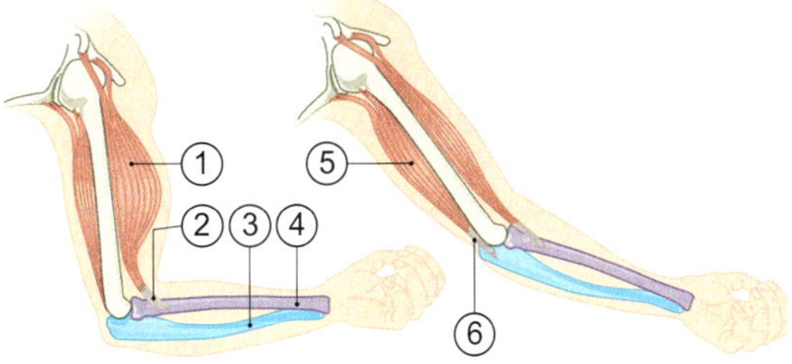

Aufgaben:

a) Benenne die mit Ziffern bezeichneten Knochen und Muskeln.

b) Erläutere den Bewegungsablauf.

Wahlpflichtbereiche

Welcher Bewegungstyp bin ich?

Übertrage die Tabelle in deinen Hefter und fülle sie aus.
Finde mögliche Begründungen dafür, warum es verschiedene Bewegungstypen gibt.
Tauscht in der Klasse eure Meinungen darüber aus, welche Bedeutung regelmäßige Bewegung für den Körper haben könnte.

	Trifft eher zu	Trifft eher nicht zu
1. Ich bewege mich so wenig wie möglich		
2. „Rumgammeln“ ist meine Lieblingsbeschäftigung		
3. Zur Schule fahre ich mit dem Bus o. Ä.		
4. Ich schwimme regelmäßig		
5. Ich bin im Verein aktiv		
6. Ich trainiere mehrmals wöchentlich		
7. Ich kann schlecht stillsitzen		
8. Ich bin immer in Bewegung		
9. Vor dem Sportunterricht drücke ich mich so oft es geht		
10. Sport ist mein Lieblingsfach		
11. Wenn ich mich nicht bewegen kann, werde ich aggressiv		
12. Am liebsten schlafe ich so lange wie möglich		
13. Zwei Stunden Sportunterricht in der Woche sind ausreichend		
14. Sport und Bewegung erhöhen Konzentration und Lernleistungen		

Wie schätzt du dich selbst ein? ☐ Stubenhocker ☐ Sportler-Typ
☐ aktiv ☐ mittelaktiv ☐ träge ☐ Bewegungsmuffel

Ist Hoodia eine Nutzpflanze?

In Apotheken, Drogerien und im Versandhandel kann man Kapseln, Pulver oder Sprays mit Wirkstoffen der Hoodia-Pflanze kaufen.
Führt eine Recherche mit folgenden Fragestellungen durch:

- Um welche Pflanze handelt es sich? Mit welchen anderen Pflanzen ist sie verwandt?
- In welchen Gebieten und unter welchen Lebensbedingungen kommt die Pflanze vor?
- Zu welchen Zwecken wird die Pflanze genutzt?
- Ist der Nutzen unter wirtschaftlichen, medizinischen und ökologischen Gesichtspunkten sinnvoll und unbedenklich?

Erstellt ein Informationsplakat zu Hoodia.

Ernährung in anderen Kulturen

In vielen Gebieten der Erde bilden pflanzliche Lebensmittel die Grundlage der Ernährung, während Fleisch nur selten gegessen wird. In Afrika sind vielerorts Knollen wie Maniok oder Yams das Grundnahrungsmittel, an den Küsten basiert die Ernährung häufig auf dem Fischfang. In solchen Ländern werden die Mahlzeiten fast immer frisch zubereitet, industriell vorgefertigte Lebensmittel spielen, wenn überhaupt, nur eine untergeordnete Rolle.
Plant ein Projekt zur Ernährung in verschiedenen Ländern der Erde und führt es durch. Vergleicht dabei die Ernährung in anderen Ländern mit den Gegebenheiten bei uns. Arbeitet Vorzüge und Nachteile heraus. Geht auch auf die Verbreitung und die Ursachen von Hunger und ernährungsbedingten Erkrankungen ein.

Bereitet zum Abschluss Gerichte aus fernen Ländern zu und macht auf diese Weise euer Projekt der gesamten Schulgemeinschaft bekannt.

Wasserblüte

Manche Teiche und Tümpel nehmen im Sommer eine grünliche Färbung an. Man spricht von einer »Wasserblüte«. Diese Erscheinung ist nicht zu verwechseln mit Wasserlinsen, kleinen Schwimmpflanzen, die Gewässer ebenfalls grün färben.
Informiere dich darüber, welche mikroskopisch kleinen Lebewesen diese Grünfärbung verursachen. Suche ein Gewässer mit »Wasserblüte« auf, nimm Wasserproben, mikroskopiere und zeichne.

Ernährung und Persönlichkeit

1 Viele Zivilisationskrankheiten kommen schon bei Kindern und Jugendlichen vor

Neuere statistische Erhebungen zeigen, dass in den Industriestaaten Seuchen durch andere Krankheiten abgelöst wurden. Gründe sind darin zu sehen, dass sich die Infektvorsorge durch Impfverfahren deutlich verbessert hat. Neue Seuchen, die durch Superviren ausgelöst werden, sind weit weniger zu befürchten als typische Zivilisationskrankheiten.

Zivilisations- oder **Wohlstandskrankheiten** sind Krankheiten, die durch Umwelteinflüsse und die Lebensweise der Menschen in Industrieländern häufiger vorkommen als in der »Dritten Welt«. Zu den Zivilisationskrankheiten gehören beispielsweise Stoffwechselerkrankungen wie die Zuckerkrankheit, Herz- und Gefäßerkrankungen, verschiedene Essstörungen und auch Karies. Das Erkrankungsrisiko hängt von den vorherrschenden Lebensbedingungen ab. Zwei Fallbeispiele zeigen, wie solche Krankheiten entstehen können. Zwei weitere Fallbeispiele beweisen, dass sich der Leistungs- und Gesundheitszustand durch sportliche Tätigkeit, gekoppelt mit einer gesunden Lebensführung, verbessern kann.

Fallbeispiel 1
Daniel und Tim sind etwa im gleichen Alter. Seit die beiden denken können sind sie für ihre Schulkameraden die »Dicken«. Durch ihre ruhige Art sind sie zwar beliebt, echte Freunde haben sie aber nicht. Vor dem Sportunterricht haben Daniel und Tim regelrecht Panik. Sie werden von den anderen häufig gehänselt, weil sie so unsportlich sind. Sie haben auch gesundheitliche Probleme. Daniel bekommt schon beim schnellen Gehen kaum Luft, Tim hat häufig Knie- und Rückenschmerzen.

In der Freizeit sitzen Daniel und Tim gerne vor dem Computer, es gibt ja so viele schöne Videospiele. Über gesunde Ernährung machen sie sich keine Gedanken, es wird gegessen was schmeckt. Ein Sättigungsgefühl stellt sich bei den beiden nur selten ein.

Fallbeispiel 2
Heute ist Sandra 13 Jahre alt. Sie besucht das Gymnasium und ist eine sehr gute Schülerin. Bis zu ihrem 11. Lebensjahr war Sandra ein normalgewichtiges Mädchen. Sie hatte viele Freundinnen und ging zwei Mal wöchentlich zum Leichtathletiktraining. Plötzlich ernährte sich Sandra vegetarisch und machte mehrere Diäten. Sie wurde von der Mutter unterstützt. Sandras Vater, ein Arzt, beobachtete das Essverhalten seiner Tochter besorgt. Sandra trainierte jetzt täglich. So verlor sie Pfund um Pfund. Ihre Gedanken drehten sich nur noch um das Essen, sie überprüfte täglich ihr Gewicht und kontrollierte, ob sie an Umfang zugenommen hatte. Sie kochte viel, aß aber kaum etwas davon. Sandra ging vormittags zur Schule, am Nachmittag lernte und trainierte sie verbissen. Den Kontakt zu den Freundinnen brach sie ab. Sandra war ständig aktiv, gönnte sich am Tag kaum eine Ruhepause und litt nachts an Schlafstörungen.

1 Übergewichtiges Kind

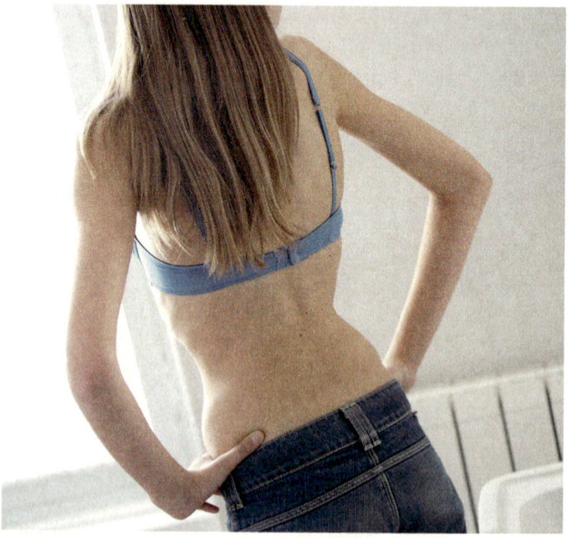

2 Magersüchtiges Mädchen

Fallbeispiel 3
Katja gehört zu den besten Schülern der siebenten Klasse. Sie lernt gerne und meist fleißig, auch körperlich ist Katja absolut fit. Viele Mädchen ihrer Klasse bewundern ihre tolle Figur. In der Freizeit treibt Katja gerne Sport. So geht sie zum Beispiel jeden Mittwoch mit Freundinnen zum Hockey-Training. In den Sommermonaten ist Katja ständig mit dem Fahrrad und mit den Inlinern unterwegs, im Winter ist sie eine begeisterte Skifahrerin. Obwohl sich Katja bei allen Witterungsbedingungen an der frischen Luft bewegt, ist sie selten krank. Katja achtet auf eine gesunde Ernährung, manchmal nervt sie ihre Freundinnen auch mit guten Ratschlägen zu dieser Thematik.

Fallbeispiel 4
Laura und Julia sind erfolgreiche Biathletinnen. Sie lernen und trainieren am Sportgymnasium Oberhof. Ihr Tag ist anstrengend. Um 7.10 Uhr beginnt die Schule. Der Schulalltag ist stressig, es wird viel verlangt. Um 13.10 Uhr gibt es leckeres Essen, das die Schüler in Abhängigkeit von der Sportart und dem Trainingspensum auswählen können. Um 14.00 Uhr steht Training auf dem Programm. Die beiden absolvieren Lauf- und Schießtrainingseinheiten. Der Trainer steht den Mädchen immer hilfreich zur Seite. Von ihm lernen sie neben Lauf- und Schießtechniken auch sehr viel über eine gesunde Lebensführung. Nach einem ausgiebigen Abendbrot sind Hausaufgaben zu erledigen, das Skimaterial für den nächsten Tag vorzubereiten und die Waffe zu putzen. Manchmal absolvieren die beiden um 19.00 Uhr noch eine Trainingseinheit in der Halle. Obwohl die Sportgymnasiastinnen einen anstrengenden Alltag haben, sind sie fit und belastbar.

Die Biathletinnen Laura und Julia bereiten sich durch intensives Training auf ihre Wettkämpfe vor. Im Wettkampf steigt die Atemfrequenz schon nach wenigen Minuten stark an, die beiden beginnen zu schwitzen, da die Muskulatur extrem arbeitet. Damit der Körper diese Leistung vollbringen kann, müssen die Organe perfekt und aufeinander abgestimmt arbeiten.

Im Schulsport und in der Disco laufen bei allen Schülern ähnliche Prozesse ab. Vielen jungen Menschen, zum Beispiel Katja, macht das nichts aus. Aber nicht jeder kann solche Belastungen in gleicher Weise verkraften. Welche Kenntnisse aber brauchen wir, um gesund, leistungsfähig und belastbar zu sein?

Um die Grundlagen einer gesunden Lebensführung zu verstehen werden genaue Kenntnisse zu Bau und Funktionsweise unseres Körpers benötigt. Wichtig ist hierbei die Tatsache, dass es einen engen Zusammenhang zwischen Ernährung, Bewegung und dem damit in Verbindung stehenden Energieverbrauch gibt. Wenn die aufgenommene Nahrungsmenge den Belastungen und dem jeweiligen Alter entspricht kann man sein Gewicht relativ konstant halten. Wer viel trainiert muss mehr essen, um leistungsfähig und gesund zu bleiben.

1 Erläutere den Begriff Zivilisationskrankheiten und nenne Ursachen für die Entstehung dieser Krankheiten und ihre Auswirkungen.

2 Vergleiche die Lebensweise von Daniel, Tim, Sandra, Laura, Anja und Katja. Leite drei Grundsätze für eine gesunde Lebensführung ab.

3 **Freizeitsportlerinnen**

4 **Leistungssportlerin**

Wissen kompakt Ernährungsprobleme

Ernährungsprobleme

In den Medien spielen Begriffe wie zum Beispiel Idealfigur, Übergewicht, Untergewicht und Modelmaße eine entscheidende Rolle. Viele junge Menschen streben nach dem in der Werbung angepriesenen Schönheitsideal. Andere Kinder wachsen in Familien auf, die zu fett, zu süß und vor allem zu viel essen. In vielen Familien wird in keiner Weise auf gesunde Ernährung geachtet. Falsche Essgewohnheiten führen zu Ernährungsproblemen und häufig auch zu gefährlichen Essstörungen.

Die deutsche Gesellschaft für Ernährung organisiert seit vielen Jahren in vielen Städten Fachtagungen zum Thema »Gesunde Ernährung und spezifische Ernährungsprobleme«. Diese Veranstaltungen zeigen, dass die Anzahl essgestörter Menschen, vor allem essgestörter Kinder und Jugendlicher, zunimmt. Es ist wichtig die Ursachen für diese Entwicklung zu erforschen. Auch ihr könnt dazu einen Beitrag leisten.

Diagnose: Esssucht

Normalerweise ist Essen die Reaktion auf ein natürliches Hungergefühl. Liegt jedoch eine Esssucht vor, kommt es zu regelmäßigen Heißhungeranfällen und ständigem Zuvielessen. Das Verlangen unbedingt zu essen ist zwanghaft und unkontrolliert. Betroffene sind stark übergewichtig. Man spricht von Fettleibigkeit oder Adipositas. Solche Menschen haben häufig Gelenkprobleme, Bluthochdruck, sind kurzatmig und zum Teil zuckerkrank.

Diagnose: Magersucht (Anorexie)

Äußeres Merkmal ist eine extreme Gewichtsabnahme, die durch eine stark eingeschränkte, streng kontrollierte Nahrungsaufnahme und intensives Sporttreiben hervorgerufen wird. Leitmotiv magersüchtiger Patienten ist der Wunsch nach extremer Schlankheit, gekoppelt mit dem Wunsch nach absoluter Selbstbestimmung. Die Betroffenen haben Angst vor einer Gewichtszunahme, selbst wenn sie bereits stark untergewichtig sind.

1 Führe mit sechs Jungen und Mädchen deiner Klasse ein Interview zu deren Essgewohnheiten durch. Erfasse die Ergebnisse schriftlich. Vergleiche die Essgewohnheiten der Jungen und Mädchen und analysiere, ob es geschlechtsspezifische Unterschiede gibt.

2 Viele Jugendliche orientieren sich an den in der Werbung angepriesenen Schönheitsidealen. Beurteile diese Verhaltensweise kritisch.

3 Recherchiere die Essstörung »Bulimie«. Vergleiche Bulimie und Magersucht tabellarisch miteinander.

2 Magenerkrankungen

Ärger, Kummer, Schulstress oder auch berufliche Belastungen schlagen manchen Menschen auf den Magen. Was heißt das? Der Magen reagiert auf Stress mit ganz unterschiedlichen Beschwerden wie Appetitlosigkeit, Völlegefühl, Aufstoßen, Unbehagen oder Übelkeit und Schmerzen. Der Arzt spricht von einem nervösen Magen oder einem Reizmagen, wenn noch keine Schädigungen erkennbar sind.

Manchmal treten Schmerzen im Oberbauch auf, aber auch Appetitlosigkeit und Übelkeit, die bis zum Erbrechen führen können. Dies können Anzeichen einer Magenschleimhautentzündung sein, die auch Gastritis genannt wird. Diese Erkrankung kann mehrere Ursachen haben: Verzehr verdorbener Speisen, schnelles Trinken eiskalter Getränke, übermäßiger Alkoholgenuss oder die Einnahme mancher Medikamente. Sobald man die schädigenden Ursachen vermeidet, klingen die Beschwerden meist nach wenigen Tagen wieder ab.

Zu den bekanntesten Magenerkrankungen gehört das Magengeschwür. Zugrunde liegt eine Schleimhautverletzung, die aber nicht wie bei der Gastritis auf die Oberfläche begrenzt bleibt, sondern kraterförmig in die tiefer liegenden Schichten der Magenwand eindringt. Diese Schleimhautschädigungen werden meist auf Infektionen mit dem Bakterium *Helicobacter pylori* zurückgeführt. Helicobacter nistet sich in und unter der Magenschleimhaut ein und bleibt so vor dem sauren Mageninhalt weitgehend geschützt. Durch seine Stoffwechselprodukte werden die Schleimhautzellen geschädigt, die Immunabwehr geschwächt und vermehrt Salzsäure produziert. Stress, Rauchen, übermäßiger Alkoholgenuss und auch die Einnahme bestimmter Medikamente können die körpereigene Abwehr schädigen, sodass häufiger Infektionen mit *Helicobacter pylori* auftreten, die dann zu den oben genannten Folgen führen. Chronische Erkrankungen mit *Helicobacter pylori* sind ein deutlicher Risikofaktor für Magenkrebs, da einige Stoffwechselprodukte dieser Bakterien die Schleimhautzellen massiv und dauerhaft schädigen. Zur Diagnose dieser Infektion stehen verschiedene Tests zur Verfügung. Im Verdachtsfall kann man die Atemluft des Patienten auf Stoffwechselprodukte der Bakterien untersuchen. Der endgültige Nachweis erfolgt mikroskopisch mittels einer Gewebeprobe, die bei einer Magenspiegelung entnommenen wurde. Die Behandlung besteht aus einer Kombination eines die Magensäuresekretion hemmenden Medikamentes und zweier Antibiotika.

Magenkrebs kündigt sich durch Symptome wie Völlegefühl, Appetitlosigkeit, Widerwillen gegen Fleisch, Aufstoßen, Erbrechen und Abmagerung an. Seit man Lebensmittel in Kühlschränken längere Zeit aufbewahren kann und diese, um sie haltbar zu machen, nicht mehr stark räuchern oder pökeln muss, ist Magenkrebs seltener geworden.

1 Erläutere die Entdeckung eines Magengeschwürs. Beziehe auch die Abbildungen 1 und 2 mit ein.

2 Informiere dich über Untersuchungsmethoden des Magens wie zum Beispiel die Magenspiegelung.

3 Stelle begründete Vermutungen über die Art und Weise an, auf die verdorbene Speisen oder eiskalte Getränke eine Magenschleimhautentzündung hervorrufen können.

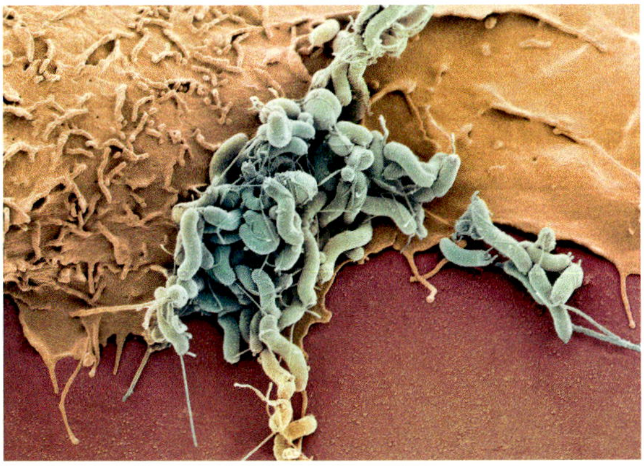

1 *Helicobacter pylori*

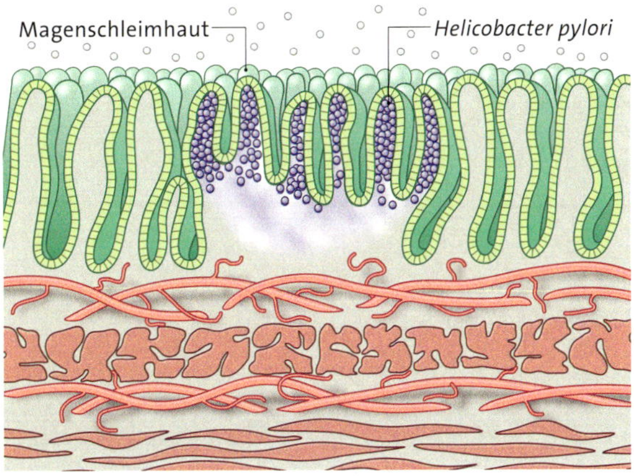

2 Magengeschwür

Wissen kompakt Gesunde Ernährung

Nachweis von Vitamin C

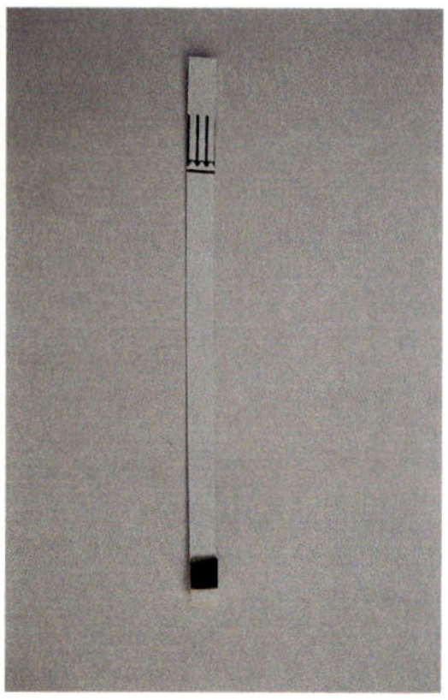

Material: Reagenzglasständer; Reagenzgläser, Wasser Ascorbinsäure (Vitamin C), Glasstab, Ascorbinsäure-Teststäbchen, Messer, verschiedene Lebensmittel (Zitrone, Orange, Apfel, Brot, frische und gekochte Paprika)
Durchführung: Fülle zwei Reagenzgläser gleich hoch mit Wasser. Gib in eines etwas Ascorbinsäure und rühre mit einem Glasstab um. Tauche kurz ein Teststäbchen in jedes Reagenzglas. Zerkleinere Lebensmittel mit dem Messer und halte an die Schnittfläche ein Teststäbchen. Zerkleinere und prüfe eine frische, eine gekochte und eine klein geschnittene Paprika, die mindestens zwölf Stunden nicht abgedeckt an der Luft gestanden hat, mit einem Teststäbchen.

1 Erstelle eine Liste der untersuchten Lebensmittel und notiere, ob sie Vitamin C enthalten.

2 Stelle Regeln für die vitaminschonende Lagerung und Zubereitung von Lebensmitteln auf.

Diäten

Unter einer Diät versteht man eine besondere Ernährungsform. Sie kann vom Arzt zur Vorbeugung oder Behandlung bestimmter Krankheiten verordnet oder zur Verringerung des Körpergewichts durchgeführt werden. Dazu nimmt man weniger Nahrung zu sich als gewöhnlich. Ein Beispiel ist die FdH-Methode. FdH steht für »Friss die Hälfte«. Es ist zu beachten, dass man sich trotz halber Energiezufuhr ausgewogen ernährt, das heißt, dass lebenswichtige Vitamine, Mineralstoffe und Ballaststoffe in ausreichendem Maße aufgenommen werden. Deshalb muss bei einer Diät sorgsam auf eine ausgewogene Kostzusammenstellung geachtet werden: Milchprodukte, mageres Fleisch, Vollkornprodukte, Fisch, Geflügel, Kartoffeln, Rohkost und Gemüse, frisches Obst und pflanzliche Öle sind empfehlenswert. Damit es nach Beendigung der Diät nicht wieder zu einer enttäuschenden, schnellen Gewichtszunahme kommt, muss zusätzlich zur Diät das Ess-Bewegungsverhalten verändert werden. Dabei helfen Kurse, die von Volkshochschulen und Krankenkassen angeboten werden.

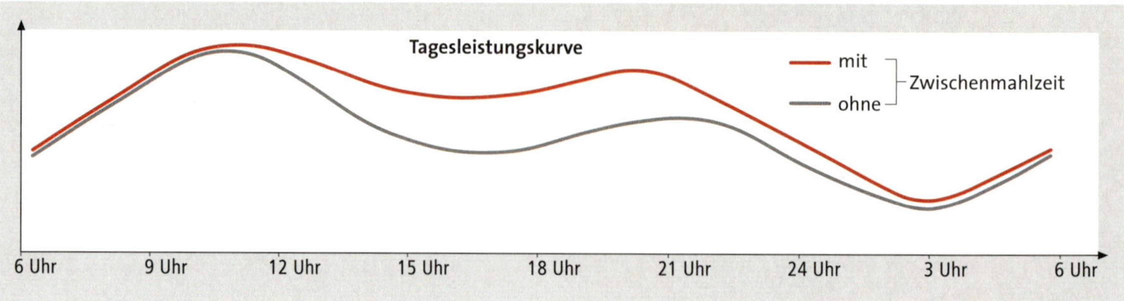

Vegetarier

Ovo-Lacto-Vegetarier: Sie verzehren neben pflanzlichen Lebensmitteln auch Produkte lebender Tiere wie Milch, Milchprodukte und Eier.
Lacto-Vegetarier: Sie ernähren sich wie Ovo-Lacto-Vegetarier, verzehren aber keine Eier.
Veganer: Sie verzehren überhaupt keine von Tieren stammenden Lebensmittel, also auch nicht Milch, Eier oder Honig. Sie verzichten auch auf das Tragen von Leder, Seide und Schafwolle.

Vollwert-Ernährung

Es handelt sich um eine überwiegend pflanzliche Ernährungsweise. Die hauptsächlich verwendeten Lebensmittel sind Vollkornprodukte, Gemüse und Obst, Kartoffeln, Hülsenfrüchte sowie Milch und Milchprodukte. Daneben können geringe Mengen an Fleisch, Fisch und Eiern enthalten sein. Etwa die Hälfte der Nahrungsmenge besteht aus unerhitzter Frischkost. Die Zubereitung erfolgt schonend und mit wenig Fett aus frischen Lebensmitteln. Nahrungsmittel mit Zusatzstoffen werden vermieden.

3 Stelle mit Hilfe deines Ernährungswissens, der Tagesleistungskurve und der Ernährungspyramide einen Kostplan mit ausgwogener Ernährung für einen Tag zusammen.

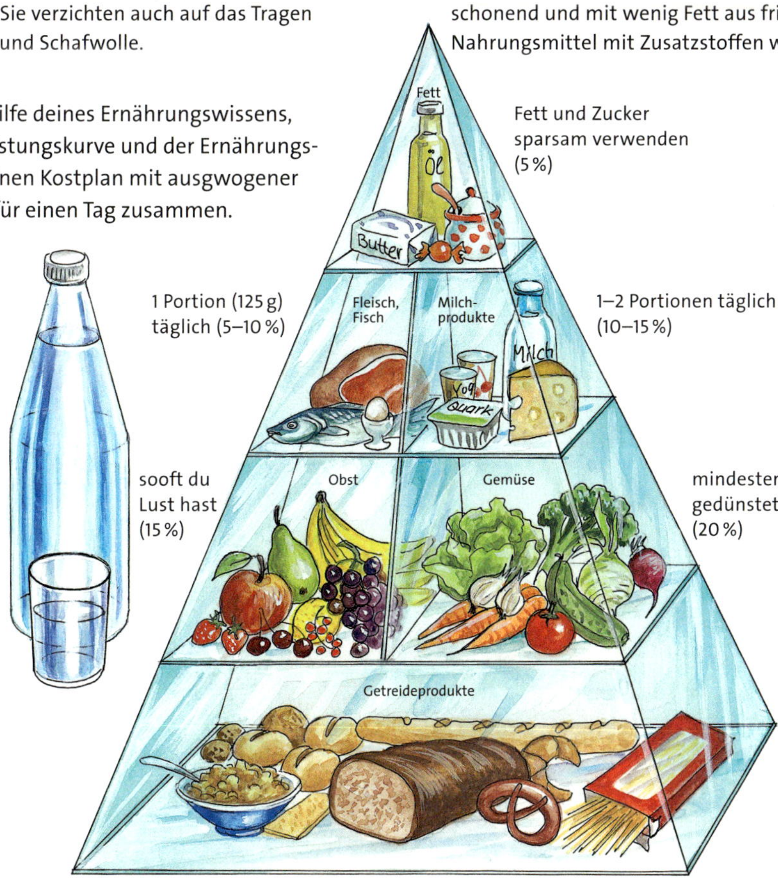

Aufgaben und Versuche Projekt: Gesundes Frühstück und Pausensnacks

Fruchtiges Obst und knackiges Gemüse machen fit. Nüsse, Milch- und Vollkornprodukte geben Power und halten gesund. Solche Lebensmittel sollten deshalb bei keinem Frühstück fehlen. In verschiedenen Gruppen sollen in einem Projekt unterschiedliche Rezepte für ein gesundes Frühstück ausprobiert werden.

Die fertigen Speisen sollen schließlich mit der ganzen Klasse versucht werden. Tauscht euch über eure Erfahrungen bei der Zubereitung aus.

Gruppe 1: Apfel-Quark-Creme

Es wird benötigt:
200 g Speisequark (20 % oder 40 % Fettgehalt)
1 kleinen Apfel
2 Esslöffel Mineralwasser
1 Esslöffel Zitronensaft
1 Teelöffel Zimt
1 Teelöffel Honig
1 Schüssel
1 Küchenreibe
1 verschließbares Gefäß
Küchenpapier

Zubereitung:
Verrührt Quark und Mineralwasser mit dem Mixer schaumig. Wascht den Apfel und entfernt das Kerngehäuse. Raspelt den Apfel auf der Küchenreibe und träufelt Zitronensaft über den zerriebenen Apfel. Gebt Apfel, Zimt und Honig zur Quarkcreme und verrührt die Zutaten. Füllt die Apfel-Quark-Creme in ein gut verschließbares Gefäß.

Gruppe 2: Mac Snack

Es wird benötigt:
2 Vollkornbrötchen
2 Salatblätter
1 kleines Stück Salatgurke
½ rote Paprika
2 Scheiben Gouda
1 Küchenbrett
Küchenmesser

Zubereitung:
Wascht das Gemüse gründlich. Schält die Gurke und schneidet sie in dünne Scheiben. Schneidet die Paprika auf, entkernt eine Paprikahälfte und schneidet 8 Streifen ab. Schneidet das Brötchen auf. Belegt die untere Brötchenhälfte mit einem Salatblatt, einer Scheibe Käse, zwei Gurkenscheiben und vier Paprikastreifen. Klappt die obere Brötchenhälfte darüber und verstaut den »Mac Snack« in einer Brötchendose.

Gruppe 3: Fruchmilchmix

Es wird benötigt:
¼ Liter Milch
100 g Vollmilchjogurt
100 g frische süße Früchte (zum Beispiel Banane, Pfirsich, Erdbeeren, Himbeeren)
1 Mixer oder Pürierstab
1 Schüssel
1 Küchenmesser

Zubereitung:
Wascht beziehungsweise schält das Obst und schneidet es, wenn notwendig, in kleine Stücke. Gebt Obst und Jogurt mit einem Schuss Milch in die Schüssel und zerkleinert es mit dem Mixer. Rührt die restliche Milch darunter.

Gruppe 4: Pausenmüsli

Es wird benötigt:
6 Esslöffel Vollkornhaferflocken
6 Esslöffel Rosinen
2 Esslöffel grob gehackte Haselnusskerne oder Mandeln
2 Esslöffel Sonnenblumenkerne
2 Teelöffel Zucker
2 Teelöffel Kakaopulver
Obst und Milch oder Jogurt
Verschließbare Dose

Zubereitung:
Vermischt die Zutaten und bewahrt sie in einer verschließbaren Dose an einem trockenen Platz auf. In den Pausen könnt ihr das Müsli trocken essen, mit Obststücken oder Milch oder Jogurt vermischen.

Gruppe 5: Fruchtspießchen

Es wird benötigt:
2 Scheiben Vollkornbrot
20 g Butter
100 g Gouda am Stück
1 Banane
2 Kiwis oder 8 Weintrauben
2 Teelöffel Honig
2 Esslöffel Sesam
1 Küchenbrett
1 Küchenmesser
1 Backpinsel
1 Teller
4 Schaschlik-Spieße

Zubereitung:
Bestreicht das Vollkornbrot mit Butter und teilt jede Scheibe in 6 Stücke. Schneidet den Käse in Würfel. Wascht beziehungsweise schält die Früchte und schneidet sie in große Stücke. Steckt Brotstücke, Käsewürfel und Obststücke abwechselnd auf die Schaschlik-Spieße.
Verteilt Sesam auf dem Teller. Bestreicht die Spieße mit dem Pinsel mit Honig und wendet die Spieße im Sesam.
Je nach Geschmack können auch Stücke von Gemüse wie Möhre, Gurke oder Kohlrabi aufgespießt werden. Der Honig-Sesam-Überzug empfiehlt sich dann allerdings nicht.

Fitness und Gesundheit

1 Bewegung fördert die Gesundheit

Wann immer sie in den Pausen Zeit haben, treffen sich die Mädchen und Jungen der Klasse an der Tischtennisplatte. Kommen genügend Kinder zusammen, spielen sie am liebsten die Variante »Rundlauf«, bei der sie nicht nur geschickt Tischtennis spielen, sondern bei der Jagd nach dem Ball auch Schnelligkeit und Ausdauer beweisen müssen. Trotz der Anstrengung fühlen sich nach dem Spiel alle frisch und munter und würden am liebsten weiterspielen.

Warum Menschen bewusst Sport treiben, hat verschiedene Ursachen. Es macht Spaß, sich mit anderen in Wettkämpfen zu messen oder in einer Fußball- oder Handballmannschaft Teamgeist zu entwickeln. Während oder nach dem Sport fühlt man sich gut und befreit. Viele Menschen möchten durch Sport auch einfach nur ihren Körper gesund halten und einen Ausgleich zur meist sitzenden, beruflichen Tätigkeit schaffen.

Die Vorfahren der heutigen Menschen waren Läufer mit muskulösen Beinen und vielseitig einsetzbaren Armen und Händen. Als Jäger und Sammler waren sie den größten Teil des Tages damit beschäftigt, zu Fuß umherzuziehen und Nahrung zu beschaffen.

1 Sport mit Freunden

Bei der Jagd oder der Flucht vor gefährlichen Tieren mussten sie sich oft schnell und ausdauernd bewegen. Der Körperbau des Menschen hat sich seit dieser Zeit kaum verändert, seine Lebensweise aber umso mehr. Autos, Bahn und Flugzeuge ermöglichen heute eine schnelle und bequeme Fortbewegung, ohne dass der Körper Muskelkraft aufbringen muss. Auch die meisten körperlich anstrengenden Arbeiten werden heute von Maschinen übernommen. Im Büro, beim Studium, in der Schule oder daheim bewegen sich viele Menschen nur wenig, da die anfallenden Tätigkeiten häufig im Sitzen erledigt werden können. Diese Bewegungsarmut im Tagesablauf entspricht nicht dem ursprünglichen menschlichen Verhalten. Der Körper reagiert auf eine solche Lebensweise mit sinkender Leistungsfähigkeit oder Erkrankungen.

2 Veränderungen der Lebensweise des Menschen. A Steinzeitmensch **B** Büroangestellter

Der positive Einfluss körperlicher Aktivität ist sehr vielfältig. In erster Linie werden die Muskeln beansprucht. Beim Training wird ein Muskel zur Bildung neuer Zellen angeregt – er wächst. Gleichzeitig bilden sich in seinem Inneren mehr Blutkapillaren. Die bessere Durchblutung steigert wiederum die Leistungsfähigkeit des Muskels. Auch die Bänder und Sehnen werden gefestigt. Bewegungen können dadurch kräftiger und sicherer ausgeführt werden. Eine gut ausgebildete und trainierte Muskulatur entlastet das Skelett und die Gelenke. Das Skelett selbst wird durch sportliche Betätigung ebenfalls belastbarer. Die Knochenstrukturen im Bereich der Gelenke und die Gelenkknorpel werden kompakter.

Ausdauersportarten wie Laufen, Fahrradfahren oder Schwimmen fördern darüber hinaus das Herz-Kreislauf-System. Durch den Wechsel von Training und Ruhephasen kräftigt sich die Herzmuskulatur und das vom Herzen transportierte Blutvolumen steigt. Durch diesen Gewöhnungseffekt haben Sportler auch bei körperlichen Belastungen einen niedrigeren Puls als untrainierte Menschen. Deren Herz muss schon bei geringen Anstrengungen auf Hochtouren arbeiten, um den Körper zu versorgen. Ein gutes Ausdauertraining verbessert die Durchblutung aller Organe und trägt so zu deren Gesunderhaltung bei.

Muskelzellen beziehen Energie für die Kontraktionen aus dem Abbau von Nährstoffen. Die dafür notwendigen energiereichen Stoffe, vor allem Traubenzucker, nimmt das Muskelgewebe aus dem Blut auf. Bei intensiver Bewegung wird viel Traubenzucker aus dem Blut aufgenommen. Bei Bewegungsmangel hingegen verbleibt ein großer Teil des mit der Nahrung aufgenommenen Traubenzuckers im Blut. Der überschüssige Traubenzucker wird in Fettzellen in Fett umgewandelt und Übergewicht ist die Folge. Muskelzellen benötigen aber auch in Ruhe mehr Energie als die meisten anderen menschlichen Zellen, sodass ein hoher Anteil an Muskelgewebe der Bildung von Übergewicht entgegen wirkt.

B Positive Effekte des Sports auf Körperfunktionen

Auch das menschliche Nervensystem wird durch Sport positiv beeinflusst. Während des Sports bilden bestimmte Teile des Gehirns Botenstoffe, die in das Blut abgegeben werden. Diese verursachen bei vielen Menschen ein Glücksgefühl, sie fühlen sich gut. Manchmal kommt es vor, dass Menschen durch ihren anstrengenden Beruf oder durch private Probleme sehr angespannt oder sogar überlastet sind. Dauert die Überlastung in solchen Stresssituationen länger an, gibt das Gehirn Stresshormone in das Blut ab. Diese Stoffe schädigen auf Dauer das Herz-Kreislauf-System. Besonders bei ausdauernder körperlicher Betätigung werden Stresshormone schnell wieder abgebaut.

Jeder Mensch sollte sich täglich bewegen. Das kann ein Spaziergang, eine Wanderung, Schwimmen oder eine Mischung aus Kraftsport zum Muskelaufbau und einem Ausdauertraining für eine gute Kondition sein. Die Beispiele zeigen, wie wichtig regelmäßige körperliche Betätigung für die Gesundheit, die geistige Leistungsfähigkeit und das Wohlbefinden ist.

1 Fertige eine Tabelle für den Zeitraum der letzten Woche über deine Freizeitaktivitäten an. Achte besonders auf die Anteile sportlicher Aktivitäten. Werte die Ergebnisse kritisch aus. Vergleiche deine Tabelle mit dem Beispiel unten.

Montag	15:00–16:00	Computerspielen
	16:00–17:30	Pizzaessen
	17:30–19:00	Hausaufgaben
	19:00–22:00	Fernsehen
Dienstag	14:30–15:00	Hausaufgaben
	15:00–16:30	Fußballtraining
	16:30–19:00	Computerspielen
	19:00–20:00	Pizzaessen
...	...	...

2 Gesunderhaltung des Bewegungssystems

Statistiken zeigen, dass heute viele Kinder und Jugendliche Probleme mit dem Bewegungsapparat haben. Erkrankungen des Skeletts und des Muskelsystems gehören sogar zu den Zivilisationskrankheiten. Grundlagen für solche Erkrankungen werden oft schon im Kleinkindalter durch einseitiges Liegen im Kinderwagen, schlechte Sitzgewohnheiten und Bewegungsmangel gelegt.

Eine wichtige Vorbeugemaßnahme ist das regelmäßige Sporttreiben, denn vorbeugen ist immer besser als heilen. Joggen, Inlineskaten und Schwimmen sind für die Erhaltung der Fitness bestens geeignet. Ein weiterer wichtiger Punkt ist das richtige Sitzen in der Schule und zu Hause, denn krummes und auch zu langes Sitzen belastet die Wirbelsäule einseitig und kann zu Schäden führen. Dauerschäden an der Wirbelsäule infolge falscher Sitz- und Körperhaltungen können durch Einhaltung weniger Ratschläge vermieden werden:

- Achte immer auf die richtige Höhe von Tisch und Stuhl beim Arbeiten!
- Verteile schwere Lasten beim Tragen gleichmäßig auf beide Arme oder trage die Last auf dem Rücken!
- Gehe in die Hocke und halte deinen Rücken gerade, wenn du schwere Lasten anheben musst!
- Kräftige deine Bauch- und Rückenmuskulatur durch regelmäßige Übungen!

1 Erläutere Maßnahmen zur Verhinderung von Haltungsschäden. Arbeite dazu mit Abbildung 2 und 3.

2 Nenne Sportarten, die für den Freizeitsport geeignet sind und begründe deine Wahl.

3 In der heutigen Zeit haben viele Menschen Rückenschmerzen. Führe eine Internetrecherche zu diesem Thema durch, analysiere die Ursachen und erläutere drei tägliche Bewegungsübungen zur Vorbeugung.

2 Übungen für die Wirbelsäule

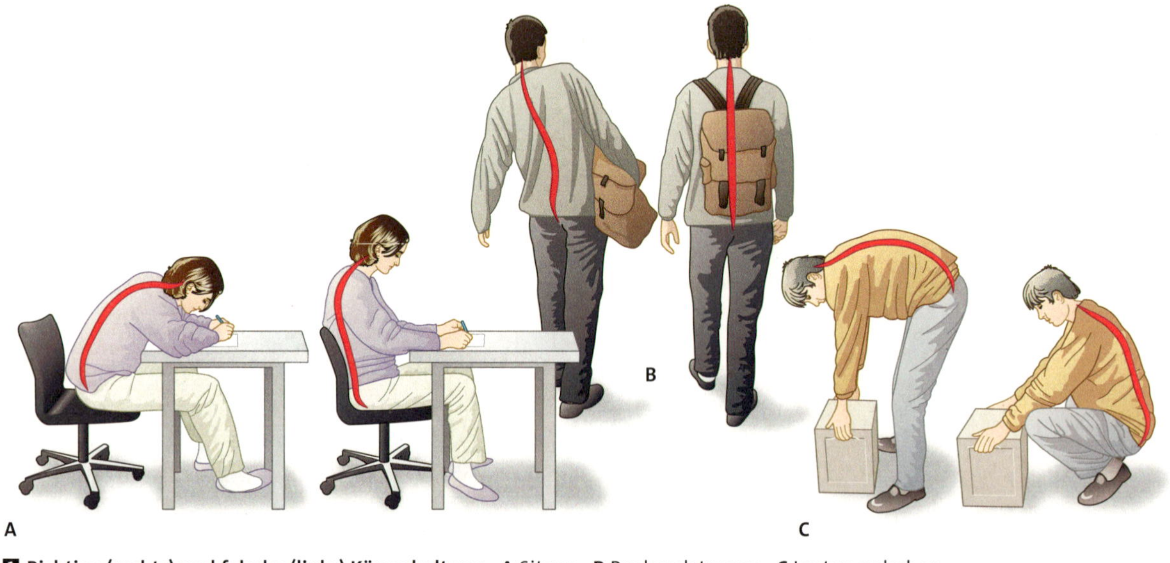

1 Richtige (rechts) und falsche (links) Körperhaltung. **A** Sitzen; **B** Rucksack tragen; **C** Lasten anheben

Aufgaben und Versuche Haltungsschäden

A1 Richtige Körperhaltung

Aufgaben:

a) Vergleiche jeweils die Körperhaltung der beiden Personen in der Abbildung.

b) Erläutere die Notwendigkeit des Wechsels der Haltung.

c) Morgens wacht man in einer anderen Haltung auf, als man abends eingeschlafen ist. Erläutere.

A2 Wer rastet der rostet

Für die Gesunderhaltung des Körpers werden vor allem die Sportarten Schwimmen, Radfahren, Wandern und Nordic Walking empfohlen.

Aufgabe: Begründe diese Empfehlungen.

A3 Bewegungstagebuch

Führe für eine Woche ein »Tagebuch«, in dem du jeden Tag die Zeiten notierst, die du sitzend, liegend oder in Bewegung verbringst. Addiere am Ende der Woche die Zeiten.

Aufgabe: Beurteile, ob du einen ausreichenden Wechsel zwischen den unterschiedlichen Belastungen deines Körpers gehabt hast.

A4 Schwerer Rucksack

Viele Schüler tragen täglich alle Hefte und Bücher in ihrer Schultasche mit in die Schule, um nichts zu vergessen.

Aufgaben:

a) Nimm zu dieser Praxis aus Sicht der Gesunderhaltung des Körpers Stellung.

b) Überprüfe deine Schultasche auf nicht benötigte Materialien.

A5 Body-Mass-Index

Stefan ist Schüler der 8. Klasse. Er hat eine Körpergröße von 1,72 m und ein Gewicht von 76 kg. In einer Zeitschrift hat er gelesen, dass ein Body-Mass-Index (BMI) zwischen 19 und 24 kg/m^2 als normal angesehen wird.

Aufgaben:

a) Informiere dich im Lehrbuch über die Berechnung des Body-Mass-Index.

b) Berechne den Body-Mass-Index für Stefan.

c) Um sein Körpergewicht zu verringern, beschließt Stefan, neben der Reduzierung der Mahlzeiten täglich 5 km zu laufen. Beurteile diese Vorsätze vor allem aus der Sicht der Gesunderhaltung des Stütz- und Bewegungssystems.

d) Erläutere weitere Belastungen des Körpers durch einen zu hohen Body-Mass-Index.

A6 Leistungssportler

Leistungssportler müssen das ganze Jahr über planmäßig Trainingseinheiten absolvieren. Auf Wettkämpfe bereiten sie sich oft gezielt über mehrere Wochen oder sogar Monate durch besonders intensives Training vor.

Aufgaben:

a) Erläutere die Notwendigkeit einer gezielten Vorbereitung auf Saisonhöhepunkte mit deinen Kenntnissen über das Stütz- und Bewegungssystem.

b) Beschreibe die Wirkung intensiven Trainings auf andere Organe des menschlichen Körpers.

c) Begründe die Notwendigkeit, Phasen mit geringeren Trainingsbelastungen für den Sportler im Laufe eines Trainingszyklus zu planen.

Aufgaben und Versuche Ausdauertraining

A1 Trainingsprogramm

»Wir bewegen uns zu wenig und dieser Bewegungsmangel kann zu Gesundheitsschäden führen!« Diese Mahnung von Ärzten gilt besonders für Kinder und Jugendliche. Sport oder Bewegungstraining helfen, die Muskulatur und den Kreislauf zu stärken. Durch Ausdauertraining wird der Herzmuskel gekräftigt und es kann mehr Blut gepumpt werden. Außerdem kann eine trainierte Lunge mehr Sauerstoff aufnehmen. Zur Stärkung deines Herzens und deiner Atmung eignen sich die rechts stehenden Übungen. Diese Übungen kannst du allein oder in einer Gruppe durchführen.

Aufgaben:

a) Bevor du mit dem Trainingsprogramm beginnst, muss dein Körper »aufgewärmt« werden. Führe jede Aufwärmübung etwa eine Minute lang aus.
Aufwärmübung 1: Gehen auf der Stelle und die Arme bewegen;
Aufwärmübung 2: Beine auseinander stellen und den Oberkörper kreisen;
Aufwärmübung 3: Laufen auf der Stelle und Arme bewegen.

b) Führe die Ausdauerübungen täglich zehn Minuten lang aus, also in einer Woche insgesamt mindestens 70 Minuten Ausdauertraining.

c) Führe über dein Ausdauertraining ein Protokoll. So kannst du deinen Trainingserfolg ablesen.

Woche	Datum	Puls vor Training (Puls/Minute)	Puls nach 5 Minuten Training (Puls/Minute)	Puls nach Trainingsende (Puls/Minute)
1. Mo				
Di				
Mi				
Do				
Fr				
Sa				
So				
2. Mo				

Protokoll des Ausdauertrainings

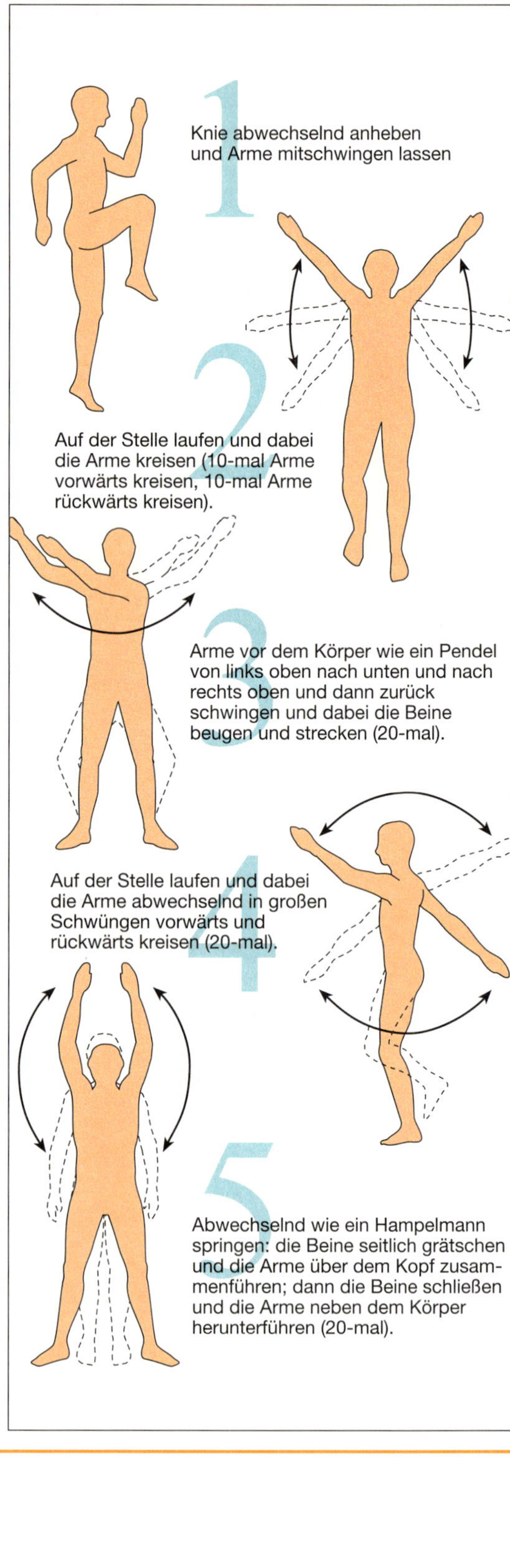

3 Umgang mit Stress

3.1 Stress ist nicht gleich Stress

Eine Klassenarbeit beginnt, die Aufgabenblätter werden ausgeteilt. Werde ich die Aufgaben lösen können? Hoffentlich kommt nicht so viel dran, was ich nicht kann – Herzklopfen, der Puls steigt, unwillkürlich atmet man schneller und fühlt sich hell wach. Situationen wie diese kennt jeder. Psychologen bezeichnen die Auswirkungen psychisch und körperlich belastender Situationen als **Stress.**

Normalerweise erfolgt auf eine Stresssituation entweder eine Fluchtreaktion oder eine Reaktion, durch die man sich der Stresssituation stellt. Im Falle der Klassenarbeit sind die Nachteile des Fernbleibens bekannt, weshalb man die Herausforderung annimmt und versucht, die Aufgaben bestmöglich zu lösen. Meist klingen die Symptome der Aufregung schon im Laufe der Arbeitszeit ab, auf jeden Fall jedoch nach der Abgabe der Arbeit. »Wie war's? Stress gehabt?«, fragt ein Mitschüler später. »Halb so wild …«, schließlich will man ›locker‹ erscheinen und fühlt sich allmählich auch wieder so. Die einsetzende Entspannung beweist, dass es sich bei der Prüfungssituation um eine zeitlich begrenzte Stresssituation gehandelt hat. Man spricht in solchen Situationen von **akutem Stress.**

Im Gegensatz hierzu leiden manche Menschen unter Stress, der über sehr lange Zeit anhalten kann. Hierbei handelt es sich um **chronischen Stress** (gr. *chronikós*, zeitlich lang), der zum Beispiel durch ständigen Zeitdruck am Arbeitsplatz, schulischen oder beruflichen Erfolgsdruck, unausweichlichen Lärm oder ungelöste zwischenmenschliche Probleme entstehen kann.

Akuter Stress ist eine nützliche und in manchen Situationen überlebenswichtige Reaktion des Körpers, um kurzfristig Höchstleistungen zu erbringen. Das Beispiel der Klassenarbeit bezieht sich vor allem auf Stress wegen des Erfolgsdrucks, der individuell verschieden stark erlebt wird. Man denke jedoch an lebensgefährliche Situationen wie im Straßenverkehr oder bei einem Feueralarm. Hier wird man durch ein unbemerkt herannahendes Auto oder ein lautes Alarmsignal plötzlich aufgeschreckt und bringt sich schnell in Sicherheit. Chronischer Stress hingegen schadet dem Körper. Daher ist es wichtig, regelmäßig für Entspannung zu sorgen. Dies kann zum Beispiel durch Meditation, Sport oder Musizieren geschehen. Zudem bieten Krankenkassen Kurse zur sogenannten Progressiven Muskelentspannung an.

1 Schulstress

2 Stress am Arbeitsplatz

3 Musikhören zur Entspannung

1. Erläutere den Unterschied zwischen akutem und chronischem Stress.
2. Beschreibe drei alltägliche Situationen, in denen akuter Stress für den Körper vorteilhaft sein kann.
3. Nenne drei alltägliche Ursachen für chronischen Stress und entwickle jeweils Lösungsmöglichkeiten diesen zu vermeiden.

3.2 Reizüberflutung kann auch Stress erzeugen

Im Frühjahr 2010 wurde der Flugverkehr in Deutschland und weiten Teilen Europas durch eine Aschewolke des isländischen Vulkans Eyjafjallajökull für mehr als eine Woche lahm gelegt. Eine Anwohnerin in der Einflugschneise des Kölner Flughafens sagte während dieser Zeit einem Reporter: »Ich habe geschlafen wie in Abrahams Schoß. Ich fühlte mich morgens zum ersten Mal seit Jahren fit und erholt. Es war beinahe wie im Urlaub.« Was den einen Stress durch ausgefallene Flüge bescherte, ließ andere zur Ruhe kommen.

So wie diese Anwohnerin des Flughafens in Köln klagen viele Leute in der Nähe von Flughäfen über Belästigung durch den Fluglärm. Jeder Ausbau eines Flughafens führt deshalb zu Protesten unter der in der Nähe wohnenden Bevölkerung. An vielbefahrenen Autobahnen, die an Wohngebieten vorbeiführen, werden sehr teure Lärmschutzmaßnahmen durchgeführt. So hat man in Thüringen beispielsweise die Autobahn A4, die sehr nah an Jena-Lobeda vorbei führt, durch Tunnel geführt um die Lärmbelästigung zu verringern.

Aber ist Lärm wirklich so schlimm? Macht er wirklich krank, wie viele Menschen behaupten? Eine Studie des Bundesumweltamtes kommt zu dem Ergebnis, dass in der Bundesrepublik Deutschland jährlich vermutlich bis zu 3000 Menschen einen tödlichen Herzinfarkt infolge von Lärmbelastung erleiden. Sehr starker Lärm kann zu krankhaften Veränderungen des Hörorgans führen, insbesondere zum Absterben der Haarsinneszellen im Innenohr. Aber auch geringere Geräuschpegel, die nicht zu direkten Schädigungen des Hörorgans führen, haben für den Menschen negative Auswirkungen. Dazu zählt beispielsweise der Lärm startender oder landender Flugzeuge. Aber auch die Lärmpegel einer vielbefahrenen Straße oder Eisenbahnlinie können solche negativen Auswirkungen haben.

Lärm führt zu einer dauerhaften Ausschüttung von Stresshormonen. Das hat zur Folge, dass sich der Körper ständig in einem angespannten Zustand befindet: der Blutzuckerspiegel ist erhöht, die Blutgefäße werden verengt, dadurch steigt der Blutdruck und auch das Risiko von Herz-Kreislauferkrankungen. Sogar im Schlaf werden bei einer andauernden Lärmbelastung vermehrt Stresshormone ausgeschüttet. Hier ist aber Stressabbau noch weniger möglich. Das bedeutet, dass Menschen, die solchem »Dauerlärm« ausgesetzt sind, auch während der Ruhezeiten unter Anspannung stehen. Das führt zusätzlich zu schlechtem Schlaf und Abgespanntheit. Damit sind gesundheitliche Probleme vorprogrammiert.

1 Ruhestörung durch Fluglärm

Viele junge Menschen kennen die Auswirkungen von andauerndem Lärm auf ihre Gesundheit nicht. Auch die laute Beschallung mit Musik im Auto oder über die Kopfhörer des MP3-Players haben auf Dauer ähnliche Auswirkungen wie der Straßenlärm oder die Geräusche startender und landender Flugzeuge. DieFolgen werden aber bei vielen erst in späteren Jahren körperlich feststellbar sein, weshalb sie häufig auch nicht bereit sind, ihr Verhalten zu ändern.

Nicht nur die Dauereinwirkung von Lärm auf unser Nervensystem hat negative Folgen. Auch anderer Formen der Reizüberflutung führen zu einseitigen Belastungen der Sinnesorgane. So kann das lange Sitzen vor dem Computerbildschirm negative Auswirkungen auf die Augen haben. Hier kommen vor allem aber auch noch indirekte Belastungen dazu: Wer lange vor dem Computer sitzt, bewegt sich nicht. Dadurch wird die Muskulatur nicht ausreichend beansprucht und die Gefahr von Erkrankungen des Stütz- und Bewegungssystems sind vorprogrammiert. Auch die Neigung zu Übergewicht wird durch Bewegungsmangel begünstigt. Letztlich kann festgehalten werden, dass eine ausgewogene Belastung aller Sinnesorgane für die Gesunderhaltung unseres Körpers unerlässlich ist.

1 Erläutere den Zusammenhang zwischen Dauerlärm und Stress.

2 Beschreibe die negativen Auswirkungen von Dauerstress auf den Körper.

Aufgaben und Versuche — Stress und Reizüberflutung

A1 Die Gestaltung des Tagesablaufes ist wichtig für die Gesundheit

Ferdinand ist Schüler der 8. Klasse. Für den Biologieunterricht soll er für einen »normalen« Schultag aufschreiben, wann er welche Tätigkeiten durchführt. Dabei soll er besonders auf die Belastung der Sinnesorgane achten und diese notieren. Hier das »Tagebuch«:

07.00 Uhr:	Aufstehen, Morgentoilette
07.15 Uhr:	Frühstück (mit Musik aus dem Radio)
07.30 Uhr:	Weg zur Schule (10 min Fußweg mit MP 3-Musik)
07.45 Uhr	Beginn des Unterrichts (Deutsch, Englisch, 2 Std. Mathematik, Chemie, Religion, AG Informatik)
14.15 Uhr	Heimweg von der Schule (10 min Fußweg mit MP 3-Musik)
14.30	Snack zum Mittag
14.40 Uhr	Hausaufgaben (TV oder Musik laufen)
15.15 Uhr	Fernsehen
16.00 Uhr	Treffen mit Lukas zum Computerspielen (nebenbei spielt der CD-Player)
17.30 Uhr	Abendessen mit der Familie (mit Musik aus dem Radio)
18.00 Uhr	Treffen mit Freunden (Musik aus dem MP 3-Player)
19.30 Uhr	Fernsehen
22.30 Uhr	Zu Bett gehen – Einschlafen mit Musik

Aufgaben:

a) Analysiere den Tagesablauf von Ferdinand vor allem im Hinblick auf Belastungen der Sinnesorgane.

b) Erarbeite Vorschläge, die Ferdinand helfen diese Belastung zu reduzieren.

c) Erläutere weitere gesundheitlichen Risiken, die in diesem Tagesablauf zu erkennen sind.

A2 Belastung durch Lärm

Aufgaben:

a) Suche in der Nähe deiner Wohnung nach Lärmquellen. Erläutere, welche dieser Lärmquellen die größte Belastung darstellt.

b) Untersuche deine Wohnung auf Schallschutzmaßnahmen. Nenne Möglichkeiten zur Verbesserung.

c) Recherchiere nach Lärmschutzmaßnahmen, die in deinem Wohnort in den letzten Jahren durchgeführt wurden.

A3 Urlaub und Stress

Im Folgenden sind für zwei Männer, die beide (in verschiedenen Einrichtungen) in führenden Positionen arbeiten, die Urlaubspläne dargestellt. Beide sind fast täglich mit Auto, Bahn und Flugzeug unterwegs, stehen ständig unter Zeit- und Erfolgsdruck und haben fast keine Zeit für ihre Familie.

Person A: 2 Wochen Erholungsurlaub in einem ruhigen Hotel an einem Strand von Teneriffa.

Person B: 2 Wochen Asienrundreise mit dem Flugzeug (5 verschiedene Städte, Besichtigung der jeweiligen örtlichen Sehenswürdigkeiten mit dem Bus).

Aufgaben:

a) Entscheide, welcher der beiden Männer in seinem Urlaub den größeren Erholungseffekt erzielen wird. Begründe deine Entscheidung.

b) Analysiere die Aussagen über das Arbeitsleben und die Urlaubsplanung der beiden Männer unter dem Gesichtspunkt Auslösung und Verarbeitung von Stresssituationen.

c) Empfiehl den beiden Männern weitere Urlaubsformen zur Erholung. Begründe deine Empfehlungen.

Mikroorganismen

1 Leben im Wassertropfen

Betrachtet man unter dem Mikroskop Proben eines Gewässergrundes oder von der Oberfläche eines Wasserpflanzenblattes, findet man manchmal farblose Einzeller. Unter ihnen befinden sich Amöben, die mit fließenden Bewegungen über den Untergrund gleiten. Dabei verändern sie ihre Gestalt, weshalb sie auch Wechseltierchen genannt werden. Diese echten Einzeller besitzen im Gegensatz zu den Bakterien einen Zellkern, in dem die Erbinformationen gespeichert sind.

Durch die Strömung des Plasmas in eine bestimmte Richtung entstehen in der Zellmembran Ausstülpungen, die Scheinfüßchen. Der übrige Teil der Zelle zieht sich zusammen, sodass sich die Amöbe langsam in eine bestimmte Richtung bewegen kann.

Trifft ein Scheinfüßchen auf Nahrungsteilchen wie Bakterien oder kleinere Einzeller, so erfolgt eine andere Reaktion: Die Nahrungsteilchen werden von der Zelle umflossen und in einer Blase aus Membranmaterial eingeschlossen. Diese Art der Nahrungsaufnahme wird **Phagocytose** (gr. *phagein,* essen; gr. *kytos,* Gefäß) genannt. Die Blase gelangt als Nahrungsvakuole in das Innere der Zelle. Mit Hilfe von Verdauungssäften wird die Nahrung in Nährstoffe zerlegt. Diese gelangen aus der Nahrungsvakuole in das Zellplasma. Unverwertbare Bestandteile werden nach außen abgegeben. Amöben sind Einzeller mit einem Zellkern.

In Teichen und Tümpeln sowie in abgestandenen Pfützen kommen Pantoffeltierchen vor. Diese Einzeller werden von einer Zellmembran und einer darunter liegenden zähen Zellplasmaschicht begrenzt. Hierdurch wird eine feste, jedoch elastische, pantoffelähnliche Gestalt erreicht. Auffallend sind die kleinen, beweglichen *Wimpern* oder *Cilien,* die die gesamte Oberfläche bedecken.

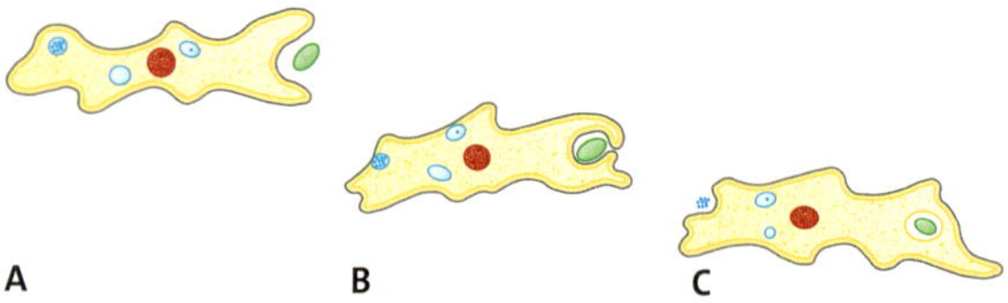

2 Phagocytose bei Amöben.
A Einschließen der Nahrung; **B** und **C** Verdauung

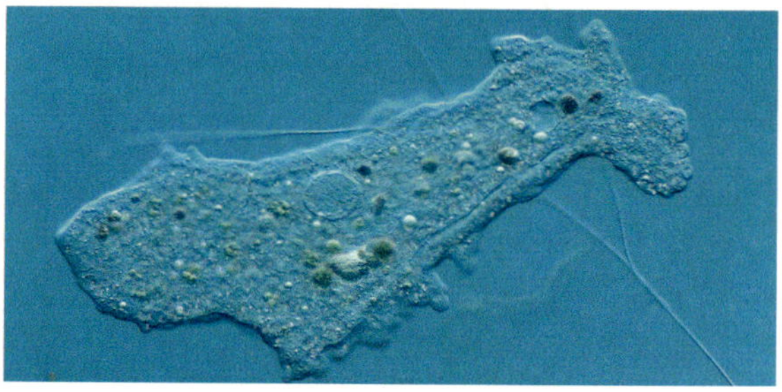

1 Amöbe *(Amoeba proteus)*

An Zeitlupenaufnahmen lässt sich die Bewegung der Cilien verfolgen: Rasch schlägt die Cilie nach unten, langsam streckt sie sich wieder. Der Schlag ist so abgestimmt, dass durch die zahlreichen Wimpern auf der Oberfläche eine Welle über die Zelle läuft, die das Pantoffeltierchen vorwärts treibt. Je nach Schlagrichtung kann es vorwärts oder rückwärts schwimmen. Dabei dreht es sich um seine Längsachse. Einzeller mit einem solchen Wimpernkleid gehören zu den *Wimperntierchen* oder *Ciliaten.*

Da die Wimperntierchen eine feste Gestalt haben, können sie ihre Nahrung nicht wie die Amöben umfließen, sondern benötigen einen Zellmund. Dieser besteht aus einer dicht mit Wimpern besetzten Vertiefung. Mit den Wimpern dieses Mundfeldes strudelt das Pantoffeltierchen Nahrungsteilchen, zum Beispiel Bakterien, heran und schließt sie in die Nahrungsvakuole ein. Diese bildet sich am Ende des Zellmundes. Dann bewegt sie sich auf einer festen Bahn durch das Plasma, wobei die Nahrung verdaut wird. Schließlich verschmilzt die Vakuole mit der Zellmembran, wodurch nicht verwertbare Stoffe ins Freie abgegeben werden. Ungenießbare Stoffe werden nicht aufgenommen, sondern wieder weggestrudelt. An den beiden Enden der Zelle befinden sich pulsierende Vakuolen. Über sternförmig angeordnete Kanälchen werden Wasser und gelöste Abfallstoffe aus dem Zellplasma gesammelt und über die rhythmisch pulsierende Vakuole

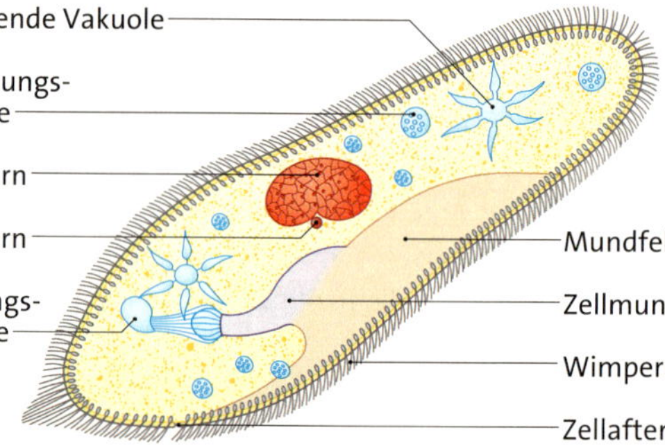

3 Pantoffeltierchen ***Paramecium*** **(Aufbau)**

ausgeschieden. Das Pantoffeltierchen besitzt zwei Zellkerne. Der Großkern steuert die Lebenserhaltung, etwa die Verdauung, der Kleinkern die sexuelle Fortpflanzung.

Mineralstoffreiche Teiche und Tümpel erscheinen im Sommer bisweilen grünlich getrübt. Untersucht man diese »**Wasserblüte**« mikroskopisch, entdeckt man neben anderen Einzellern vor allem das grün gefärbte, etwa 0,05 Millimeter große »Augentierchen« Euglena. Die grüne Färbung stammt vom Chlorophyll in den Chloroplasten. Mit ihnen kann Euglena durch Fotosynthese ihren Energiebedarf decken und einen Reservestoff bilden, der im Aufbau der Stärke der grünen Pflanzen ähnlich ist. Lebt Euglena längere Zeit im Dunkeln, baut sie ihr Chlorophyll ab. Sie ernährt sich dann, indem sie Nährstoffe von außen durch die Zellmembran aufnimmt. Setzt man die farblosen Zellen erneut dem Licht aus, ergrünen sie wieder. Die Zellbegrenzung von Euglena besteht aus einer Zellmembran und einer Schicht aus verfestigten Eiweißen. Sie enthält schraubig um die Zelle verlaufende Streifen aus elastischen Eiweißfasern.

Zur Fortbewegung besitzt Euglena eine lange Geißel. Ähnlich einem Flugzeugpropeller zieht sie den Einzeller voran, kann ihn aber auch rückwärts bewegen. Einzeller mit Geißeln gehören zu den *Geißelträgern* oder *Flagellaten.* Auffallend ist der »Augenfleck« aus orangerot gefärbten Fetttröpfchen am Vorderende der Zelle. Hierbei handelt es sich um den Farbstoff Carotin, der auch der Karotte ihre Farbe verleiht. Versuche haben ergeben, dass Euglena hell und dunkel unterscheidet und sich gerichtet auf eine Lichtquelle zu bewegen kann. An der Geißel befindet sich eine sackförmige Ausstülpung, das *Geißelsäckchen.* Darin liegt der lichtempfindliche *Fotorezeptor*, der bei jeder Umdrehung vom Augenfleck kurzfristig beschattet wird. Euglena ändert daraufhin jedes Mal die Bewegungsrichtung der Geißel und schwimmt so auf die Lichtquelle zu.

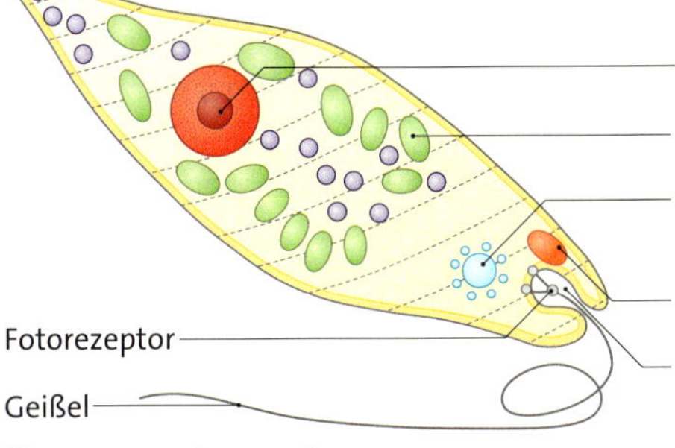

4 Augentierchen Euglena

Der Augenfleck ist also kein Auge, wie wir es von den Tieren kennen, sondern er beschattet den Fotorezeptor. Euglena kann sich durch Längsteilung vermehren.

Im frühen Sommer sind auf der Oberfläche eines Teiches manchmal bunte Schlieren zu sehen, die an Öltropfen erinnern. Für diese Schlieren ist eine Gruppe von Einzellern verantwortlich. Es handelt sich um Kieselalgen, die im Frühjahr in großer Anzahl in unseren Gewässern leben. Die Zellen der Kieselalgen sind von einer zweiteiligen Schale aus Kieselsäure umgeben. Die Schalen sind unterschiedlich groß und greifen wie die Ober- und Unterseite einer Schachtel ineinander. In der Mitte einer Schalenfläche befindet sich ein Spalt, aus dem heraus Schleim abgegeben wird, mit dem sich die Alge auf einer Unterlage vorwärts bewegen kann. Kieselalgen besitzen keine Geißeln zum Schwimmen. Trotzdem müssen sie vom Boden des Teiches an die Oberfläche gelangen, wo genügend Licht für die Fotosynthese vorhanden ist. Um dies zu erreichen, bilden sie ein Öl aus, das ihre Dichte herabsetzt und ihnen die Möglichkeit gibt, nach oben zu schweben. Manchmal wird sehr viel von diesem Öl produziert, sodass es als Ölschlieren auf dem Wasser erscheint.

Zur Vermehrung müssen Kieselalgen beide Schalenhälften verdoppeln. Bei der Teilung weichen die beiden Hälften auseinander und bilden die jeweils fehlende Hälfte nach, wodurch wieder eine ganze Kieselalge entsteht. Dabei wird immer die kleinere Schale neu gebildet. Eine Tochterzelle besitzt daher die gleiche Größe wie die Mutterzelle. Die andere Tochterzelle ist kleiner.

1 Vergleiche den Aufbau von Amöbe und Pantoffeltierchen.

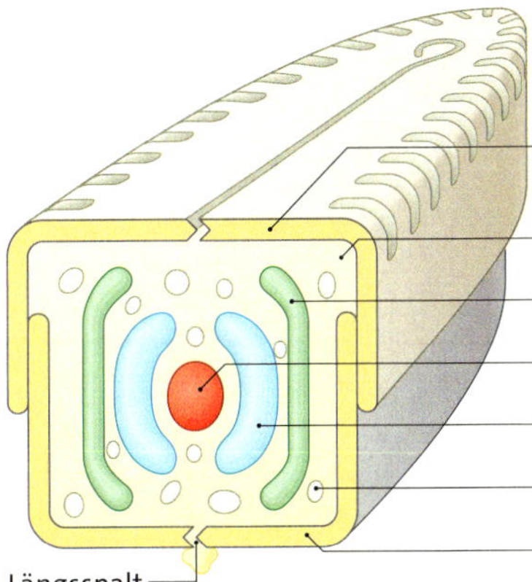

5 Aufbau einer schiffchenförmigen Kieselalge

2 Vom Einzeller zum Vielzeller

Die Formenvielfalt bei Grünalgen in Teichen und Seen ist beeindruckend. Unter ihnen befinden sich viele Einzeller, aber auch zahlreiche vielzellige Arten. Bei den Grünalgen gibt es eine Gruppe, deren Zellen alle nach dem gleichen Prinzip aufgebaut sind. Die einfachste Form ist der freischwimmende Einzeller Chlamydomonas. Er besitzt einen roten Augenfleck und zwei Geißeln, mit denen er sich ähnlich wie Euglena lichtabhängig fortbewegen kann. Ein großer Chloroplast übernimmt die Aufgabe der Fotosynthese.

Bei der Vermehrung entstehen aus der Mutterzelle durch Zellteilung vier Tochterzellen. Diese vier Schwärmerzellen sind noch von der Hülle der Mutterzelle umgeben. Nachdem die Schwärmerzellen eine bestimmte Größe erreicht haben, platzt die Hülle auf und die vier neuen Zellen schwimmen fort. Somit sind aus einer Zelle durch Teilung vier neue entstanden.

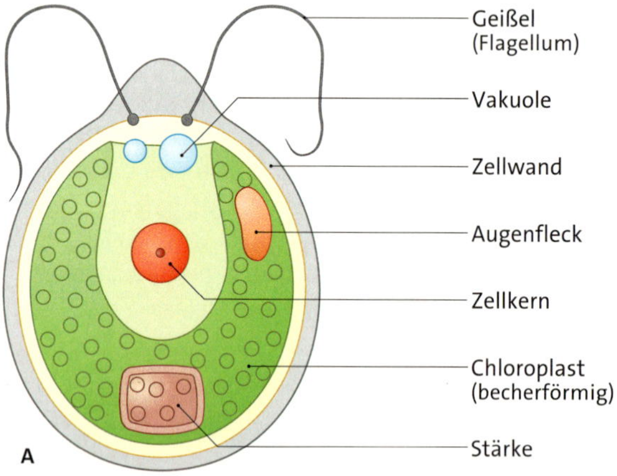

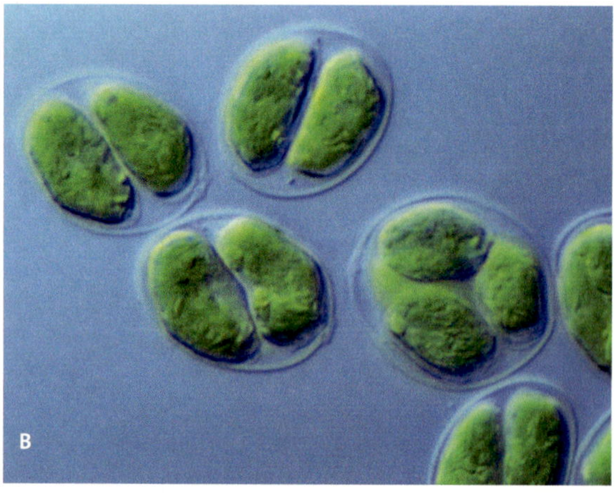

1 Der Einzeller Chlamydomonas.
A ausgewachsene Zelle; **B** ungeschlechtliche Vermehrung

Die Mosaikgrünalge Gonium kommt in vielen Teichen vor und sieht aus wie vier bis sechzehn eng beieinander liegende Chlamydomonas-Zellen. Sie ist tatsächlich auch sehr nahe mit diesen verwandt. Die Zellen von Gonium sind in einer gemeinsamen Schleimhülle scheibenförmig angeordnet und strecken ihre Geißeln nach außen. Diese Organisationsstufe bezeichnet man als *Kolonie*. Die einzelnen Zellen von Gonium verlassen diese gemeinsame Schleimhülle, die man **Gallerte** nennt, nicht. Würde man im Experiment eine Zelle aus dieser Kolonie herauslösen, so wäre sie aber alleine lebensfähig.

Wenn sich Gonium vermehrt, bildet jede einzelne Zelle der Kolonie wieder vier neue Tochterzellen aus, die dann als neue Kolonien die gemeinsame Gallerte verlassen. Manchmal teilen sich die Zellen mehrmals, so dass wieder acht bis sechzehn Zellen in einer Kolonie vorliegen.

In der Geißelkugel-Grünalge Eudorina bilden 32 Zellen, die wie Chlamydomonas aussehen, eine kugelförmige Kolonie aus. Die einzelnen Zellen liegen an der Oberfläche der Gallertkugel. Sie haben ihre Geißeln nach außen gestreckt, um schwimmen zu können. Die Augenflecken helfen ihnen, sich nach dem Licht zu orientieren. Auch hier teilt sich jede Zelle bei der Vermehrung in vier gleiche Tochterzellen, die sich mehrmals teilen, bis wiederum eine neue Kolonie von 32 Zellen entsteht. Im Unterschied zu vielen Kolonien teilen sich die Zellen dieser Grünalgen immer alle zur gleichen Zeit und in der gleichen Weise.

Von Chlamydomonas, Gonium und Eudorina findet man im Allgemeinen keine abgestorbenen Zellen oder Kolonien, da diese sich dadurch vermehren, dass sich die Zellen in Tochterzellen teilen. Das bedeutet, dass keine Zelle abstirbt.

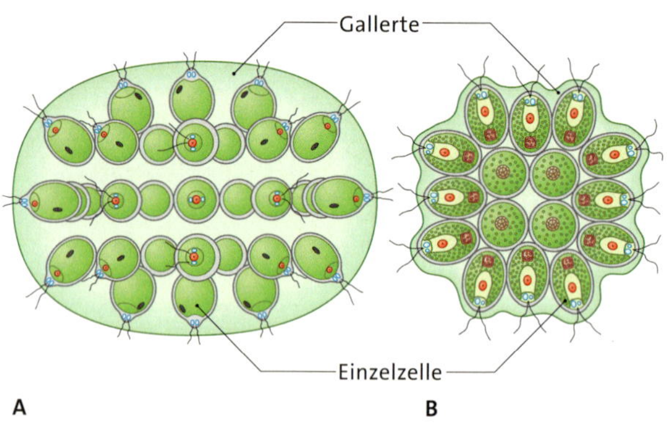

2 Zellkolonien von Grünalgen. A Eudorina; **B** Gonium

Die Wimperkugel Volvox ist über einen Millimeter groß, sodass man sie bereits mit dem bloßen Auge erkennen kann. Sie besteht aus bis 64 000 Chlamydomonas-ähnlichen Zellen in einer gemeinsamen Gallertkugel. Die Zellen liegen an der Oberfläche der Kugel und sind untereinander durch Plasmafäden verbunden. Sie haben ihre Geißeln nach außen gerichtet. Mit ihrer Hilfe bewegt sich die Kugel rotierend im Wasser. Aber man findet auch Volvox-Kugeln, die aufgeplatzt sind, sich nicht mehr fortbewegen und abgestorbene Zellen besitzen. Bei Volvox haben nur noch wenige große Fortpflanzungszellen die Fähigkeit, sich wieder in zahlreiche Tochterzellen zu teilen und eine neue Tochterkugel auszubilden. Dieses geschieht entweder ungeschlechtlich durch viele Zellteilungen oder aber geschlechtlich. Dazu müssen männliche und weibliche Fortpflanzungszellen erst miteinander verschmelzen und dann durch zahlreiche Teilungen die neue Tochterkugel bilden. Die meisten Zellen der Kugel sind aber nicht teilungsfähige Körperzellen, die allgemeine Aufgaben wie Fortbewegung und Ernährung erfüllen: Für diese Funktion besitzen sie einen großen orangegefärbten Augenfleck, der bei der Orientierung hilft und Chloroplasten, mit denen sie Fotosynthese betreiben. Auf diese Weise ernähren sie auch die Fortpflanzungszellen. Da sich bei der Bildung einer Tochterkugel nur die Fortpflanzungszellen teilen können, sterben die Körperzellen anschließend ab. Man kann also sagen, dass auf dem Weg zur Vielzelligkeit von Chlamydomonas bis zu Volvox hier das erste Mal Zellen absterben, also Leichen entstehen.

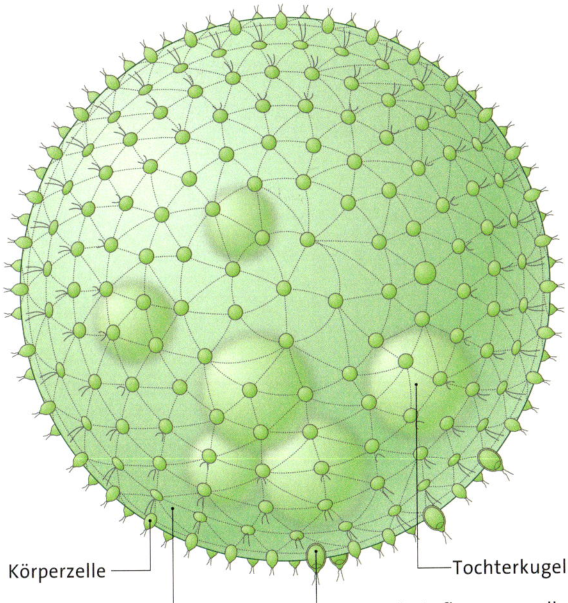

3 Volvox mit Tochterkugeln

Es handelt sich bei Volvox somit um einen echten **Vielzeller,** den man daran erkennt, dass er verschiedene Zelltypen mit unterschiedlichen Aufgaben besitzt. Es liegt eine Arbeitsteilung vor: Die Fortpflanzung kann nur von wenigen besonderen Zellen übernommen werden. Nicht fortpflanzungsfähige Zellen sorgen zwar für die Ernährung und Orientierung, sterben aber nach Bildung der Tochterkugeln ab.

1 Übertrage die abgebildete Tabelle in deinen Hefter und ergänze die fehlenden Angaben.

	Chlamydomonas	Gonium	Eudorina	Volvox
	0,02 mm	0,1 mm	0,2 mm	1 mm
	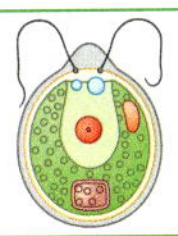	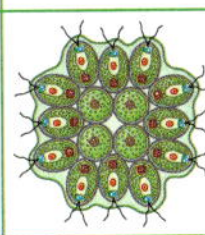	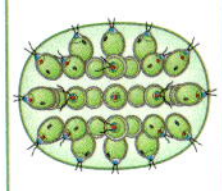	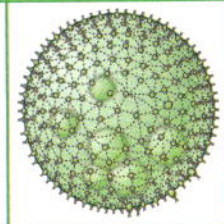
Anzahl der Zellen				
Arbeitsteilung				
Welche Zellen sterben ab?				

2 Erläutere die wesentlichen Unterschiede zwischen Einzellern und Vielzellern.

3 Begründe, dass bei Volvox eine Leiche auftritt, bei Zellkolonien jedoch nicht.

4 Beschreibe den Aufbau von Volvox mit Hilfe der Abbildungen 3 und 4.

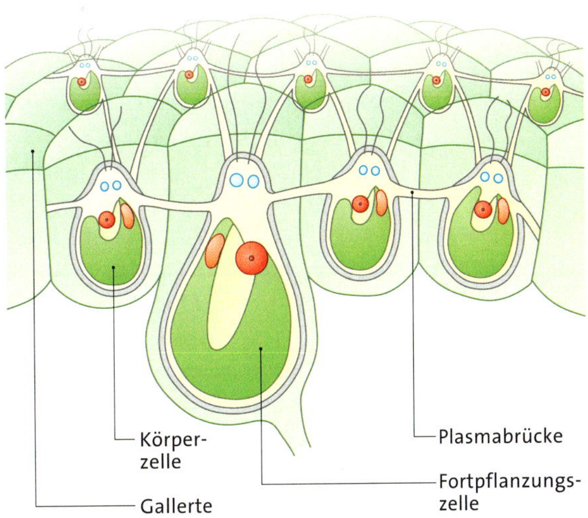

4 Aufbau von Volvox mit Fortpflanzungs- und Körperzellen

Aufgaben und Versuche Einzeller

A1 Teilung von Kieselalgen

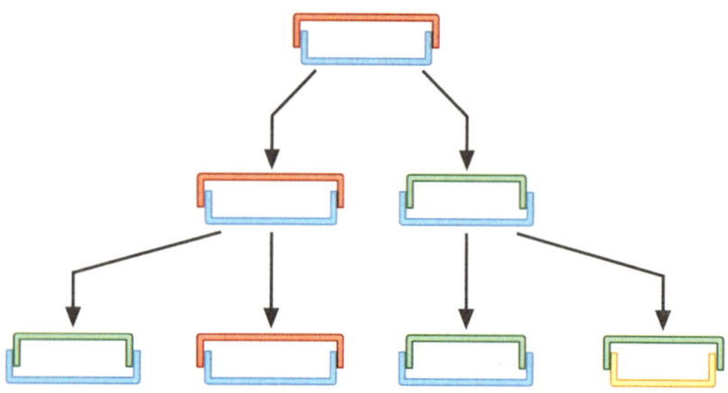

Aufgaben:

a) Kieselalgen teilen sich auf besondere Art und Weise. Beschreibe die Teilung von Kieselalgen mit eigenen Worten.

b) Leite ab, wie viele unterschiedliche Zellgrößen vorliegen, wenn sich eine Kieselalge dreimal geteilt hat.

V2 Euglena reagiert auf Licht

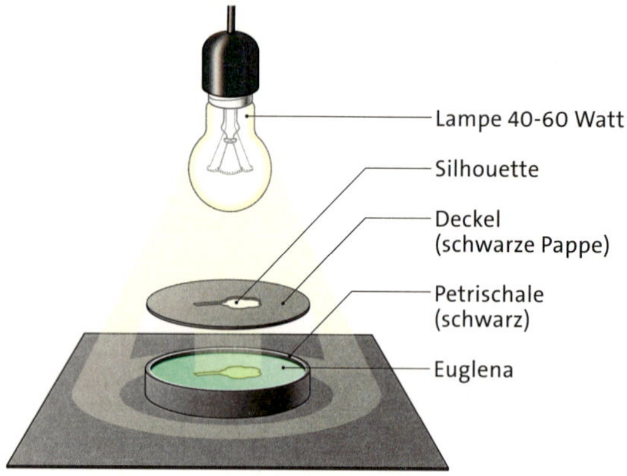

Material: Lampe (40 bis 60 Watt); Petrischale (Unterseite schwarz lackiert oder abgeklebt); Kulturlösung mit Euglena; Pipette; Pappe; Stereolupe

Durchführung: Schneide aus einer schwarzen Pappe einen Deckel. Schneide ein Lichtfenster zum Beispiel in Form einer Blume in den Deckel. Fülle die Euglena-Kultur in die Petrischale, bis der Boden bedeckt ist und verschließe sie mit dem Pappdeckel. Beleuchte die Petrischale mit der Lampe von oben 15 Minuten lang im Abstand von 50 cm. Stelle die Schale vorsichtig, ohne zu wackeln, unter die Stereolupe. Öffne vorsichtig den Deckel und betrachte die Euglena-Zellen.

Aufgabe: Protokolliere und erläutere deine Beobachtungen.

V3 Bewegung und Nahrungsaufnahme beim Pantoffeltierchen

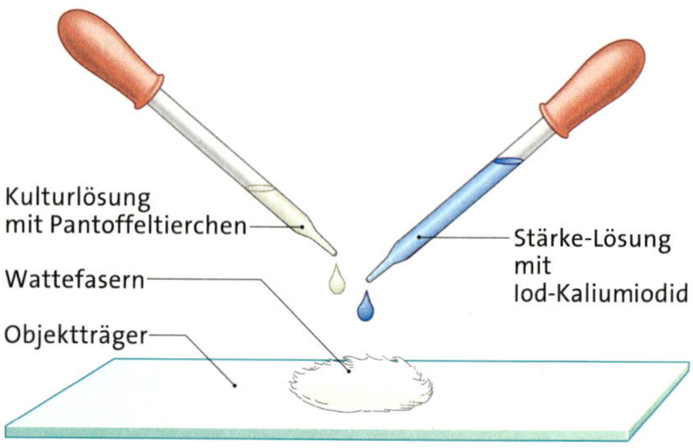

Material: Mikroskop; Objektträger; Deckgläschen; Pipette; Kulturlösung mit Pantoffeltierchen; Stärke-Lösung mit wenig Iodkalium-Iodid gefärbt; Filtrierpapier; Wattefasern

Durchführung: Tropfe Kulturlösung mit Pantoffeltierchen mit der Pipette auf den Objektträger und gib einige Wattefasern hinzu. Lege vorsichtig ein Deckgläschen auf. Beobachte die Pantoffeltierchen unter dem Mikroskop. Zur Fütterung der Pantoffeltierchen gib einen kleinen Tropfen Stärke-Lösung an den Rand des Deckgläschens und sauge die Flüssigkeit mit einem Stückchen Filtrierpapier von der gegenüberliegenden Seite unter das Deckgläschen.

Aufgaben:

a) Beschreibe die Nahrungsaufnahme beim Pantoffeltierchen.

b) Beschreibe die Reaktion eines Pantoffeltierchens beim Kontakt mit einem Hindernis. Erläutere.

A4 Zellteilung des Pantoffeltierchens

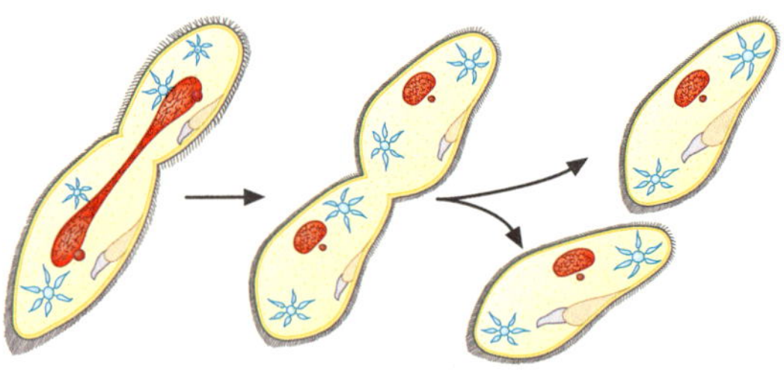

Aufgabe: Erläutere mit Hilfe der Abbildung den Ablauf der ungeschlechtlichen Fortpflanzung von Pantoffeltierchen.

V5 Herstellung eines Heuaufgusses

Material: Glasgefäß (1 bis 2 l); Heu; Tümpel-, Regen- oder Pfützenwasser; Glasplatte; Folienstift

Durchführung: Zerteile eine kleine Handvoll Heu in kleine Stücke und gib sie in das Glas. Nicht zu viel Heu in den Ansatz geben, da sonst die Gefahr besteht, dass er verfault. Fülle das Glasgefäß mit Wasser, bis es zu zwei Drittel voll ist. Das Gefäß wird mit Datum und Herkunft des Wassers beschriftet und bei 20 °C bis 25 °C an einem hellen Ort ohne direkte Sonneneinstrahlung aufgestellt. Der Ansatz wird mit einer Glasplatte abgedeckt. Er darf während der Versuchszeit nicht bewegt werden. Fertige Heuaufgüsse mit verschiedenen Wasserproben an, zum Beispiel aus einem Tümpel, einer Pfütze und einer Regentonne.

Aufgaben:

a) Beobachte und protokolliere die Veränderungen im Heuaufguss über mehrere Tage.

b) Nenne Organismen im Heuaufguss, die Chloroplasten besitzen.

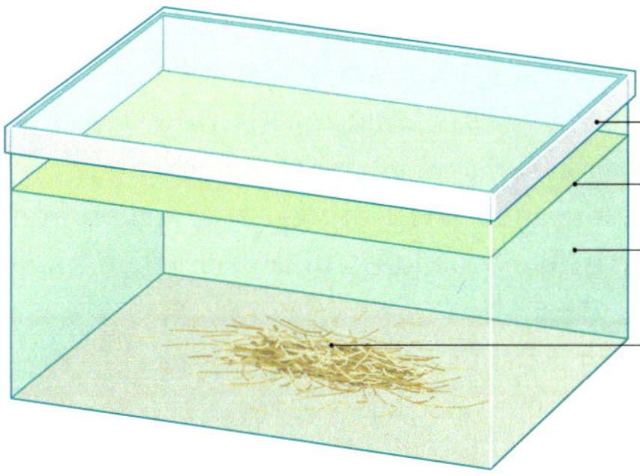

c) Mikroskopiere Proben aus verschiedenen Bereichen des Heuaufgusses nach 10, 20, 30 Tagen und bestimme die Lebewesen mit Hilfe der Übersicht.

d) Im Laufe der Zeit ändert sich die Häufigkeit des Auftretens verschiedener Arten im Heuaufguss. Finde eine Erklärung für diese Beobachtung. Trage die gefundenen Arten in eine Tabelle ein.

e) Vergleiche die Heuaufgüsse mit den verschiedenen Wasserproben und nenne die Unterschiede. Stelle Vermutungen an, wie es zu den Unterschieden kommen kann.

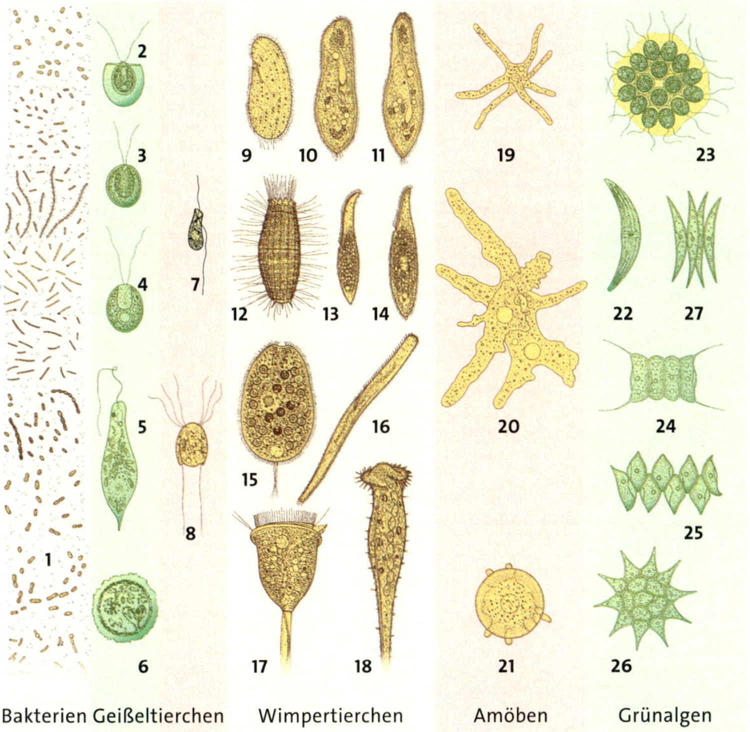

Nr.	deutscher Name	Größe in $\frac{1}{1000}$ mm
1	Heubakterien	5
2	Flügelflagellat	15
3	Linsenflagellat	17
4	Hüllenflagellat	18
5	Grünes Augentier *(Euglena)*	50
6	Zyste von *Euglena*	30
7	2-geißeliger Flussflagellat	19
8	Geblähter Geißelflagellat	19
9	Nierentierchen	60
10	Ohrenpantoffeltierchen	150
11	Geschwänztes Pantoffeltierchen	240
12	Tonnentierchen	58
13	Kleines Zuckerrüsseltierchen	100
14	Großes Zuckerrüsseltierchen	150
15	Grüne Zahnwalze	140
16	Sumpfwurm	650
17	Glockentierchen	75
18	Blaues Trompetentier	1400
19	Schlangenamöbe	100
20	Schlammamöbe	400
21	Uhrglastier (Schalenamöbe)	125
22	Kleine Mondalge	270
23	Mosaikgrünalge	10
24	Geschwänzte Gürtelalge	13
25	Schiefe Gürtelalge	10
26	Zackenrädchen	10
27	Spitzige Gürtelalge	22

Übersicht zum Bestimmen von Lebewesen im Heuaufguss. (Die Lebewesen sind nicht maßstabgerecht abgebildet.)

3 Vorsicht Einzeller!

Nach Schätzungen der Weltgesundheitsorganisation *WHO* erkranken jährlich 300 bis 500 Millionen Menschen an Malaria. Bis zu drei Millionen Menschen sterben jedes Jahr an dieser Infektionskrankheit, darunter etwa eine Million Kinder. Am schlimmsten betroffen sind die Menschen in den Ländern Schwarzafrikas, aber auch in den tropischen und subtropischen Regionen Asiens und Lateinamerikas ist die Krankheit weit verbreitet. Auch Touristen, die in diese Länder reisen, können sich infizieren. In Deutschland werden jedes Jahr mehrere hundert Fälle gemeldet.

Erreger der Malaria sind verschiedene Arten von Einzellern der Gattung Plasmodium. Gelangen sie in den Körper eines Menschen, vermehren sie sich dort massenhaft und zerstören Leberzellen und Rote Blutzellen. Die ersten Symptome einer Erkrankung sind hohes Fieber, das meist in Schüben wiederkehrt, Kopf- und Gliederschmerzen, Schüttelfrost sowie Magen-Darm-Beschwerden. Diese Symptome treten frühestens nach einer Inkubationszeit von ein bis zwei Wochen auf und ähneln denen einer Grippe. Daher wird die Krankheit bei Reisenden, die aus den Tropen zurückgekehrt sind, nicht immer rechtzeitig erkannt – was lebensgefährlich sein kann.

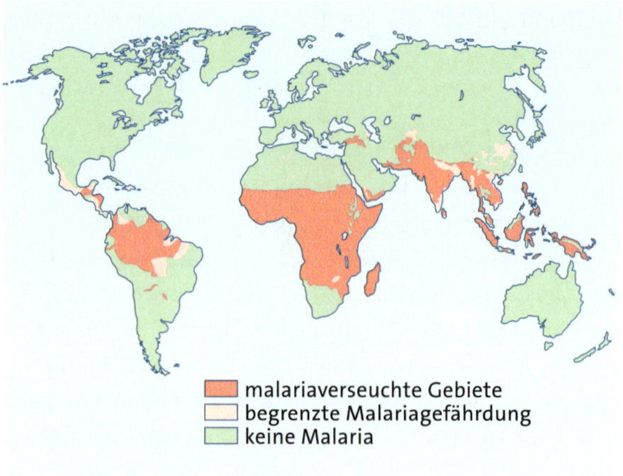

1 Verbreitung der Malaria

Überträger der Malariaerreger sind Stechmücken der Gattung Anopheles. Weltweit gibt es über 400 Anopheles-Arten und einige davon leben auch in Deutschland. Tatsächlich war auch Deutschland bis zur Mitte des 20. Jahrhunderts Malariagebiet: Im norddeutschen Tiefland war die Krankheit lange unter dem Namen »Marschenfieber« bekannt. Durch das Begradigen von Flüssen, das Trockenlegen von Feuchtgebieten und den Einsatz von Insektiziden wurde die Krankheit in Europa schließlich ausgerottet. Hilfreich war dabei, dass zumindest in Deutschland die

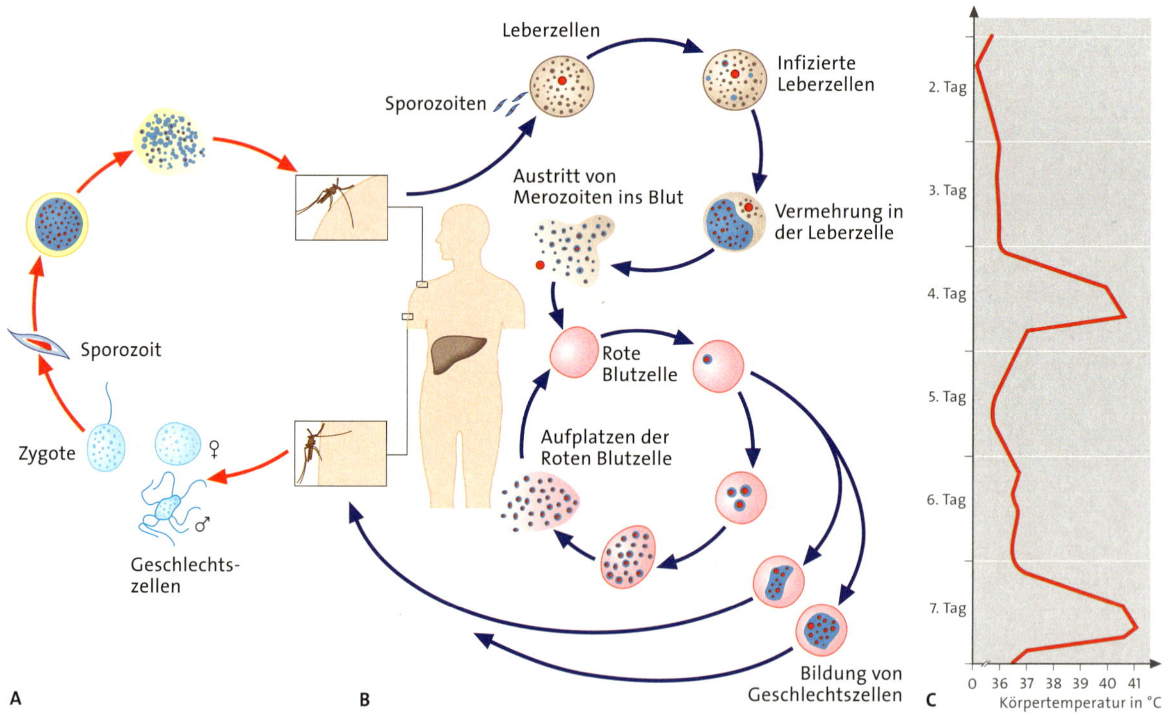

2 Lebenszyklus von Plasmodium. **A** in der Mücke; **B** im Menschen; **C** Fieberkurve

Temperaturen für das Überleben von Plasmodien bislang nicht förderlich waren: Um sich im Darm einer Mücke erfolgreich zu entwickeln, benötigen die verschiedenen Plasmodium-Arten nämlich Mindesttemperaturen von 14 bis 16 Grad Celsius.

Wie bei allen Stechmücken saugen nur die weiblichen Anopheles-Mücken Blut. Daher sind auch nur sie Überträger der Parasiten. Einige afrikanische Anopheles-Arten haben sich jedoch auf den Menschen als Blutlieferanten spezialisiert und sind darum besonders gefährlich. Ebenso wie die gewöhnlichen einheimischen Stechmücken sind auch sie abends und nachts aktiv und suchen gezielt das Innere von menschlichen Behausungen auf. Aus diesen Gründen sollte man in Malariagebieten nach Einbruch der Dunkelheit stets Mücken-Spray benutzen, langärmelige Kleidung tragen und nur unter einem besonders imprägnierten Moskitonetz schlafen.

Eine Besonderheit der Malariaerreger ist, dass sie sich sowohl geschlechtlich als auch ungeschlechtlich fortpflanzen, wobei verschiedene Entwicklungsstadien auftreten. Die geschlechtliche Fortpflanzung, bei der es zur Befruchtung zweier Geschlechtszellen kommt, findet im Körper der Mücke statt. Aus der Zygote entstehen einige Tage später durch ungeschlechtliche Fortpflanzung bis zu 1000 sichelförmige Tochterzellen, die *Sporozoiten* genannt werden. Sie wandern in die Speicheldrüsen der Mücke und können nun bei einem Stich in die Blutbahn des Menschen übertragen werden. Von dort aus dringen sie in die Leberzellen ein, wo sie sich noch einmal durch ungeschlechtliche Fortpflanzung vermehren. Die dabei entstehenden Zellen sind rundlich und werden *Merozoiten* genannt. Sie können weitere Leberzellen oder Rote Blutzellen befallen und sich dort noch weiter vermehren. Aus einigen Meozoiten werden Vorläufer von Geschlechtszellen, die *Gametozyten*. Gelangen sie bei einem erneuten Stich wieder in eine Mücke, werden aus ihnen die eigentlichen zur Befruchtung fähigen Gameten oder Geschlechtszellen.

Eine wirksame Impfung gegen Malaria gibt es trotz intensiver Forschung bislang nicht. Bei Reisen in Malariagebiete empfehlen die Gesundheitsbehörden allerdings die Einnahme bestimmter Medikamente, die eine vorbeugende Wirkung haben. Da viele Erreger gegen diese Mittel jedoch unempfindlich geworden sind, wird zusätzlich die Mitnahme weiterer Medikamente zur Notfallbehandlung bei einer Infektion empfohlen. Welche Medikamente zum Einsatz kommen, ist von Land zu Land unterschiedlich. Daher sollte jeder, der in ein Malaria-gefährdetes Gebiet reist, vorher einen Arzt aufsuchen und mit ihm die notwendigen Maßnahmen besprechen.

Plasmodien sind nicht die einzigen Einzeller, die beim Menschen Krankheiten verursachen. Ein naher Verwandter von Plasmodium, der weltweit verbreitete Einzeller *Toxoplasma gondii*, ruft beispielsweise **Toxoplasmose** hervor. Bei den meisten Menschen verläuft die Krankheit ohne erkennbare Symptome, aber eine Infektion während der Schwangerschaft kann den Fötus erheblich schädigen. Schwangere werden daher grundsätzlich getestet, ob sie Abwehrstoffe gegen Toxoplasma besitzen. Die Infektion erfolgt über Katzenkot oder den Verzehr nicht durchgegarten Fleisches.

Andere gefährliche Einzeller können über verunreinigtes Wasser, Obst oder Gemüse aufgenommen werden. Die vor allem in den Tropen verbreitete Amöbe *Entamoeba histolytica* löst beispielsweise die gefürchtete **Amöbenruhr** aus, eine von schweren Durchfällen begleitete Erkrankung, an der jährlich etwa 40 000 Menschen sterben.

1 Begründe, dass der Schutz vor Mückenstichen zu den wichtigsten Vorbeugemaßnahmen gegen Malaria zählt.

2 Erläutere das Erschließungsfeld Fortpflanzung am Beispiel der Malariaerreger.

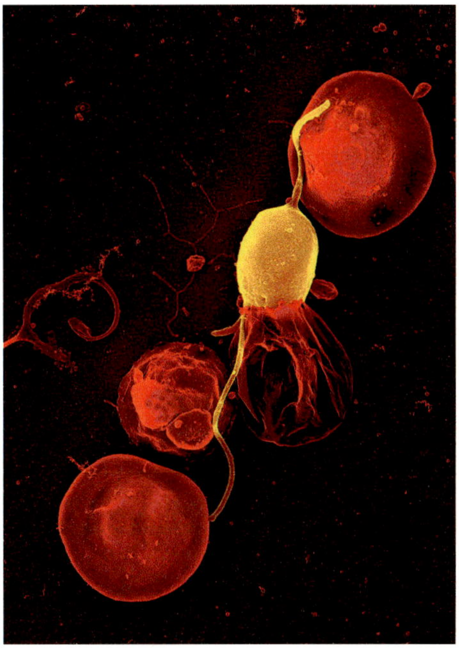

3 Rote Blutzelle und Erreger (REM-Aufnahme)

Methode Präsentieren am Computer

Gestaltungskriterien

- Verwende nur wenige Schriftarten – die Schriftgröße beträgt mindestens 16 pt; für Überschriften 36 pt
- Achte auf eine dezente und einheitliche Hintergrundfarbe.
- Wähle einen guten Kontrast zwischen Schriftfarbe und Hintergrund.
- Gliedere logisch und übersichtlich.
- Ein knapper Folientext steigert die Aufmerksamkeit der Zuhörer.
- Veranschauliche mit Bildern und Grafiken.
- Vermeide optische, akustische oder inhaltliche »Ballaststoffe«.
- Verwende Animationseffekte nur sparsam.
- Gestalte die Folienübergänge einheitlich.

Tipps fürs Vortragen

- Sprich deutlich, laut und nicht zu schnell.
- Halte während deiner Präsentation Blickkontakt zum Publikum und gehe auf Reaktionen ein.
- Stelle den Zuhörern das Thema möglichst anschaulich vor.
- Fasse zum Abschluss deiner Präsentation die wichtigsten Informationen zusammen und biete deinem Publikum die Möglichkeit, Fragen zu stellen. Sei offen für eine anschließende Diskussion.

Tipps für die Vorbereitung des Vortrags

- Versieh die Vortragsfolien am PC mit deinem Vortragskommentar im Notizbereich der Folie, drucke sie aus und verwende sie als Handzettel.
- Du erleichterst dir das Vortragen, wenn du wichtige Begriffe auf dem Handzettel unterstreichst. Sie dienen dir als »roter Faden«.
- Versuche die Inhalte durch eigene Erfahrungen oder Erlebnisse zu bereichern.
- Überlege dir sinnvolle Übergänge zwischen den Themenbereichen.
- Bei deiner Präsentation solltest du frei und flüssig sprechen. Übe den Vortrag zuvor ein.
- Um dein Thema zu veranschaulichen, kannst du Anschauungsmaterial wie Modelle mitbringen.

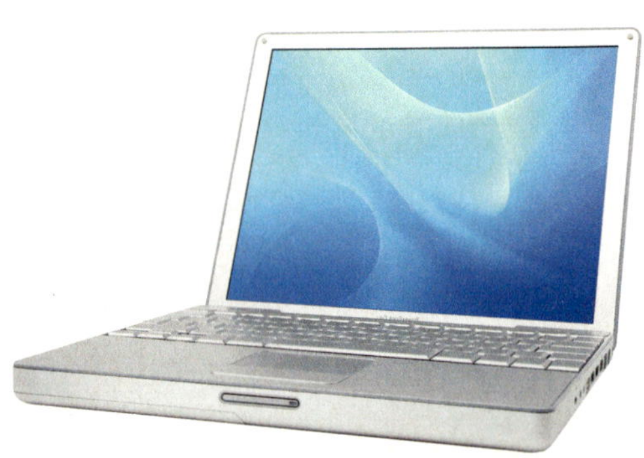

Methode Projektorientierter Unterricht und Gruppenarbeit

Im projektorientierten Unterricht könnt ihr beispielsweise herausfinden, welche Bedingungen Pflanzen zum Keimen, Wachsen und Gedeihen benötigen. Arbeitet möglichst selbstständig in kleinen Gruppen. Jede Gruppe beschäftigt sich mit einer eigenen Fragestellung und dazu passenden Arbeitsweisen. Eure Lehrerin oder euer Lehrer sind nur Berater. Sie helfen euch jedoch, falls nötig, mit Tipps und Anregungen.

Planung

Sprecht zunächst gemeinsam über das Projektthema. Sammelt möglichst viele Ideen zur Umsetzung des Themas an der Tafel. Bildet dann Gruppen und wählt eine Fragestellung aus, die ihr bearbeiten wollt. Stellt Vermutungen (Hypothesen) an, wie die Lösung der Frage aussehen könnte. Plant dann, wie ihr vorgehen möchtet. Ist eure Fragestellung am besten durch einen Versuch, eine Beobachtung oder eine andere Arbeitsweise zu klären? Ihr könnt auch Fachleute wie Landwirte, Gärtner oder Förster zum Thema befragen und Informationen in Büchern, Zeitungen oder im Internet suchen. Macht eine Liste, welche Materialien und Geräte ihr benötigt. Stellt einen Zeitplan auf und verteilt die Aufgaben.

Durchführung

Wählt einen der in diesem Buch vorgeschlagenen Versuche oder macht eigene Experimente und Beobachtungen, um eure Vermutungen zu prüfen. Führt alle Versuche, Beobachtungen, Messungen, Befragungen und Erkundungen sorgfältig durch. Schreibt auf, welche Vermutungen durch eure Arbeit bestätigt oder widerlegt werden. Protokolliert eure Versuche so, wie es in der nebenstehenden Methode erklärt wird. Eure Ergebnisse könnt ihr als Bericht, Fotodokumentation, Zeichnung, Plakat, Videofilm oder als Tonbandaufnahme festhalten.

Vorstellung der Ergebnisse

Damit alle Schülerinnen und Schüler der Klasse über eure Arbeit Bescheid wissen, muss jede Gruppe ihre Fragestellungen, Ideen zur Umsetzung des Themas, die Arbeitsweisen und Ergebnisse vorstellen. Sprecht gemeinsam über die Vorstellung: Wurden die gestellten Fragen beantwortet? War der Vortrag verständlich? Was hätten die einzelnen Gruppen besser machen können? Prüft, ob ihr eure Arbeiten durch eine Ausstellung auch anderen Klassen oder den Eltern zeigen könnt.

1 Plant ein Projekt zum Thema Mikroorganismen, führt das Projekt durch und präsentiert die Ergebnisse.

Register

Seitenzahlen mit ff. weisen auf eine Behandlung auf mehreren Seiten hin; f. die folgende Seite.

A

ABO-Blutgruppensystem **50**
Abwehrreaktion **67**
Adipositas **134**
Akne **105**
Allergen **64**
Allergie **64, 90**
Allergietest **65**
allergisches Asthma **90**
Altern **19**
Aminosäure **71**
– essenzielle **71**
Amöbe **148**
Antagonist **123**
Antibiotikum **34, 44**
Antigen **61**
Antigen-Antikörper-Reaktion **61**
Antikörper **61**
Aorta **53**
Arbeiten mit Modellen **127**
Arbeitsumsatz **74**
Armskelett **115**
Arterie **52**
Arteriosklerose **56**
Augentierchen **149**
Ausdauertraining **59, 144**
autotropher Organismus **17**

B

bakterielle Infektionskrankheit **32 f., 35**
Bakterien **26 ff., 44**
Bakterienart **27**
Bakterienteilung **44**
Bakterienwachstum **42**
Bakterienzelle **27**
Bakteriophage **36**
Ballaststoffe **76**
Bandscheibe **118**
Bauchatmung **86, 88**
Bauchspeicheldrüse **82**
Bauchspeichelsaft **82**
Becken **115**
Beinskelett **115, 120**
Beuger **123**
Bewegung **140 ff.**
Bewegungssystem **142**
Biuretprobe **73**
Bizeps **122**
Blinddarm **83**
Blindenschrift **103**
Blut **48 ff., 67**
Blutbank **48**
Blutdruck
– diastolischer **55**
– systolischer **55**
Blutdruckmessung **58**
Bluterkrankheit **49**
Blutgerinnung **49, 51**
Blutgruppe **50 ff.**
Bluthochdruck **57**
Blutplasma **48, 67**
Blutplättchen **48, 67**
Blutspenden **48**
Blutzelle
– Rote **48, 67**
– Weiße **48, 60, 67**
B-Lymphozyt **60**
Bodenbakterien **42**
Body-Mass-Index **78, 143**
Brennwert
– physikalischer **75**
– physiologischer **75**
Bronchialasthma **90**
Bronchie **87, 111**
Bronchiole **87**
Bronchitis **90**
Brustatmung **86, 88**
Brustwirbelsäule **118**
Bulimie **78**

C

Chlamydomonas **150**
Chloroplast **12**
Cilie **148**
Cyanobakterien **28**

D

Darmzotte **83**
Dialysat **94**
Dialysator **94**
Dialyse **94**
Dialysemembran **94**
Diastole **54, 55**
diastolischer Blutdruck **55**
Diät **78, 136**
Dickdarm **83**
Drehgelenk **117**
Druckrezeptor **102**
Dünndarm **82, 85**
Dünndarmzotte **111**

E

Eingeweidemuskel **122**
Einzeller **148, 150 ff.**
Elektrokardiogramm **55**
Elektronenmikroskop **9**
Embryonalentwicklung **19**
Enddarm **83**
Endharn **95**
Energie **74**
Energiegehalt **75**
Entspannung **145**
Enzym **81**
Epidemie **33**
Erkältungskrankheit **45**
Ernährung **77, 136**
Ernährungsgewohnheit **80**
Ernährungskreis **77**
Ernährungsplan **79**
Ernährungsproblem **134**
Erschließungsfeld
– Ebene **22, 43**
– Stoff und Energie **22, 43, 110**
– Struktur und Funktion **22, 43, 66, 110, 128**
– Wechselwirkungen **43**
Erythrozyt **48**
Essigsäurebakterien **30**
Essstörung **78**
Esssucht **78, 134**
Eudorina **150**
Euglena **149, 152**

F

Fehling-Probe **72**
Fett **70**
Fettfleck-Probe **73**
Fettleibigkeit **134**
Fettsäure **71**
– essenzielle **71**
Flagellat **149**
FLEMING 34
Fotorezeptor **149**
Fotosynthese **12, 17, 23**
Fresszellen **60**
Fußpilz **105**
Fußskelett **115**

G

Galle **85**
Gallenflüssigkeit **83**
Gallensaft **84**
Gallerte **150**
Gaswechsel **86**
Gebärmutterhalskrebs **40**
Gedächtniszelle **61**
Gegenspieler **123**
Gehirn **124**
Gehirnschädel **115**
Geißel **27, 149**
Geißelsäckchen **149**
Geißelträger **149**
geistige Behinderung **125**
Gelenk **116**
Gelenkkapsel **117**
Gelenkkopf **117**
Gelenkpfanne **117**
Gelenkschmiere **117**
Gelenkspalt **117**
Gelenktyp **117**
generative Phase **18**
Gesamtenergiebedarf **74**
Gesamtvergrößerung **10**
Gesichtsschädel **115**
Gespräch leiten **92**
gesunde Ernährung **77, 136**
Gesunderhaltung **142**
gesundes Frühstück **138 f.**
Gewebe **16**
Gewebespende **97**
Gliedmaßenskelett **115**
Gonium **150**
Grippe **38 f.**
Grundimmunisierung **62**
Grundumsatz **74**
Gruppenarbeit **157**

H

Haarbalgnerv **102**
Halswirbelsäule **118**
Haltungsschäden **119, 143**
Hämoglobin **48**
Handskelett **115**

Harn 108
Haut 100 f.
Hauterkrankung 105
Hautkrebs 101
Helicobacter pylori 135
Hepatitis 40
Herz 54 f., 67
Herzinfarkt 56
Herzkammer 54
Herzkranzgefäß 54
Herz-Kreislauf-System 52
Herzmuskel 122
Herzrhythmusstörungen 57
Herztransplantation 57
Heuaufguss 153
Heuschnupfen 64
Histamin 64
Höhentraining 51
Hohlvene 53
HOOKE 8
Hornschicht 100, 104
Hüftknochen 115
Humus 28

I, J

Immunabwehr
- spezifische 60
- unspezifische 60
Immunisierung 62 f.
- aktive 62, 67
- passive 63, 67
Immunsystem 32, 60 f.
Impfausweis 63
Impfkalender 63
Infektion 32, 35
Infektionskrankheit 32 f., 38 ff.
- bakterielle 32 ff.
- virale 38 ff.
Inkubationszeit 32
Internetrecherche 37
Interview führen 29
JENNER 62
Jo-Jo-Effekt 78

K

Kälterezeptor 102
Kapillare 52
Keimschicht 100, 104
Keimwurzel 18
Keuchhusten 35
Kieselalge 152
Killerzelle 61
Kinderlähmung 40
Knochen 121
Knochenbälkchen 116
KOCH 33
Kohlenhydrat 70
Kokken 27
Kontraktion 123
Kopfskelett 115
Körperbehinderung 125
Körperhaltung 143
Körperkreislauf 53
Kreuzbein 115, 118
Küchenzwiebel 13, 20
Kugelgelenk 117

L

LANDSTEINER 50
Lärm 146
Lärmbelastung 146
Leber 84
Leberläppchen 84
Lederhaut 100
LEEUWENHOEK 8
Leistungssportler 143
Leistungsumsatz 74
Lendenwirbelsäule 118
Leukozyten 48
Lichtbrechung 11
Lichtmikroskop 9, 10
Linse 11
Lunge 86
Lungenbläschen 87, 88, 111
Lungenentzündung 90
Lungenfell 86
Lungenkrebs 90
Lungenkreislauf 53
Lymphe 60
Lymphgefäße 60
Lymphknoten 60
Lymphozyt 60

M

Magen 81
Magenerkrankung 135
Magengeschwür 135
Magensaft 82
Magersucht 78, 134
Malaria 154 ff.
Mastzelle 64
Melanin 100
Mengenelemente 76
Mikroskop 8 f.
Mikroskopieren 10, 20 f.
Milchsäurebakterien 30
Milchsäuregärung 30
Mineralstoff 76
Moosblättchen 12, 20
Mundschleimhautzelle 21
Mundschleimhautzellen 15
Muskel 122
Muskelermüdung 126
Muskelfaser 122
Muskelfaserbündel 122
Muskelfleisch 126
Muskelgewebe 141
Muskelhaut 122
Muskelkater 126

N

Nachweis
- Eiweiß 73
- Fett 73
- Kohlenstoffdioxid 88
- Stärke 72
- Traubenzucker 72
Nährstoffe 70
Nährstoffnachweis 72
Nephron 95 f.
Nervensystem 141
Nervenzelle 15, 124
Niere 94 f., 108, 111
Nierenfunktion 94
Nierenkanälchen 95
Nierenkörperchen 95

O

Oberhaut 100
Objektiv 10
Objekttisch 10
Objektträger 10
Okular 10
Organ 16
Organelle 13
Organismus 16
Organspende 97 ff.
Organspendeausweis 99
Organsystem 16

P

Pandemie 33
Pantoffeltierchen 148, 152
PASTEUR 30
Pasteurisieren 30
Peeling 104
Penicillin 34
Peristaltik 81
Pflanzenzelle 12 ff., 17, 20 f., 23
Pflegen der Haut 106
Pfortader 53, 84
Phagocytose 148
physikalischer Brennwert 75
physiologischer Brennwert 75
Plasmawachstum 18
Plasmazelle 61
Plasmodium 154
Plattenknochen 116
Plattfuß 119
Poliomyelitis 40
Pollenflugkalender 65
Präsentieren am Computer 156
Primärharn 95
Projektorientierter Unterricht 157
Protein 71
Pulsschlag 55

Q, R

Querschnittslähmung 124
Rauchen 90
Raucherhusten 91
Raucherlunge 91
Reaktion 124
Referat halten 41
Reinigen der Haut 106
Reiz 124
Reizüberflutung 146, 147
Resistenz 34
Resorption 83
Rhesus-System 50
Rippenfell 86
Roboter-Gelenk 129
Röhrenknochen 116
Rote Blutzelle 48, 67
Röteln 40
Rückenmark 118, 124
Rumpfskelett 115

S

Salmonellen 32
Sattelgelenk 117
Sauerstoffbedarf 89
Sauerstoffgehalt 89
Saug-Druck-Pumpe 54
Scharlach 35
Scharniergelenk 117
Schlaganfall 56
Schmerzrezeptor 102
Schnupfen 90
Schulstress 145
Schutzimpfung 62
Schweineblut 51
Schweinelunge 88
Schweißdrüse 104
Segelklappe 54
Sehne 122
Senkfuß 119
Sensibilisierung 64
Sinnesorgan 124
Sinneszelle 124
Skelett 114 f.
Skelettmuskel 15, 122
Speichel 81
Speiseröhre 81
spezifische Immunabwehr 60
Spirillen 27
Spurenelement 76
Stäbchen 27
Stärkeverdauung 85
Steißbein 118
Strecker 123
Streckungswachstum 18
Stress 145, 147
- akuter 145
- chronischer 145
Symbiose 26
Systole 54, 55
systolischer Blutdruck 55

T

Taschenklappe 54
Tastempfindlichkeit 103
Tastkörper 101
Tastkörperchen 102
Tastscheibe 102
Tastsinn 103
technisches Gelenk 120
Temperaturrezeptor 102
Temperatursinn 103
Tetanus 35
T-Helferzelle 61
Thrombozyt 48
Tierzelle 15, 17, 20 ff.
T-Lymphozyt 60
Toxoplasmose 155

T-Phage **36**
Transplantation **97**
Transplantationsgesetz **97, 99**
Tripper **35**
Trizeps **123**
Tröpfcheninfektion **33**
Tuberkulose **33**
Tubus **10**

U
Übergewicht **134**
unspezifische Immunabwehr **60**
Untergewicht **134**
Unterhaut **100**

V
Vakuole **12**
Veganer **137**
Vegetarier **137**
vegetative Phase **18**
Vene **52**
Venenklappe **52**
Verdauung **81 ff., 85**
Vielzeller **150 f.**
virale Infektionskrankheit **38 ff.**
Virus **36, 44**
Vitalkapazität **89**
Vitamin **76**
Vollwert-Ernährung **137**
Volvox **151**
Vorhof **53**

W
Wachstumskurve **42**
Wärmerezeptor **102**
Warze **105**
Wasserhaushalt **108 f.**
Wassermangel **14**
Wasserpest **20**
Weiße Blutzelle **48, 60, 67**
Wimperntierchen **148**
Wirbel **118**
Wirbelknochen **118**
Wirbelsäule **115, 118, 120, 142**
Wirtszelle **38**
Wohlstandskrankheit **132 f.**
Wundschorf **49**

Z
Zellatmung **17**
Zelle **8, 16**
Zellkolonie **150**
Zellmembran **12, 27**
Zellplasma **12, 27**
Zellteilung **18–19**
Zellwand **12, 27**
Zervixkarzinom **40**
Zigarettenkonsum **93**
Zigarettenrauch **93**
Zivilisationskrankheit **132 f., 142**
Zwerchfell **86**
Zwerchfellatmung **88**
Zwischenwirbelscheibe **118**
Zwölffingerdarm **82, 111**

Bildquellen: Umschlag (Pollenkorn): visuals unlimited, Hollis (Scientifica); Umschlag (Makrophage): Okapia, Frankfurt (Manfred P. Kage); 6.1: Agentur Focus, Hamburg (Eye of science/SPL); 6.2: Visuals Unlimited, Hollis (Dr. David Phillips); 6.3: Agentur Focus, Hamburg (David McCarthy/SPL); 6.4: Scanpix, Stockholm (Lennart Nilsson); 6.5: Okapia, Frankfurt (Manfred P. Kage); 6.6: Agentur Focus, Hamburg (SPL); 7.1A: Wildlife, Hamburg (J. Kosten); 7.1B: Okapia, Frankfurt (Dr. Frieder Sauer); 7.2A: wikipedia.org (Noah Elhardt/CC-Lizenz BY-SA 2.5); 7.2B: Agentur Focus, Hamburg (SPL/Claude Nuridsany & Marie Perennou); 7.3A: Agentur Focus, Hamburg (SPL/Dr. Jürg Alean); 7.3B: Agentur Focus, Hamburg (SPL/Martin Oeggerli); 7.4A: mauritius images, Mittenwald (Grafica); 7.4B: Agentur Focus, Hamburg (SPL/Dr. Jeremy Burgess); 8.1A: Interfoto, München (Science&Society); 8.2A: TopicMedia Service, Putzbrunn (Wisniewski); 9.3A: Agentur Focus, Hamburg (SPL/Dr. David J. Patterson); 9.3B: Okapia, Frankfurt (Wolfgang Bettighofer); 9.3C: Okapia, Frankfurt (Frank Fox); 9.4: Cell Image Library (CIL), Bethesda; 11.1A: pixelio media, München (Kurt F. Domnik); 11.1C: Tegen, Hambüren; 12.1A, 12.1C, 13.2A: Gabriele Wolff; 14.1A-B, 15.1A: Karly, München; 15.1B: wikipedia.org (MethoxyRoxy/CreativeCommons Attribution-ShareAlike 2.5); 15.1C: wikipedia.org (Department of Histology, Jagiellonian University Medical College/Reytan/CC-Lizenz 3.0); 18.2B: Ernst Klett Verlag, Stuttgart (A. Jung); 21.1: Agentur Focus, Hamburg (SPL/RB.Taylor); 24.3: Corbis, Düsseldorf (Bettmann); 25.1A: Konopka, Herne; 25.2: Picture-Alliance, Frankfurt (Füehler); 25.3A: Max-Planck-Institut für biophysikalische Chemie, Göttingen (Brockmann/Max-Planck-Institute for Dynamics and Self-Organization, Göttingen); 26.1B: Agentur Focus, Hamburg (Dr. Tony Brain & David Parker/SPL); 26.1C: Karly, München; 26.1D: Okapia, Frankfurt (David Scharf/P. Arnold, Inc.); 27.2A: Agentur Focus, Hamburg (Dr. Tony Brain/SPL); 27.2B: Okapia, Frankfurt (Chris Bjornberg/NAS); 27.2C: Okapia, Frankfurt (Scimat/NAS); 27.2D-E: eye of science, Hamburg (w.o.s./Özel); 28.1A: Rolf Wellinghorst, Quakenbrück; 28.1B: Holl; 28.1C: Johannes Lieder, Ludwigsburg; 28.2A: mauritius images, Mittenwald; 28.2B: Tierbildarchiv Angermayer, Holzkirchen; 28.2C: Kage, Lauterstein; 29.2, 29.3B: Imme Freundner-Huneke, Neckargemünd (mit freundlicher Genehmigung Kompohum, Bammental); 29.3A: H.-U. Wolf, Steinheim; 30.1A-B: Minkus Images, Isernhagen; 30.1C: Agentur Focus, Hamburg (Dr. Tony Brain/SPL); 32.1: Agentur Focus, Hamburg (NIAID/CDC/SPL); 33.2B: Matthias Stolt, Hamburg; 33.2C: Jochen Eckel, Berlin ; 34.1A: Dr. Thomas Huk, Braunschweig; 34.1B-C: Kage, Lauterstein; 35.1: Agentur Focus, Hamburg (A. B. Dowsett/SPL); 35.2: Agentur Focus, Hamburg (Dr. Kari Lounatmaa/SPL); 35.3: Agentur Focus, Hamburg (CNRI/SPL); 35.4: Agentur Focus, Hamburg (Dr. Gary Gaugler/SPL); 36.2A: Karly, München; 38.1A: Agentur Focus, Hamburg (NIBSC/SPL); 39.2: Museum of Health & Medicine, Washington; 40.1: Okapia, Frankfurt (Green); 40.2: mauritius images, Mittenwald (Phototake); 40.3: Agentur Focus, Hamburg (SPL/CNRI); 40.4: A1PIX - Your Photo Today, Taufkirchen (PHN); 41.1: Sanofi-Aventis Deutschland, Frankfurt; 41.2: Deutsches Museum, München; 41.3: Picture-Alliance, Frankfurt (dpa); 41.4: akg-images, Berlin; 44.3: Prof. Dr. Wilhelm Weber, Reutlingen; 44.4: Agentur Focus, Hamburg (Durham/Science-Photo Library); 46.1: Minkus Images, Isernhagen; 46.2: Konopka, Herne; 47.1A: Okapia, Frankfurt (Mark D. Phillips/NAS); 47.3: Manfred Simper, Wennigsen; 48.1A, 48.1C: DRK, Bonn; 48.2: Okapia, Frankfurt (Harald Theissen); 49.3A, 49.4A: Minkus Images, Isernhagen; 49.4B-C: mauritius images, Mittenwald (Phototake); 51.1: DRK, Bonn (DRK-Blutspendedienst West); 51.2A, 51.2C: Hans Tegen, Hambühren; 51.4A: mauritius images, Mittenwald (Photo Researchers); 51.4B: mauritius images, Mittenwald (Photo Researchers); 56.1A: Johannes Lieder, Ludwigsburg; 56.1B-C: Xeniel-Dia, Stuttgart (Michler); 57.2: mauritius images, Mittenwald (Phototake); 57.3: Okapia, Frankfurt (Hank Morgan/Science Source); 57.4: Picture-Alliance, Frankfurt (Gaetan Bally/Keystone); 58.2: bildagentur-online, Burgkunstadt (Chromorange-Märzinger); 59.1: Agentur Focus, Hamburg (SPL); 59.2: toonpool.com, Berlin (Andreas Pruestel); 61.3: Kage, Lauterstein (Meckes); 62.1H: Michael Fabian, Hannover; 63.3: Frank Boxler, Lauf-Simonshofen; 64.1A: Keystone, Hamburg (Jochen Zick); 64.1B: Okapia, Frankfurt (Dr. med. J. P. Müller); 64.2A: Agentur Focus, Hamburg (David Scharf/SPL); 64.2B: Agentur Focus, Hamburg (eye of science); 68.1: Visuals Unlimited, Hollis (Ralph Hutchings); 68.2A-C, 69.2: Hans Tegen, Hambühren; 70.1A-C: Peter Feigenbutz, Radolfzell; 72.1-2, 73.1, 73.3-4: Minkus Images, Isernhagen; 77.1: aid infodienst, Bonn; 80.1: Agentur Focus, Hamburg (Peter Menzel); 81.1: Minkus Images, Isernhagen; 88.1A-B: Hans Tegen, Hambühren; 90.2: Okapia, Frankfurt (Manfred & Christina Kage); 91.3: Eva Döhring, Uetze; 91.4: Agentur Focus, Hamburg (Dr. Arthur Tucker/SPL); 91.5: Okapia, Frankfurt (A. Glauberman/ScienceSource); 93.1A: Minkus Images, Isernhagen; 94.1A: A1PIX - Your Photo Today, Taufkirchen (B.S.I.P.); 97.1: Liselotte Lüddecke, Hannover; 98.2: Markus Matzel, Witten; 98.3B: vario images, Bonn; 98.3C: Keystone, Hamburg (Hans-Rudolf Schulz); 98.3D: photothek.net, Radevormwald (Thomas Imo); 98.3E: Caro, Berlin (Eckelt); 98.3F: A1PIX - Your Photo Today, Taufkirchen (BIS); 98.3.G: Okapia, Frankfurt (Campbell/Arnold); 99.2: Keystone, Hamburg (Volkmar Schulz); 100.1: A1PIX - Your Photo Today, Taufkirchen (ORE); 101.3: Picture-Alliance, Frankfurt (Grimm/dpa); 101.4B: Okapia, Frankfurt (Neufried); 102.1: Rolf Wellinghorst, Quakenbrück; 103.3: Hans Tegen, Hambühren; 104.1: mauritius images, Mittenwald (Hubatka); 105.1: A1PIX - Your Photo Today, Taufkirchen; 105.2: Dr. med. Lothar Reinbacher, Kempten; 105.3: A1PIX - Your Photo Today, Taufkirchen; 106.1: vgs verlagsgesellschaft, Köln; 107.1: Hans Tegen, Hambühren; 107.2: vgs verlagsgesellschaft, Köln; 111.1: Johannes Lieder, Ludwigsburg; 111.2: Agentur Focus, Hamburg (eye of science); 112.1: Okapia, Frankfurt (Steimer/picture-alliance); 113.2: Konopka, Herne; 113.3: Corbis, Düsseldorf (© Reuters); 113.4: Konopka, Herne; 114.1A: Minkus Images, Isernhagen; 118.1: augenklick, Dettenheim (GES); 119.1A, 119.1B, 120.3: Minkus Images, Isernhagen; 121.3: Daimler Chrysler, Stuttgart; 122.1: mauritius images, Mittenwald (The Copyright Group); 123.3: Minkus Images, Isernhagen; 124.1A: Dr. Müller, Libbenichen; 125.1: DRK, Bonn (Angelika Alb); 127.1: Volkswagen, Wolfsburg; 128.1A: ANDIA, Pacé (Aldo Liverani); 129.1: Picture-Alliance, Frankfurt (dpa); 130.1: F1online, Frankfurt (Paul); 130.2: bildmaschine.de, Berlin (foto-begsteiger.com); 130.3: Fotex, Hamburg (Picture Partners); 131.1, 131.2A, 131.2B, 131.3: Konopka, Herne; 132.1: allesalltag, Hamburg; 132.2: A1PIX - Your Photo Today, Taufkirchen; 133.3: F1online, Frankfurt (Juice Images); 133.4: Viktoria Franke – www.biathlon-online.de, Chemnitz; 134.1-2: Corbis, Düsseldorf (ImageZoo); 135.1: Agentur Focus, Hamburg (SPL/Agentur Focus); 136.1A-B: P. Schuchardt, Göttingen; 136.3: Jörg Lantelmé, Kassel; 137.1, 137.3: mauritius images, Mittenwald (Rosenfeld); 138.1-3, 139.1-3: Minkus Images, Isernhagen; 140.1: Dr. Ole Müller, Frankfurt/Oder; 142.2A-C: Minkus Images, Isernhagen; 145.1: Helga Lade, Frankfurt (Schulz); 145.2: Corbis, Düsseldorf (Image Source); 145.3: Michael Fabian, Hannover; 146.1: F1online, Frankfurt (german-images); 147.1: Corbis, Düsseldorf; 147.2: Corbis, Düsseldorf (DreamPictures/Blend Images); 148.1: Agentur Focus, Hamburg (SPL/Agentur Focus); 150.1B: Karly, München; 155.3: Agentur Focus, Hamburg (Volker Brinkmann/SPL); 156.1: Michael Fabian, Hannover; 156.2: bildagentur-online, Burgkunstadt (TETRA Images); 156.3: TruePixel, Krefeld (Achim Meissner); 157.1-3: Marietta & Dieter Keller, Langenberg.
Es war nicht in allen Fällen möglich, die Inhaber der Rechte ausfindig zu machen und um Abdruckgenehmigung zu bitten. Berechtigte Ansprüche werden selbstverständlich im Rahmen der üblichen Konditionen abgegolten.